普通高等教育质量管理专业系列教材
浙江省普通本科高校"十四五"重点教材

质量计量与测量

◎主　编　王海燕

电子工业出版社
Publishing House of Electronics Industry
北京·BEIJING

内 容 简 介

本书编写坚持理论与实践相结合，既注重基本理论、基本概念的系统阐述，也注重动手实践和应用技巧的细致讲解。全书理论原理阐述清晰、易懂，案例和例题设置科学、实用，内容体系新颖、独特。同时，每章内容均配有习题以供练习，有利于学生边学习理解、边研究思考、边实践改进。

本书内容包括基本概念与相关术语、计量与测量数理工具、计量与测量可靠性评估，光学、电化学、分离学、质谱学、磁学等计量与测量。

本书可以作为质量管理工程、工业工程、计量检测分析等专业学生的教材，也可以作为质量管理研究等相关人员的工作参考书。

未经许可，不得以任何方式复制或抄袭本书之部分或全部内容。
版权所有，侵权必究。

图书在版编目（CIP）数据

质量计量与测量 / 王海燕主编. -- 北京 : 电子工业出版社, 2025. 4. -- ISBN 978-7-121-50201-9

Ⅰ. TB9

中国国家版本馆CIP数据核字第2025W49L80号

责任编辑：王志宇
印　　刷：天津嘉恒印务有限公司
装　　订：天津嘉恒印务有限公司
出版发行：电子工业出版社
　　　　　北京市海淀区万寿路173信箱　邮编　100036
开　　本：787×1 092　1/16　印张：17.25　字数：441.6千字
版　　次：2025年4月第1版
印　　次：2025年4月第1次印刷
定　　价：55.00元

凡所购买电子工业出版社图书有缺损问题，请向购买书店调换。若书店售缺，请与本社发行部联系，联系及邮购电话：(010) 88254888，88258888。
质量投诉请发邮件至 zlts@phei.com.cn，盗版侵权举报请发邮件至 dbqq@phei.com.cn。
本书咨询联系方式：(010) 88254523，wangzy@phei.com.cn。

FOREWORD 序言

质量是一个永恒的话题，2018年12月，全国人大常委会批准了《中华人民共和国产品质量法》(2018年修正版)，体现了国家对产品质量的高度重视。质量是一个国家科技发展水平的反映，综合展示了国民经济的发展实力，决定着企业的生存和发展。伴随着人民对美好生活的向往，各行各业除对产品质量外，对服务、成果、技术质量的要求也越来越高，质量工作面临新的挑战。大批质量工作者和高校学生需要掌握和应用现代质量管理和工程技术，树立现代质量观。在此背景下，本人主持编写的普通高等教育质量管理专业系列教材由电子工业出版社出版发行。

本套教材包括《质量与标准化》《质量战略与规划》《质量计量与测量》等，力求将理论与实践相结合，兼具实用性和广泛性。内容立足现实问题，着眼未来发展，体现了质量管理和质量技术并重的思想，既覆盖了质量战略与规划、质量与标准化等管理领域，又涉及了质量计量与测量等基础技术和方法，同时在结构上力求体现现代质量工程的系统性、完整性和实用性。本套教材在论述现代质量概念和基本原理的基础上，根据质量管理与工程技术交叉学科的特点，对现代质量工程和管理的基本理论和方法做了系统介绍。

本套教材参考已出版的国内外相关优秀教材及著作、相关标准、论文及研究报告等，并结合编者多年来的教学实践和工作经验编写而成。本套教材适用于质量管理、质量与可靠性工程、物流工程等专业的本科生、研究生教学，有助于促进高校质量相关专业人才培养，亦可供相关企业工程技术人员、质量管理人员、可靠性工作人员和科研部门的研究人员等自学使用。

浙江工商大学

浙江食药质量安全工程研究院　院长

王海燕　教授

于杭州

PREFACE 前言

　　质量是客体的一组固有特性满足要求的程度，质量特性是指与要求有关的、客体的固有特性。就产品而言，质量特性是指将顾客的要求转化为可以定量或定性的指标，为产品的实现过程提供依据，如表征产品化学特性的浓度值等。测量是通过实验获得并可合理赋予某量一个或多个量值的过程，在现代社会中，经营主体为了保证和提高产品质量，需要综合运用各类光谱仪、电化学工作站、色谱仪、核磁共振仪等测量设备及其检测方法，对产品生产、加工等各个环节进行测量，并结合数理统计技术对产品质量特性进行科学评估与调控。计量是一项实现单位统一、量值准确可靠的专业活动，计量器具的使用是开展测量工作的重要手段，从古代的度量衡到近代的计量，其内涵不断丰富，近年来，计量的研究范畴扩大到光学、电化学、分离学、磁学等专业计量测试领域，成为新时代的计量特征。

　　为满足现代质量管理、计量检测等领域的相关工作人员及时掌握最新专业理论知识的需求，开展前瞻性工作。编者在系统总结多年来质量计量与测量领域最新进展的基础上，编撰了本书。本书主要内容包括基本概念与相关术语、计量与测量数理工具、计量与测量可靠性评估、光学计量与测量、电化学计量与测量、分离学计量与测量、质谱学计量与测量、磁学计量与测量。

　　本书可以作为质量管理工程、工业工程、计量检测分析等相关专业学生的教材，也可供相关理论和实验工作者、高校教师阅读和参考。

　　本书由王海燕教授主编，参与编写的人员还有张正勇、张少博、周亚、赵亚菊、倪晓峰等。虽然经过编撰团队多方面努力，但由于质量计量与测量领域研究日新月异，本书涉及内容也较为繁多，加之编者学识有限，疏漏和不妥之处在所难免，恳请专家、读者批评指正。

编　者

目 录 CONTENTS

第1章 基本概念与相关术语 ··· 1
  1.1 质量计量与测量 ··· 1
    1.1.1 定义 ··· 1
    1.1.2 质量、计量与测量的关系 ··· 2
  1.2 量和单位 ··· 2
    1.2.1 量 ·· 2
    1.2.2 单位 ··· 5
  1.3 计量 ·· 5
    1.3.1 相关定义 ··· 5
    1.3.2 计量检定与计量校准 ··· 6
  1.4 计量器具及其特征 ·· 7
    1.4.1 计量器具 ··· 7
    1.4.2 计量器具的特征 ··· 8
  1.5 计量基准 ··· 9
    1.5.1 定义 ··· 9
    1.5.2 计量基准的分类 ··· 9
    1.5.3 计量基准的地位和作用 ·· 9
  1.6 计量标准 ·· 10
    1.6.1 定义 ·· 10
    1.6.2 计量标准的地位和作用 ··· 10
    1.6.3 计量标准的分级和应用 ··· 10
    1.6.4 计量标准的建立和使用 ··· 11
    1.6.5 计量标准的考核和复查 ··· 11
  1.7 计量法规 ·· 11
    1.7.1 相关概念 ·· 11
    1.7.2 计量法规体系 ·· 12
    1.7.3 计量法规内容 ·· 13
    1.7.4 计量监督 ·· 13
    1.7.5 计量法律责任 ·· 14
  1.8 标准物质 ·· 14
    1.8.1 定义 ·· 14
    1.8.2 标准物质的特点 ··· 15
    1.8.3 标准物质的分级 ··· 15
    1.8.4 标准物质的作用 ··· 15
    1.8.5 标准物质的种类 ··· 15

1.9	量值传递与量值溯源	16
	1.9.1 量值传递	16
	1.9.2 量值溯源	16
	1.9.3 量值传递与量值溯源的区别	17
	1.9.4 量值传递和量值溯源的必要性	17
1.10	测量与测量仪器	18
	1.10.1 测量	18
	1.10.2 测试	18
	1.10.3 被测量	18
	1.10.4 影响量	18
	1.10.5 测量仪器	18
1.11	测量结果与测量标准	19
	1.11.1 测量结果	19
	1.11.2 示值	19
	1.11.3 测量方法	20
	1.11.4 测量误差	20
	1.11.5 测量重复性	20
	1.11.6 测量复现性	21
	1.11.7 测量准确度	21
	1.11.8 测量标准	21

第2章 计量与测量数理工具 23

2.1	数值修约规则	23
	2.1.1 定义	23
	2.1.2 确定修约位数的表达方式	25
2.2	随机变量与概率分布	27
	2.2.1 随机变量	27
	2.2.2 概率分布	29
2.3	随机抽样与统计推断	33
	2.3.1 随机样本	33
	2.3.2 抽样分布	35
2.4	常用随机变量的概率分布与其数字特征	39
	2.4.1 常用随机变量的概率分布	39
	2.4.2 数字特征	42
	2.4.3 基于概率论的相关理论	45
2.5	计量、测量的常用理论和方法	46
	2.5.1 传统测量方法	46
	2.5.2 化学计量学方法	47

第3章 计量与测量可靠性评估 54

3.1	可靠性的基本概念与内涵	54

目录

3.1.1 概念 54
3.1.2 可靠性的分类 55
3.2 可靠性设计、分析方法 55
3.2.1 可靠性设计 55
3.2.2 可靠性分析方法 58
3.3 测量可靠性 66
3.3.1 测量可靠性的内涵 66
3.3.2 测量不确定度分析 66

第4章 光学计量与测量 72

4.1 光谱法基础知识 72
4.1.1 光谱法和光谱 72
4.1.2 光谱原理 73
4.1.3 光谱测量 74
4.2 原子发射光谱 76
4.2.1 形成机理 76
4.2.2 原子发射光谱的应用 79
4.3 原子吸收光谱 81
4.3.1 形成机理 81
4.3.2 原子吸收光谱仪的典型结构 83
4.4 原子荧光光谱 85
4.4.1 形成机理 85
4.4.2 原子荧光光谱仪的典型结构 87
4.5 紫外-可见光谱 88
4.5.1 基本概念 88
4.5.2 形成机理 89
4.5.3 影响紫外-可见光谱的因素 91
4.5.4 紫外-可见光谱仪的典型结构 92
4.6 分子发光光谱 94
4.6.1 形成机理 94
4.6.2 分子发光光谱仪的典型结构 95
4.7 红外光谱 95
4.7.1 形成机理 95
4.7.2 红外光谱仪的典型结构 97
4.8 拉曼光谱 100
4.8.1 基本原理 100
4.8.2 拉曼光谱的应用 102
4.9 光学计量 104
4.9.1 光度学 104
4.9.2 辐射度学 105
4.9.3 色度学 106

4.10 光学测量 108
    4.10.1 基本概念 108
    4.10.2 光谱测量方法 111
    4.10.3 光谱不确定度 113

第5章 电化学计量与测量 116

5.1 电化学起源和发展 116
5.2 电位分析法 117
    5.2.1 基本术语 117
    5.2.2 电位分析法的基本应用 119
5.3 伏安法 119
    5.3.1 线性扫描伏安法 120
    5.3.2 循环伏安法 120
    5.3.3 其他伏安法 120
    5.3.4 伏安法的应用 121
5.4 电解与库伦分析法 122
    5.4.1 电解池的原理 122
    5.4.2 电解工业 123
    5.4.3 库仑分析法 123
5.5 电化学的重要应用 124
    5.5.1 电化学能源 124
    5.5.2 电化学生物传感器 127
5.6 电化学测量 129
    5.6.1 测量体系 129
    5.6.2 测量仪器 131
    5.6.3 电化学工作站 133
    5.6.4 电化学实验操作 134
    5.6.5 定性测量 134
    5.6.6 定量测量 135
    5.6.7 电化学测量不确定度 136
5.7 电化学计量 138
    5.7.1 电化学计量仪器 139
    5.7.2 电化学计量检定和校准 140
    5.7.3 电化学计量标准 140
    5.7.4 电化学计量仪器的发展趋势 141

第6章 分离学计量与测量 143

6.1 色谱法基础知识 143
    6.1.1 色谱法的基本原理 143
    6.1.2 色谱法的分类 143
    6.1.3 色谱分离的基本理论 144

6.2 气相色谱 147
　　6.2.1 气相色谱的基本原理 147
　　6.2.2 气相色谱仪的组成 147
　　6.2.3 气相色谱分离条件的选择 149
　　6.2.4 气相色谱辅助技术 151
6.3 液相色谱 153
　　6.3.1 液相色谱的基本理论 153
　　6.3.2 液相色谱的分离模式 154
　　6.3.3 液相色谱仪的组成 156
　　6.3.4 梯度洗脱 159
6.4 超临界流体色谱 160
　　6.4.1 超临界流体色谱原理 160
　　6.4.2 SFC色谱仪 161
　　6.4.3 流动相和固定相 163
6.5 毛细管电泳 164
　　6.5.1 毛细管电泳的分离基本原理 164
　　6.5.2 毛细管电泳的基本装置 165
　　6.5.3 毛细管电泳主要的分离模式 166
6.6 固相萃取 167
　　6.6.1 固相萃取的基本原理 167
　　6.6.2 固相萃取装置 167
　　6.6.3 固相萃取的基本步骤 168
　　6.6.4 常用的吸附剂 169
6.7 分离学计量 170
　　6.7.1 气相色谱仪的计量 170
　　6.7.2 液相色谱仪的计量 175
　　6.7.3 毛细管电泳仪的计量 182
6.8 分离学测量 185
　　6.8.1 样品的制备 185
　　6.8.2 色谱分离测量的定量方法 185
　　6.8.3 定量方法评价 186
6.9 分离技术应用实例 187

第7章 质谱学计量与测量 191

7.1 质谱学基础知识 191
　　7.1.1 质谱学的历史发展 191
　　7.1.2 质谱仪的基本原理及结构 192
　　7.1.3 质谱仪的性能指标 195
　　7.1.4 质谱图 197
　　7.1.5 质谱法的特点 197
7.2 原子质谱法 199

        7.2.1 基本原理和质谱仪 199
        7.2.2 原子质谱法的应用——ICP-MS 的应用 200
    7.3 分子质谱法 201
    7.4 电喷雾电离质谱（ESI-MS） 202
    7.5 基质辅助激光解吸电离飞行时间质谱法（MALDI-TOF-MS） 203
        7.5.1 基质辅助激光解吸电离源 203
        7.5.2 飞行时间质量分析器 205
        7.5.3 应用与进展 206
    7.6 质谱联用技术 206
        7.6.1 气相色谱-质谱联用（GC-MS） 207
        7.6.2 液相色谱-质谱联用（LC-MS） 208
        7.6.3 毛细管电泳-质谱联用（CE-MS） 209
        7.6.4 MS-MS 串联质谱 210
        7.6.5 微流控芯片-质谱仪联用 211
    7.7 质谱计量 213
    7.8 质谱测量 215
        7.8.1 定性分析 215
        7.8.2 定量分析 216
    7.9 质谱技术应用实例 218

第 8 章 磁学计量与测量 224
    8.1 磁学基础知识 224
        8.1.1 磁场 225
        8.1.2 基本磁参量 228
        8.1.3 电磁感应 231
    8.2 核磁共振 234
        8.2.1 核磁共振的基本原理 234
        8.2.2 核磁共振成像 237
        8.2.3 核磁共振的应用 238
        8.2.4 核磁共振磁强计 240
        8.2.5 核磁共振测量不确定度 242
    8.3 磁学计量 244
        8.3.1 磁学计量单位的复现 244
        8.3.2 磁场线圈 247
        8.3.3 磁参量单位及单位换算 250
    8.4 磁学测量 252
        8.4.1 冲击法 252
        8.4.2 转动线圈法和振动线圈法 256
        8.4.3 磁通门磁强计 258
        8.4.4 电磁流量计的测量方法 260

第1章

基本概念与相关术语

传统认知中，计量主要指的是"度量衡"，测量器具有尺、斗、秤等，随着社会发展，现代计量工作已远远超出度量衡的范畴，扩大到光学、电化学、分离学、磁学等专业领域，成为一项实现单位统一、量值准确可靠的专业活动，具有准确性、一致性、溯源性、法制性等特点。测量指的是通过实验获得并可合理赋予某量一个或多个量值的过程。随着我国进入高质量发展阶段，质量强国成为国家战略，推动中国制造向中国创造转变、中国速度向中国质量转变、中国产品向中国品牌转变，努力实现更高质量、更有效率、更加公平、更可持续的发展，坚定不移地建设质量强国，提高经济质量效益和核心竞争力，这也是我国参与国际竞争、实现民族复兴的必由之路。在这一时代背景下，本章紧紧围绕质量、计量、测量的相关概念、数理基础、可靠性评估、计量测量技术手段等进行了系统总结与论述。

第1章围绕质量计量与测量的基本概念和相关术语展开，介绍了量和单位、计量、计量器具及其特征、计量基准、计量标准、计量法规、标准物质、量值传递与量值溯源、测量与测量仪器、测量结果与测量标准。

1.1 质量计量与测量

1.1.1 定义

1. 质量

质量的概念经过多年的发展，有符合性质量、适用性质量、顾客及相关方满意的质量、战略导向下可持续发展的质量等，目前，人们广泛接受的概念是国际标准化组织提出的"一组固有特性满足要求的程度"。在具体研究质量的统计特性及控制时，应用美国学者道格拉斯·蒙哥马利（Douglas C. Montgomery）提出的观点：质量与可变性成反比。

2. 质量特性与可变性

继续讨论质量问题，需要进一步明确以下两个概念：质量特性和可变性。其中，质量特性是指与要求有关的、客体的固有特性，就产品而言，质量特性是指将顾客的要求转化为可以定量或定性的指标，为产品的实现过程提供依据，如表征产品化学特性的浓度值、描述产品物理特性的长度值、描述产品感官特性的色度值、描述产品时间特性的可靠性值等。产品的质量特性有各种类型，包括性能、感官、行为、时间、人体功效及功能等，不同类别的产品，质量特性的具体表现形式也不尽相同。

可变性是产品正常变化的规律，常包括计数型和计量型，又分别服从特定的分布规律，如计数型指常见的离散型数据形式，常服从二项分布规律、泊松分布规律；计量型指常见的连续型数据形式，常服从正态分布规律。

3. 质量与测量

为了获取产品的质量特性值，需要开展测量工作，利用测量结果描述或评估样品的质量属性，当产品重要特性的变异性降低时，产品质量会提高。由此可见，质量与测量关系密切。

1.1.2 质量、计量与测量的关系

产品质量是企业的生命，是企业技术能力和管理水平的综合反映，现代企业只有重视与强化质量管理才能得以生存，提高竞争力，而保证和提高产品质量最有效的途径和手段就是加强计量与测量管理。为了科学评估产品质量，须将测量工作贯穿整个生产过程，而测量器具是人们开展测量工作、获得测量结果的重要手段和工具。计量是实现单位统一、保证量值准确可靠的活动，对正确选用测量器具及保证测量器具的准确、可靠起着决定性的作用。可见，质量、计量与测量三者的关系十分密切。

1.2 量和单位

1.2.1 量

开展计量与测量工作，首先应当认识什么是"量"。其定义是：现象、物体或物质的特性，其大小可用一个数和一个参考对象表示。量可以指一般概念的量或特定量，参照对象可以是一个测量单位、测量程序、标准物质或其组合。在具体意义上可指大小、轻重、长短等概念，如导线长度、物体质量、样品浓度等。一般概念的量与特定量实例见表1-1。

表 1-1 一般概念的量与特定量实例

一般概念的量		特定量
长度，l	半径，r	圆 A 的半径，r_A 或 $r(A)$
	波长，λ	钠的 D 谱线的波长，λ 或 $\lambda(D; Na)$
能量，E	动能，T	给定系统中质点 i 的动能，T_i
	热量，Q	水样品 i 的蒸汽的热量，Q_i
电荷，Q		质子电荷，e
电阻，R		给定电路中电阻器 i 的电阻，R_i
物质的量浓度，c		酒样品 i 中酒精的物质的量浓度，$c_i(C_2H_5OH)$
数目浓度，C		血样品 i 中红细胞的数目浓度，$C(E_{rys}; B_i)$
洛氏 C 标尺硬度（150 kg 负荷下），HRC (150 kg)		钢样品 i 的洛氏 C 标尺硬度，HRC (150 kg)

这里定义的量是标量。然而，各分量是标量的向量或张量也可认为是量。从概念上，"量"可分为物理量、化学量、生物量，或分为基本量和导出量。

1. 量制与国际量制

量制是彼此间由非矛盾方程联系起来的一组量，彼此存在确定关系。这里的量是一般意义上的量，不是特定的量。"彼此存在确定关系"是指能够通过一系列的物理方程式联系起来，任何两个量之间都直接或者间接地存在函数关系。但是各种序量（由约定测量程序定义的量，该量与同类的其他量可按大小排序，但这些量之间无代数运算关系），如洛氏 C 标尺硬度，通常不被认为是量制的一部分，因为它仅通过经验关系与其他量相联系。

国际量制指的是与联系各量的方程一起作为国际单位制基础的量制。国际单位制（International System of Units，SI）建立在国际量制的基础之上。

2. 基本量与导出量

基本量是在给定量制中约定选取的一组不能用其他量表示的量。其中，"一组量"称为一组基本量。基本量可被认为是相互独立的量，因为其无法表示为其他基本量的幂的乘积。

导出量是量制中由基本量定义的量。例如，在以长度和质量为基本量的量制中，质量密度为导出量，定义为质量除以体积（可被视为长度的 3 次方）所得的商。

3. 量纲

量纲是给定量与量制中各基本量的一种依从关系，它用与基本量相应的因子的幂的乘积去掉所有数字因子后的部分表示。

例如，在自由落体加速度为 g 处的长度为 L 的摆的周期 T 是

$$T = 2\pi\sqrt{\frac{L}{g}} \text{ 或 } T = C(g)\sqrt{L}$$

式中：$C(g) = \dfrac{2\pi}{\sqrt{g}}$，因此，$\dim C(g) = \dfrac{T}{\sqrt{L}}$。

有关量纲，需要注意以下几点。

① "因子的幂"是指带有指数（方次）的因子。每个因子是一个基本量的量纲。

② 基本量纲的约定符号用单个大写正体字母表示。导出量纲的约定符号用定义该导出量的基本量的量纲的幂的乘积表示。例如，量 Q 的量纲表示为 $\dim Q$。

③ 在导出某量的量纲时不需要考虑该量的标量、向量或张量特性。

④ 在给定量制中，同类量具有相同的量纲，不同量纲的量通常不是同类量，具有相同量纲的量不一定是同类量。

⑤ 在国际量制中，基本量的量纲符号见表 1-2。

表 1-2 一些基本量及其量纲符号表示

基本量	量纲符号
长度	L
质量	M
时间	T
电流	I
热力学温度	Θ
物质的量	N
发光强度	J

因此，量 Q 的量纲为 $\dim Q = L^{\alpha} M^{\beta} T^{\gamma} I^{\delta} \Theta^{\varepsilon} N^{\xi} J^{\eta}$。其中，指数为量纲指数，可以是正数、负数或零。

4. 无量纲量

无量纲量又称为量纲为 1 的量，指的是在量纲表达式中与基本量相对应的因子的指数均为零的量。无量纲量的测量单位和值均是数，但是比一个数表达了更多的信息。某些无量纲量是以两个同类量之比定义的，如摩擦系数指的是两表面间的摩擦力和作用在其一表面上的垂直力的比值。某些实体的数也是无量纲量，如线圈的圈数、给定样本的分子数等。

5. 量值

量值指的是用数和参照对象一起表示的量的大小。

6. 量的真值

量的真值指的是与量的定义一致的量值，简称真值。

在描述关于测量的"误差方法"中，认为真值是唯一的，实际上是不可知的。"不确定度方法"认为，由于定义本身细节不完善，不存在单一真值，因此只存在与定义一致的一组真值。然而，原理上和实际上，这一组值是不可知的。另一些方法免除了所有关于真值的概念，而依靠测量结果计量兼容性的概念去评定测量结果的有效性。在基本常量的这一特殊情况下，量被认为具有一个单一真值。

7. 约定量值

约定量值，又称为约定值，指的是对于给定目的，由协议赋予某量的量值，如标准自由落体加速度为 $g_n = 9.086\,65 \text{ m/s}^2$。

1.2.2 单位

1. 单位与单位制

单位指的是根据约定定义采用的标量，任何其他同类量都可与其比较，使两个量之比用一个数表示。对于一个给定量，单位通常与量的名称连在一起，如"质量单位"或"质量的单位"。

单位制又称计量单位制，指的是对于给定量制的一组基本单位、导出单位、倍数单位和分数单位及使用这些单位的规则，如国际单位制、CGS 单位制。

2. 国际单位制

由国际计量大会（General Conference of Weights and Measures，CGPM）批准采用的基于国际量制的单位制，包括单位名称和符号、词头名称和符号机器使用规则。国际单位制的基本单位和一贯导出单位形成一组一贯的单位，称为"一组一贯 SI 单位"。国际单位制建立在国际量值的 7 个基本量的基础上，基本量和相应基本单位的名称及符号见表 1-3。

表 1-3 国际单位制基本量和相应基本单位的名称及符号

基本量	基本单位	
名称	单位	符号
长度	米	m
质量	千克	kg
时间	秒	s
电流	安（培）	A
热力学温度	开（尔文）	K
物质的量	摩（尔）	mol
发光强度	坎（德拉）	cd

1.3 计量

1.3.1 相关定义

1. 计量

计量是实现单位统一、量值准确可靠的活动。计量学研究的内容包括计量（测量）单位和单位制；计量基准、标准的建立、复制、保存和使用；计量方法和计量器具的计量特性；计量法制和管理，计量理论及其方法、数据处理与测量不确定度；材料与物理特性的测定；等等。

计量具有准确性、一致性、溯源性、法制性的特点。计量同国家法律、法规和行政管理紧密结合，因此计量不同于一般测量。

当前，通常把计量划分为科学计量、工程计量和法制计量，分别代表计量的基础、应用和政府起主导作用的社会事业三个方面。科学计量既为法制计量提供技术保障，还为工程计量和新技术发展提供测量基础。

2. 计量学

计量学是"测量及其应用的科学"。计量学涵盖有关测量的理论及不论其测量不确定度大小的所有应用领域。

3. 法制计量

法制计量是指为满足法定要求，由有资格的机构进行的涉及测量、测量单位、测量仪器、测量方法和测量结果的计量活动，它是计量学的一部分。

从测量的性质出发，来探讨什么是法制计量，其在早期的定义是：法制计量是存在于利益冲突领域中的计量。这是因为早期人类社会科技不发达，社会的经济活动以自给自足为主，很少进行商品交换。当时的法制计量，主要是在商贸领域的计量，其特点是买卖双方可能会因为测量不准而存在利益冲突。这种类型的计量，目前仍然是法制计量中的重要部分，而且仍然是人们关心的主要部分。

随着生产的发展，测量显得越来越重要，测量结果的准确与否，直接影响着公众的利益。除上述商贸中的计量外，法制计量还包括：医疗卫生领域中的计量，这个领域中所用的计量仪器的测量结果，是医生对病情诊断的依据之一，或者它直接影响患者的治疗效果；有关安全防护的计量，如各种压力表、场强计、剂量计等的测量结果，若测量结果不准，则会影响有关人员的身体健康，甚至会危及生命安全；环境检测中有关的计量，如声级计、有害气体分析仪等的测量结果，这些测量结果准确与否将直接影响公众的利益。

1.3.2 计量检定与计量校准

1. 计量检定

计量检定的全称为计量器具的检定或测量仪器的检定，是指查明和确认计量器具是否符合法定要求的程序，它包括检查、加标记、出具检定证书。

计量检定是进行量值传递或量值溯源的重要方式，也是保证量值准确一致和量值统一的重要措施，是国家对整个计量器具进行管理的技术手段，在计量工作中，计量检定居于十分重要的地位。

计量检定具有法制性，其对象是法制管理范围内的计量器具。由于各国管理体制不同，法制计量管理范围也不同，从国际法制计量组织的宗旨及其发布的国际建议来看，其认定的法制管理范围基本上与我国的强制周期检定管理范围相当。随着我国改革开放的深入和经济的发展，今后将强化检定的法制性，一个被检定过的计量器具就具有了法制特性，而大量的非强制周期检定的计量器具将采用校准等方式达到统一量值的目的。强制周期检定应由法定计量检定机构或者授权的计量检定机构执行。

计量检定必须按照国家计量检定系统表进行。国家计量检定系统表由国务院计量行政部门制定。

计量检定必须执行计量检定规程。国家计量检定规程由国务院计量行政部门制定。没有国家计量检定规程的，由国务院有关主管部门和省、自治区、直辖市人民政府计量行政部门分别制定部门计量检定规程和地方计量检定规程，并向国务院计量行政部门备案。

国家计量检定系统表是指对从计量基准到各等级的计量标准直至工作计量器具的检定程序所做的技术规定，由文字和框图构成。

计量检定规程是指对计量器具的计量性能、检定项目、检定条件、检定方法、检定周期及检定数据处理等所做的技术规定，包括国家计量检定规程、部门和地方计量检定规程。

计量检定工作应当按照经济合理的原则，就地就近进行。

"经济合理"是指进行计量检定、组织量值传递要充分利用现有的计量检定设施，合理地部署计量检定网点。

"就地就近"是指组织量值传递不受行政区划和部门管辖的限制。

2. 计量校准

计量校准简称校准，是在规定条件下进行的一组操作，其第一步是确定由测量标准提供的量值与相应示值之间的关系，第二步则是用此信息确定由示值获得测量结果的关系，这里测量标准提供的量值与相应示值都具有测量不确定度。

校准的对象是测量仪器或测量系统、实物量具或参考物质。测量系统是组装起来进行特定测量的全套测量仪器和其他设备。

校准方法依据法定程序审批公布的国家计量校准规范，如果进行的校准项目尚未制定国家计量校准规范，那么首先选用公开发布的国际的、国家的或地区的标准或技术规范；也可采用经确认的校准方法，如由知名的技术组织、有关科学书籍或期刊公布的、设备制造商指定的，或实验室自编的校准方法。

校准的目的是确定被校准对象的示值与对应的由计量标准所复现的量值之间的关系，以实现量值的溯源性。

校准工作的内容就是按照合理的溯源途径和国家计量校准规范或其他经确认的校准技术文件所规定的校准条件、校准项目和校准方法，将被校准对象与计量标准进行比较和数据处理，得到校准结果。

1.4 计量器具及其特征

1.4.1 计量器具

计量器具是计量工作的物质技术基础，指的是单独或由一个或多个辅助设备组合，能够直接或间接确定被测对象量值的器具。按照形态和工作方式，计量器具是计量仪器和量具及标准物质的总称，是计量工作必需的技术装备。按技术特性及用途，可将计量器具分为计量基准器具、计量标准器具和普通计量器具。

计量仪器是将被测量值转换成可直接观察的示值或等效信息的计量器具。计量仪器大体上可分为三种类型，包括能直接指示出被测量值的"直读式"计量仪器，如电压表、温度计等；能指示出被测量值等于同名量的已知值的"比较式"计量仪器，如天平、电位差计等；能测量出被测量值与同名量的已知值之间的少量差异的"差值式"计量仪器，如比长仪的光学指示器等。

量具是具有固定形态、能复现给定量的一个或多个已知量值的计量器具。量具可分为从属量具和独立量具。从属量具不能单独确定被测量值，必须通过其他计量器具或辅助设备，如砝码只有通过天平才能进行质量的测量；独立量具则能单独进行测量，无须通过其他器具，如尺子。量具可复现量的单个值（称单值量具，如量块、标准电池等），或几个不同值（称多值量具，如测量尺寸上、下限两个值的量规等），或在一定范围内连续复现量的值（称刻度量具，如刻线尺、刻度滴管等）。刻度量具可视为多值量具。量具一般没有指示器，也不含有测量过程中运动的元件。

1.4.2 计量器具的特征

计量器具的特征主要有以下几个方面。

1. 标称范围

计量器具所标定的测量范围称为标称范围，指在给定的误差范围内可测量的最低和最高量值区间。标称范围有时也可称示值范围。通常，标称范围用被测量的单位表示，与标在标尺上的单位不一定相同，一般用测量的上、下限来表示（如 1.00~10.00 m）。当下限为零时，亦可只用上限表示（如 0.00~10.00 m 可表示为 10.00 m），计量器具标称范围的上、下限之差的模，称为量程。例如，标称范围为-10~50 ℃的计量器具的量程为 60 ℃。应注意，不要将标称范围与量程相混淆。

2. 鉴别阈

鉴别阈是引起相应示值不可检测到变化的被测量值的最大变化。

鉴别阈可能与噪声（内部的或外部的）或摩擦有关，也可能与被测量的值及其变化是如何施加的有关。

要注意灵敏度和鉴别阈的区别与关系。灵敏度是被测量（输入量）变化引起的测量仪器示值（输出量）变化程度。鉴别阈是引起测量仪器示值（输出量）可觉察变化时被测量（输入量）的最小变化值，是指使测量仪器指针移动所要输入的最小量值。但二者是相关的，灵敏度越高，其鉴别阈越小；灵敏度越低，鉴别阈越大。

3. 显示装置的分辨力

显示装置的分辨力是指能有效辨别的显示示值间的最小差值。

分辨力是引起相应示值产生可觉察到变化的被测量的最小变化。通常模拟式显示装置的分辨力为标尺分度值的一半，即用肉眼可以分辨到一个分度值的 $\frac{1}{2}$，当然也可以采用放大装置提高其分辨力；数字式显示装置的分辨力为末位数字的一个数码；半数字式显示装置的分辨力为末位数字的一个分度。此概念也适用于记录式仪器。

分辨力和鉴别阈是有区别的。鉴别阈须在测量仪器处于工作状态时通过实验才能评估或确定数值,它是响应的觉察变化所需要的最小激励值;而分辨力是只需观察显示装置,即使是一台不工作的测量仪器也可确定,是说明最小示值误差的辨别能力。

1.5 计量基准

1.5.1 定义

计量基准,在一些国家又称为"原始计量标准"或"最高计量标准",是计量基准器具的简称,是在特定计量领域内复现和保存计量单位(或其倍数或分数)并具有最高计量学特性的计量器具,是统一量值的最高依据。

经国家正式确认,具有当代或本国科学技术所能达到的最高计量特性的计量基准,称为国家计量基准(简称国家基准),是给定量的所有其他计量器具在国内定度的最高依据。

经国际协议公认,具有当代科学技术所能达到的最高计量特性的计量基准,称为国际计量基准(简称国际基准),是给定量的所有其他计量器具在国际上定度的最高依据。

1.5.2 计量基准的分类

计量基准按层次等级一般分为国家基准、副基准和工作基准。

国家基准,即国家计量基准,是统一全国量值的最高依据和量值溯源的最终点,全国只有一个,因此使用次数要加以控制,只有在非常必要的情况下才可以使用。

副基准是指通过国家基准比对或校准来确定其量值,并经国家鉴定、批准的计量器具。它在全国作为复现计量单位的地位仅次于国家基准。有些国家基准只起保存计量单位的作用,而由副基准实际承担量值传递的工作。一旦国家基准被损坏,副基准可用来代替国家基准。

工作基准是经与国家基准或副基准校准或比对,并经国家鉴定,实际用于检定计量标准的计量器具。它在全国作为复现计量单位的地位仅在国家基准及副基准之下。设工作基准的目的是使国家基准和副基准不因频繁使用而降低其计量特性或遭受破坏。

1.5.3 计量基准的地位和作用

计量基准是一个国家量值的源头。我国的计量基准是经国务院计量行政部门批准作为统一全国量值的最高依据,全国的各级计量标准和工作计量器具的量值都要溯源于计量基准。

计量基准可以进行仲裁检定,所出具的数据能够作为处理计量纠纷的依据并具有法律效力。

1.6 计量标准

1.6.1 定义

计量标准是指准确度低于计量基准，用于检定其他计量标准或工作计量器具的测量标准。

计量标准是将计量基准量值传递到工作计量器具的一类计量器具。它是量值传递的中间环节，起着承上启下的作用，即将计量基准所复现的单位量值，通过检定逐级传递到工作计量器具，从而确保工作计量器具量值的准确可靠。计量标准可以根据需要按不同准确度分成若干个等级。计量标准同时也是在一定范围内统一量值的依据。

我国的计量标准，按其法律地位、适用和管辖范围的不同，分为社会公用计量标准、部门计量标准和企事业单位计量标准。为了使各项计量标准能在正常技术状态下进行量值传递，保证量值的溯源性，《中华人民共和国计量法》（以下简称《计量法》）规定凡建立社会公用计量标准、部门和企事业最高计量标准，必须依法考核合格后，才有资格开展量值传递。

1.6.2 计量标准的地位和作用

计量标准在我国量值传递（溯源）体系中处于中间环节，起着承上启下的作用，即将计量基准所复现的量值通过检定或者校准的方式传递到工作计量器具，确保工作计量器具量值的准确、可靠和统一，从而使工作计量器具的量值可以溯源到计量基准。

计量标准是将计量基准的量值传递到国民经济和社会生活各个领域的纽带，是确保量值传递和量值溯源，实现全国计量单位制统一和量值准确可靠的必不可少的物质基础和重要保障。为了加强计量标准的管理，规范计量标准的考核工作，保障国家计量单位制统一和量值传递的一致性、准确性，为国民经济发展及计量监督管理提供公正、准确的检定、校准数据或结果，国家对计量标准实行考核制度，并纳入行政许可的管理范畴。

计量标准中的社会公用计量标准作为统一本地区量值的依据，在社会上实施计量监督具有公证作用，在处理计量纠纷时，社会公用计量标准仲裁检定后的数据可以作为仲裁依据，具有法律效力。

1.6.3 计量标准的分级和应用

计量标准可以分为最高等级计量标准和其他等级计量标准。最高等级计量标准可分为最高等级社会公用计量标准、部门最高计量标准和企事业单位最高计量标准；其他等级计量标准可分为其他等级社会公用计量标准、部门次级计量标准和企事业单位其他等级计量标准。

我国对最高等级计量标准和其他等级计量标准的管理方式不同。最高等级社会公用计量标准，应由上一级计量行政部门考核；其他等级社会公用计量标准，则由本级计量行政部门考核。本部门最高计量标准和企事业单位最高计量标准应由有关计量行政部门考核，而部门次级计量标准和企事业单位其他等级计量标准则不需要计量行政部门考核。

依据计量法律法规的规定，计量标准考核合格，开展量值传递的范围为：①社会公用计量标准向社会开展计量检定或校准；②部门计量标准在本部门内部开展非强制检定或校准；③企事业单位计量标准在本单位内部开展非强制检定或校准。

1.6.4　计量标准的建立和使用

由于计量标准在统一量值中具有重要的地位和作用，所以它的建立和使用都有严格的规定。县级以上地方人民政府计量行政部门根据本地区的需要，建立社会公用计量标准器具，经上级人民政府计量行政部门主持考核合格后方可使用。国务院有关部门和省、自治区、直辖市人民政府有关主管部门，根据本部门的特殊需要，可以建立本部门使用的计量标准器具，其各项最高计量标准器具经同级人民政府计量行政部门主持考核合格后方可使用。企业、事业单位根据需要，可以建立本单位使用的计量标准器具，其各项最高计量标准器具经有关人民政府计量行政部门主持考核合格后方可使用。

为确保计量标准器具量值的准确、可靠，国家对社会公用计量标准器具、部门和企业的最高计量标准器具实行强制检定。使用单位必须按规定定期送政府计量行政部门指定的法定计量检定机构或授权的检定机构进行检定。

1.6.5　计量标准的考核和复查

国务院计量行政部门统一监督管理全国计量标准考核工作，省级计量行政部门负责监督管理本行政区域内计量标准考核工作。《计量标准考核证书》有效期届满6个月前，持证单位应当向主持考核的计量行政部门申请复查考核。

1.7　计量法规

1.7.1　相关概念

1. 法制计量

法制计量指的是为满足法定要求，由有资格的机构进行的涉及测量、测量单位、测量仪器、测量方法和测量结果的计量活动，它是计量学的一部分。"有资格的机构"，即法定计量机构，可以是计量行政政府机构，也可以是国家计量行政部门授权的其他机构，其主要职责是计量管理和监督。

2. 计量法

计量法指的是定义法定计量单位、规定法制计量任务及其运作的基本架构的法律。

3. 计量管理

计量管理在不同国家有不同的名称和定义。国际法制计量组织对计量管理的定义是：计量工作负责部门对所用测量方法和手段以及获得表示和使用测量结果的条件进行的管理。

4. 计量确认

计量确认指的是为确保测量设备处于满足预期使用要求的状态所需要进行的一组操作。计量确认通常包括校准和验证、各种必要的调整或维修及随后的再校准、与设备预期使用的计量要求相比较以及所要求的封印和标签。

5. 计量保证

计量保证是指法制计量中用于保证测量结果可信性的所有法规、技术手段和必要的活动。

6. 法制计量控制

法制计量控制指的是用于计量保证的全部法制计量活动。

7. 计量监督

计量监督指的是为检查测量仪器是否遵守计量法律、法规要求，并对测量仪器的制造、进口、安装、使用、维护和维修所实施的控制。计量监督还应包括对商品量和向社会提供公证数据的检测实验室能力的监督。

8. 计量鉴定

计量鉴定指的是以举证为目的的所有操作，如参照相应的法定要求，为法庭证实测量仪器的状态并确定其计量性能，或者评价公证用的检测数据的准确性。

1.7.2 计量法规体系

计量法规体系是指由《计量法》及其从属的若干法规、规章所构成的有机联系的整体。计量法规体系主要包括以下三个方面的内容。

一是法律，即《计量法》。

二是法规，包括国务院依据《计量法》制定或批准的计量行政法规，如《中华人民共和国计量法实施细则》《中华人民共和国进口计量器具监督管理办法》《国防计量监督管理条例》等。部分省、自治区、直辖市的人大常委会制定的地方性计量法规。

三是规章和规范性文件，包括国家市场监督管理总局制定的规章，如《计量基准管理办法》《计量标准考核办法》《制造、修理计量器具许可证监督管理办法》《计量器具新产品管理办法》等；国务院有关部门制定的计量管理办法；县级以上地方人民政府及计量行政部门制定的地方计量管理规范性文件。

1.7.3 计量法规内容

1. 立法宗旨

为了加强计量监督管理，保障国家计量单位制的统一和量值的准确可靠，有利于生产、贸易和科学技术的发展，适应社会主义现代化建设的需要，维护国家、人民的利益，制定《计量法》。

2. 调整范围

在中华人民共和国境内，所有公民、法人和其他组织，凡是使用计量单位，建立计量基准、计量标准，进行计量检定，制造、修理、销售、使用计量器具和进口计量器具，开展计量认证，实施仲裁检定和调解计量纠纷，进行计量监督管理方面所发生的各种法律关系，均为《计量法》适用的范围。教学示范中使用的计量器具或家庭自用的部分计量器具，不在立法调整范围内。

1.7.4 计量监督

① 县级以上人民政府计量行政部门根据需要设置计量监督员。计量监督员管理办法由国务院计量行政部门制定。计量监督员是县级以上人民政府计量行政部门任命的具有专门职能的计量执法人员，在规定的区域内执行计量监督任务。

② 县级以上人民政府计量行政部门可以根据需要设置计量检定机构，或者授权其他单位的计量检定机构，执行强制检定和其他检定、测试任务。

县级以上人民政府计量行政部门依法设置的计量检定机构，为国家法定计量检定机构。

"计量检定机构"是指承担计量检定工作的有关技术机构。

"其他检定、测试任务"，在具体应用时，是指《计量法》规定的计量标准考核，制造、修理计量器具条件的考核，定型鉴定、样机试验、仲裁检定、产品质量检验机构的计量认证，法定计量检定机构进行的非强制检定，以及政府计量行政部门授权的机构面向社会进行的非强制检定。

③ 处理因计量器具准确度降低所引起的纠纷，以国家计量基准器具或者社会公用计量标准器具检定的数据为准。

将计量基准或社会公用计量标准检定的数据作为处理计量纠纷的依据，具有法律效力。

用计量基准或社会公用计量标准所进行的以裁决为目的的计量检定、测试活动，统称为仲裁检定。

④ 为社会提供公证数据的产品质量检验机构，必须经省级以上人民政府计量行政部门对其计量检定、测试的能力和可靠性考核合格，这种考核称为计量认证。

对产品质量检验机构的计量认证，指的是证明其在认证的范围内具有为社会提供公证数据的资格。对为社会提供公证数据的产品质量检验机构的计量检定、测试的能力和可靠性的考核，具体包括：计量检定、测试设备的性能；计量检定、测试设备的工作环境和人员的操作技能；保证量值统一、准确的措施及检测数据公正可靠的管理制度。

对产品质量检验机构进行计量认证，由省级以上人民政府计量行政部门负责；具体考核工作，由其指定所属的计量检定机构或授权的技术机构进行。在具体应用时，属全国性的产品质量检验机构，向国务院计量行政部门申请计量认证；属地方性的产品质量检验机构，向所在的省、自治区、直辖市人民政府计量行政部门申请计量认证。

未取得计量认证合格证书的，不得开展产品质量检验工作。

1.7.5 计量法律责任

① 未取得《制造计量器具许可证》或《修理计量器具许可证》制造、修理计量器具的，责令停止生产、停止营业，没收违法所得，可以并处罚款。

② 制造、销售未经考核合格的计量器具新产品的，责令停止制造、销售该种新产品，没收违法所得，可以并处罚款。

③ 制造、修理、销售不合格计量器具的，没收违法所得，可以并处罚款。

④ 属于强制检定范围的计量器具，未按照规定申请检定或者检定不合格继续使用的，责令停止使用，可以并处罚款。

⑤ 使用不合格的计量器具或者破坏计量器具准确度，给国家和消费者造成损失的，责令赔偿损失，没收计量器具和违法所得，可以并处罚款。

⑥ 制造、销售、使用以欺骗消费者为目的的计量器具的，没收计量器具和违法所得，处以罚款；情节严重的，并对个人或者单位直接责任人员依照《中华人民共和国刑法》（以下简称《刑法》）有关规定追究刑事责任。

⑦ 违反《计量法》规定，制造、修理、销售的计量器具不合格，造成人身伤亡或者重大财产损失的，依照《刑法》的相关规定，对个人或者单位直接责任人员追究刑事责任。

⑧ 计量监督人员违法失职，情节严重的，依照《刑法》有关规定追究刑事责任；情节轻微的，给予行政处分。

⑨ 《计量法》规定的行政处罚，由县级以上地方人民政府计量行政部门决定。

⑩ 当事人对行政处罚决定不服的，可以在接到处罚通知之日起十五日内向人民法院起诉；对罚款、没收违法所得的行政处罚决定期满不起诉又不履行的，由做出行政处罚决定的机关申请人民法院强制执行。

1.8 标准物质

1.8.1 定义

标准物质，又称标准样品、参考物质，指具有一种或多种给定的计量特性的物质或材料，用来校准计量器具、评价测量方法或给材料赋值等。标准物质一般分为化学成分标准物质（如金属、化学试剂等）、理化特性标准物质（如离子活度、黏度标样等）和工程技术标准物质（如橡胶、磁带标样等）。

标准物质是计量标准中的一类，它是在规定条件下具有高稳定的物理、化学或计量学特性，并经正式批准作为标准使用的物质或材料。标准物质的用途是标定仪器、验证测量方法或鉴定其他物质。

标准物质可以是纯的或混合的气体、液体或固体。例如，量热法中作为热容量校准物的蓝宝石、化学分析校准用的溶液等。

附有证书的标准物质，其一种或多种特性值用建立了溯源性的程序确定，使之可溯源到准确复现的用于表示该特性值的测量单位，每一种鉴定的特性量值都附有给定置信水平的不确定度，为有证参考物质。

1.8.2 标准物质的特点

标准物质有两个明显特点：具有量值的准确性、用于测量的目的。

1.8.3 标准物质的分级

通常将标准物质分为一级和二级。一级标准物质采用定义法或其他准确、可靠的方法对其特性量值进行计量，其不确定度达到国内最高水平，主要用于对二级标准物质或其他物质定值，或者用来检定或校准准确度的仪器设备或评定和研究标准方法；二级标准物质采用准确、可靠的方法或直接与一级标准物质相比较的方法对其特性量值进行计量，其不确定度能够满足日常计量工作的需求，主要用作工作标准，用于现场方法的研究和评定。

1.8.4 标准物质的作用

标准物质是量值传递的一种重要手段，是统一全国量值的法定依据。它可以作为计量标准来检定、校准或校对仪器设备，还可以作为比对标准来考核仪器设备、测量方法和操作是否正确，测定物质或材料的组成和性质，考核各实验室之间测量结果的准确度和一致性，鉴定所试制的仪器设备或评价新的测量方法，以及用于仲裁检定等。

1.8.5 标准物质的种类

标准物质的种类很多，我国发布的标准物质目录，按专业领域的分类方法将标准物质分为钢铁、有色金属、建筑材料、核材料与放射性、高分子材料、化工产品、地质、环境、临床化学与医药、食品、能源、工程技术、物理学和物理化学 13 类。

1.9 量值传递与量值溯源

1.9.1 量值传递

量值传递指的是通过对计量器具的检定或校准,将国家基准所复现的计量单位量值通过各等级计量标准传递到工作计量器具,以保证对被测对象所测得量值的准确性。

量值传递是计量技术管理的中心环节,要保证量值在全国范围内准确一致,都能溯源到国家基准,就必须建立一个全国统一的科学的量值传递体系,这就要求一方面确定量值传递管理体制,另一方面制定各种国家计量检定系统表。

1.9.2 量值溯源

量值溯源是实现计量溯源性的具体活动或过程。而计量溯源性,是指通过文件规定的不间断的校准链,将测量结果与参照对象联系起来的测量结果的特性,校准链中的每项校准均会引入测量不确定度。使用这一概念,应当注意以下几点。

① 定义中的参照对象可以是实际实现的测量单位的定义,或包括非序量测量单位的测量程序或测量标准。

② 计量溯源性要求建立校准等级序列。

③ 参照对象的技术规范必须包括在建立校准等级序列时所使用该参考对象的时间,以及关于该参照对象的计量信息,如在这个校准等级序列中进行第一次校准的时间。

④ 对于在测量模型中具有一个以上输入量的测量,每个输入量值本身应该是经过量值溯源的,并且校准等级序列可形成一个分支结构或网络。为每个输入量值建立计量溯源性所做的努力应与对测量结果的贡献相适应。

⑤ 测量结果的计量溯源性不能保证其测量的不确定度满足给定的条件,也不能保证不发生错误。

⑥ 如果两个测量标准比较是用于核查其中一个测量标准,必要时对其量值进行修正并给出测量不确定度,那么可视这种比较为一次校准。

⑦ 国际实验室认可合作组织(International Laboratory Accreditation Cooperation,ILAC)认为确认计量溯源性的要素是向国际测量标准或国家测量标准的不间断的计量溯源链、文件规定的测量不确定度、文件规定的测量程序、认可的技术能力、向国际单位制(SI)的计量溯源性及校准间隔。

⑧ "溯源性"有时是指"计量溯源性",有时也指其他概念,如"样品可追溯性""文件可追溯性"或"仪器可追溯性"等,其含义是指某项目的历程(轨迹)。因此,当有产生混淆的风险时,最好使用全称"计量溯源性"。

1.9.3 量值传递与量值溯源的区别

第一，两者的含义不同。量值传递含有自上而下的含义，政府建立了从上而下的传递网络，并颁布了国家计量检定系统表等法规监督、管理量值传递工作，因此量值传递往往体现为政府的行为，有强制性的含义；而量值溯源往往是企事业单位的自主行为，有非强制的特点。无论是以市场经济为主的国家，还是以计划经济为主的国家，都存在量值传递和量值溯源两种方式，但使用这两种方式的场合不一样。在市场经济体制的国家，政府在涉及社会关心的利益时往往使用量值传递的方式，除此之外，则由企事业单位自主地进行量值溯源。在我国，今后也将逐步与国际通行做法相一致，对非强检计量器具由企事业单位采用量值溯源的方式保证量值准确、统一。

第二，两种传递方式不同，在量值传递中强调"通过对测量仪器的校准或检定"这两种方式，而在量值溯源中则是采用连续的"比较链"。由于"比较链"没有特别指出哪种方法，因此承认多种方式，如检定、校准、比对等。

量值传递一般按等级传递。量值溯源可以逐级溯源，也可以越级溯源，因此溯源可以不受等级的限制，可根据用户自身的需要来决定。等级过细往往容易造成多次累计的不确定度，易损失准确度。

从量值溯源的定义可以看出，量值溯源强调把测量结果与有关标准联系起来，而量值传递的定义强调传递到工作计量器具。因此，量值溯源强调数据的溯源，量值传递强调器具的传递，一个体现了数据管理的特点，另一个体现了器具管理的特点。

1.9.4 量值传递和量值溯源的必要性

《计量法》第一条规定了计量立法宗旨，即保障国家计量单位制的统一和量值的准确可靠，为达到这一宗旨而进行的活动中最基础、最核心的过程就是量值传递和量值溯源。它们既涉及科学技术问题，又涉及管理问题和法制问题。

任何计量器具，由于种种原因，都具有不同程度的误差。只有计量器具的误差在允许范围内时才能放心使用，否则将给出错误的测量结果。如果没有自国家计量基准、各级计量标准或有证标准物质进行的量值传递或各种计量器具向这些国家计量基准、各级计量标准或有证标准寻求的溯源，那么要使新制造或购置的、使用中的、修理后的、不同形式的、分布于不同地区的、在不同环境下测量同一量值的计量器具都能在允许的误差范围内工作，是不可能的。

为保障全国量值传递的一致性和测量结果的可信度，为国民经济、社会发展及计量监督管理提供准确的检定、校准数据或结果，有必要加强量值传递与量值溯源工作。

1.10 测量与测量仪器

1.10.1 测量

测量指的是通过实验获得并可合理赋予某量一个或多个量值的过程。针对这个概念，应当注意以下几个方面。

① 测量不适用于标称特性（标称特性是指不以大小区分的现象、物体或物质的特性，如人的性别、分析样品的颜色等）。

② 测量意味着量的比较并包括实体的计数。

③ 测量的先决条件是对测量结果预期用途相适应的量的描述、测量程序，以及根据规定测量程序（包括测量条件）进行操作的经校准的测量系统。

1.10.2 测试

测试是"具有试验性质的测量"，也可以理解为"试验和测量的综合"。"测试"这一名词是从实际工作中抽象概括出来的概念，一般认为它与测量的含义的区别主要在于它具有探索、分析、研究和试验特征，但应当承认，测试的本质特征也是测量，因此测试属于测量范畴，是测量的扩展和外延。

1.10.3 被测量

被测量是"拟测量的量"。测量包括测量系统和实施测量的条件，它可能会改变研究中的现象、物体或物质，使被测量的量可能不同于定义的被测量。在这种情况下，需要进行必要的修正。

1.10.4 影响量

影响量指的是在直接测量中不影响实际被测的量，但会影响示值与测量结果之间关系的量。间接测量涉及各直接测量的合成，每项直接测量都可能受到影响量的影响。

1.10.5 测量仪器

测量仪器指的是单独或与一个或多个辅助设备组合，用于进行测量的装置。一台可单独使用的测量仪器是一个测量系统。测量仪器可以是指示式测量仪器，也可以是实物量具。

① 指示式测量仪器是将被测量值换成可直接观察的示值或等效信息的计量器具，它是可单独地或连同其他设备一起用以进行计量的装置，如电流表、压力表、水表、温度计等。指示式测量仪器按照其计量功能特性一般可分为显示式仪器、记录式仪器、累计式仪器、积分式仪器、模拟式仪器和数字式仪器等。

② 实物量具是指使用时以固定形态复现或提供给定量的一个或多个已知值的器具，如砝码、量块、标准电阻等。它们一般没有指示器，在测量过程中没有附带运动的测量元件。量具又可分为单值量具（砝码、量块、标准电池、固定电容器等）和多值量具（砝码组、量块组等）。

如果量具具有独立复现的功能，不需用其他计量装置帮助，那么称这类量具为独立量具，如尺子；如果必须与其他计量器具一起才能进行量的测量，那么把这类量具称为从属量具，如砝码与天平。

1.11 测量结果与测量标准

1.11.1 测量结果

测量结果是指与被测量相关联的一组数值，并附带有测量过程相关的其他信息，用于全面描述被测量的状态及测量过程的可靠性。

① 测量结果通常包含这组量值的"相关信息"，诸如某些可以比其他方式更能代表被测量的信息。

② 测量结果通常表示为单个测得的量值和一个测量不确定度。对某些用途，如果认为测量不确定度可忽略不计，那么测量结果可表示为单个测量的量值。在许多领域中，这是表示测量结果的常用方式。

③ 在传统文献中，测量结果被定义为被测量的值，并按情况解释为平均示值、未修正的结果或已修正的结果。

④ 测量结果只是被测量值的近似值或估计值。在测量结果的完整表述中应包括测量时所处的条件、测量不确定度，还应给出自由度、有关影响量的取值范围。在确定测量结果表示有效数时，应保留到与扩展不确定度的有效位数相同。当单位相同时，其末位应对齐。

1.11.2 示值

示值是指由测量仪器或测量系统所给出的量值。

① 示值可用可视形式表示，也可传输到其他装置。示值通常由模拟输出显示器上指示的位置、数字输出所显示或打印的数字、编码输出的码形图、实物量具的赋值给出。

② 示值与相应的被测量值不必是同类量的值。

1.11.3 测量方法

测量方法是对测量过程中使用的操作所给出的逻辑性安排的一般性描述。

在测量过程中，不同的量或不同量值的同一种量，应根据其特点和准确度要求，应用相应的测量原理和测量方法。测量方法可用不同方式表述，如直接测量法和间接测量法、基本测量法和定义测量法、直接比较测量法和替代测量法、微差测量法和符合测量法、补偿测量法和调换测量法、静态测量法和动态测量法等测量方法。

1.11.4 测量误差

1. 测量误差的定义

测量误差是指测得的量值减去参考量值。实际工作中测量误差又简称误差。获得测量误差的目的通常是获取测量结果的修正值。针对这个概念，应当注意以下几个方面。

① 当存在单个参考量值时，如用测得值的测量不确定度可忽略的测量标准进行校准，或约定量值给定时，测量误差是已知的。

② 假设被测量使用唯一的真值或范围可忽略的一组真值表征时，测量误差是未知的。

③ 测量误差不应与测量中产生的错误或过失相混淆。测量中的错误或过失常称为粗大误差或过失误差，它不属于测量误差定义的范畴。

2. 测量误差的来源

测量误差的来源主要有环境误差、测量仪器误差、测量方法误差、人员误差等方面。

① 不同的测量对环境的要求是不同的，环境误差主要指测量环境中的温度、湿度、大气压、磁场、振动、空气流动等方面的变化可能与测量要求的环境不一致，从而导致测量结果的误差。例如，测量过程中房间房门的频繁开闭造成温度、湿度的变化，会对测量环境周围的电机、水泵等设备的工作造成磁场、振动等方面的干扰。

② 测量仪器误差主要指测量仪器设备本身对测量结果产生的误差，其中包括测量仪器在设计时和制造过程中带来的误差，主要体现在长期稳定性、重复性、漂移、波动、磨损、仪器分辨力、仪器刻度均匀性等方面。

③ 测量方法误差主要指测量方法的选取以及方法的合理性、可操作性等方面给测量结果带来的误差。

④ 人员误差主要指人员的技术熟练程度、数据采集、感官鉴别能力等方面给测量结果带来的误差。技术熟练程度包括对测量仪器的原理、结构、各部件、各种功能的了解，以及正确使用测量仪器的能力。数据采集包括数据的读取方法、记录形式及数据采集过程中的操作习惯等方面。感官鉴别能力包括人员的视觉差异、反应速度、习惯视觉角度等。

1.11.5 测量重复性

测量重复性，简称重复性，是指在一组重复性测量条件下的测量精密度。

重复性测量条件包括：相同测量程序、相同操作者、相同测量系统、相同操作条件和相同地点，并在短时间内对同一或相类似被测对象重复测量的一组测量条件。总而言之，就是在尽量相同的条件下，包括程序、人员、仪器、环境等，在尽量短的时间间隔内完成重复测量工作。这里的"尽量短的时间"可以理解为：保证前四个条件相同或保持不变的时间段，它主要取决于人员的素质、仪器的性能以及对各种影响量的监控。

1.11.6 测量复现性

测量复现性，简称复现性，是指在复现性条件下的测量精密度。

复现性条件是指不同地点、不同操作者、不同测量系统，对同一对象或相似对象重复测量的一组测量条件。不同的测量系统可采用不同的测量程序。在给出复现性时应说明改变和未变的条件以及实际改变到什么程度。

1.11.7 测量准确度

测量准确度，简称准确度，是指被测量的测得值与其真值的一致程度。

首先，习惯上所说的准确度其实表示的是不准确的程度，所以说测量准确度定义中的"一致程度"只是一个定性的概念。测量准确度只是对测量结果的一个概念性或定性描述，在文字叙述中使用，不给出量值。测量准确度作为定性描述，只有高低之分，没有数值大小之分。叙述时可以说准确度高或准确度低、准确度符合标准要求等。当测量提供较小的测量误差时，就说该测量是较准确的或准确度较高。但不要定量表示成准确度为 0.5%、准确度=±7g 等，这样的表示方法是错误的。

其次，有些测量仪器说明书或技术规范中规定的准确度，其实是仪器的最大允许误差或允许误差极限，不应与本定义的测量准确度相混淆。

1.11.8 测量标准

测量标准是指具有确定的量值和相关联的测量不确定度，实现给定量定义的参考对象，如具有标准测量不确定度为 3 μg 的 1 kg 质量测量标准、具有相对标准不确定度为 $2×10^{-15}$ 的铯原子频率标准、提供具有测量不确定度的量值的有证标准物质等。

1. 国际测量标准

国际测量标准是指由国际协议签约方承认的并在世界范围内使用的测量标准，如国际千克原器。

2. 国家测量标准

国家测量标准简称国家标准，是指经国家权威机构承认，在一个国家或经济体内作为同类量的其他测量标准定值依据的测量标准。

习题

1. 什么是质量、计量与测量？
2. 计量的特点有哪些？
3. 量值传递与量值溯源有无区别？
4. 测量结果就是被测量值的真实值吗？

参考文献

[1] 国家质量监督检验检疫总局. 中国质检工作手册：计量管理[M]. 北京：中国质检出版社，2012.

[2] 李德明，王傲胜. 计量学基础[M]. 上海：同济大学出版社，2007.

[3] 王海燕，张庆民. 质量分析与质量控制[M]. 北京：电子工业出版社，2015.

[4] 范巧成. 计量基础知识[M]. 3版. 北京：中国质检出版社，2014.

第 2 章

计量与测量数理工具

上一章介绍了计量与测量的基本概念与相关术语,而本书的研究重点在于通过光学、电化学、磁学等相关技术进行质量计量与测量,对于各种计量和测量方法所产生的数据,都需要进行数值修约、降噪等预处理,以及构建相关数学模型对数据进行拟合、分类等。其中涉及大量统计学相关理论以及随机变量的分析和求解、相关数学模型的构建和应用。因此,本章概括介绍数理统计的基本概念,作为后续技术的基础。

2.1 数值修约规则

2.1.1 定义

数值修约是指在进行具体的数字运算前,通过省略原数值的最后若干位数字,调整保留的末位数字,使最后所得到的值最接近原数值的过程。指导数值修约的具体规则被称为数值修约规则。

1. 修约间隔和进舍规则

数值修约时应首先确定修约间隔和进舍规则。一经确定,修约值必须是修约间隔的整数倍。然后指定表达方式,即选择根据修约间隔保留到指定位数。

(1) 修约间隔

修约间隔是修约值的最小数值单位。修约间隔的数值一经确定,修约值就应为该数值的整数倍。

例:若指定修约间隔为 0.1,则修约值应在 0.1 的整数倍中选取,相当于将数值修约到一位小数;若指定修约间隔为 100,则修约值应在 100 的整数倍中选取,相当于将数值修约到"百"数位;若指定修约间隔为 0.5,则修约间隔为指定数位的 0.5 单位,即修约到指定数位的 0.5 单位;若指定修约间隔为 0.2,则修约间隔为指定数位的 0.2 单位,即修约到指定数位的 0.2 单位。

（2）进舍规则

使用以下进舍规则进行修约。

① 拟舍弃数字的最左一位数字小于 5 时则舍弃，即保留的末位数字不变。

② 拟舍弃数字的最左一位数字大于 5 或等于 5，且其后跟有并非全部为 0 的数字时，进一，即保留的末位数字加 1（指定修约间隔明确时，以指定位数为准）。

③ 拟舍弃数字的最左一位数字等于 5，且右面无数字或皆为 0 时，若所保留的末位数字为奇数则进一，为偶数（包含 0）则舍弃。

④ 负数修约时，取绝对值按照上述①～③规定进行修约，再加上负号。

注：不允许连续修约。

数值修约简明口诀：4 舍 6 入 5 看右，5 后有数进上去，尾数为 0 向左看，左数奇进偶舍弃。

2. 四舍五入和四舍六入五留双规则

现代被广泛使用的数值修约规则主要有四舍五入规则和四舍六入五留双规则。

（1）四舍五入规则

四舍五入的规则是在需要保留数字的位次后一位，逢五就进，逢四就舍。

例如，将数字 2.187 5 精确保留到千分位（小数点后第 3 位），因小数点后第 4 位数字为 5，按照此规则应向前一位进一，所以结果为 2.188。同理，将下列数字全部修约到两位小数，结果为：

$$10.275\ 0 \longrightarrow 10.28$$
$$18.065\ 01 \longrightarrow 18.07$$
$$16.405\ 0 \longrightarrow 16.41$$
$$27.185\ 0 \longrightarrow 27.19$$

按照四舍五入规则进行数值修约时，应一次修约到指定的位数，不可以进行数次修约，否则将有可能得到错误的结果。例如，将数字 15.456 5 修约到个位时，应一步到位：15.456 5——15（正确）。如果分步修约将得到错误的结果：15.456 5——15.456——15.46——15.5——16（错误）。数值修约是为了减小误差，而数次修约有可能增大误差。

四舍五入修约规则（逢五就进）必然会造成结果偏高、误差偏大，为了避免这样的状况出现，尽量减小因修约而产生的误差，在某些时候需要使用四舍六入五留双的修约规则。

（2）四舍六入五留双规则

为了避免四舍五入规则造成的结果偏高、误差偏大的情况出现，一般采用四舍六入五留双规则。本规则适用于科学技术与生产活动中试验测定和计算得出的各种数值。需要修约时，除另有规定外，应按本规则进行。

① 当尾数小于或等于 4 时，直接将尾数舍弃。

例如，将下列数字全部修约到两位小数，结果为：

$$\text{拟修约数值} \longrightarrow \text{修约值}$$
$$10.273\ 1 \longrightarrow 10.27$$
$$18.504\ 9 \longrightarrow 18.50$$
$$16.402\ 7 \longrightarrow 16.40$$
$$27.182\ 9 \longrightarrow 27.18$$

② 当尾数大于或等于 6 时，将尾数舍弃向前一位进位。

例如，将下列数字全部修约到两位小数，结果为：

拟修约数值——修约值

16.777 7 —— 16.78

10.297 01 —— 10.30

21.019 1 —— 21.02

③ 当尾数为 5，而尾数后面的数字均为 0 时，应看尾数"5"的前一位：若前一位数字此时为奇数，就应向前进一位；若前一位数字此时为偶数，则应将尾数舍弃。数字"0"在此时应被视为偶数。

例如，将下列数字全部修约到两位小数，结果为：

拟修约数值——修约值

12.645 0 —— 12.64

18.275 0 —— 18.28

12.735 0 —— 12.74

21.845 000 —— 21.84

④ 当尾数为 5，而尾数"5"的后面还有任何不是 0 的数字时，无论前一位在此时为奇数还是偶数，也无论"5"后面不为 0 的数字在哪一位上，都应向前进一位。

例如，将下列数字全部修约到两位小数，结果为：

拟修约数值 ——修约值

12.735 07 —— 12.74

21.845 02 —— 21.85

12.645 01 —— 12.65

18.275 09 —— 18.28

38.305 000 001 —— 38.31

按照四舍六入五留双规则进行数值修约时，也应像四舍五入规则那样，一次性修约到指定的位数，不可以进行数次修约，否则得到的结果也有可能是错误的。例如，将数字 10.274 994 500 1 修约到两位小数时，应一步到位：10.274 994 500 1——10.27（正确）。如果按照四舍六入五留双规则分步修约，那么将得到错误结果：10.274 994 500 1——10.274 995——10.275——10.28（错误）。

2.1.2 确定修约位数的表达方式

1. 指定数位

① 指定修约间隔为 $0.1n$（n 为正整数），或指明将数值修约到 n 位小数。

② 指定修约间隔为 1，或指明将数值修约到"个"数位。

③ 指定修约间隔为 $10n$，或指明将数值修约到 $10n$ 数位（n 为正整数），或指明将数值修约到"十"数位、"百"数位、"千"数位等。

2. 进舍规则

① 拟舍弃数字的最左一位数字小于 5 时，则舍弃，即保留的各位数字不变。

例：将 12.149 8 修约到一位小数，得 12.1。

例：将 12.149 8 修约到"个"数位，得 12。

② 拟舍弃数字的最左一位数字大于或等于 5，且其右跟有并非全部为 0 的数字时，则进一，即保留的末位数字加 1。

例：将 126 8 修约到"百"数位，得 13×100（特定时可写为 1 300）。

例：将 126 8 修约到"十"数位，得 127×10（特定时可写为 1 270）。

例：将 10.502 修约到"个"数位，得 11×1。

注：本标准示例中，"特定时"的含义系指修约间隔明确时。

③ 拟舍弃数字的最左一位数字为 5，而右面无数字或皆为 0 时，若所保留的末位数字为奇数（1，3，5，7，9）则进一，为偶数（2，4，6，8，0）则舍弃。

例如，修约间隔为 0.1（或 10^{-1}），结果为：

拟修约数值——修约值

1.050 —— 1.0

0.350 —— 0.4

例如，修约间隔为 1 000（或 10^3），结果为：

拟修约数值—— 修约值

2 500 ——2×1 000（特定时可写为 2 000）

3 500 ——4×1 000（特定时可写为 4 000）

④ 负数修约时，先对它的绝对值进行修约，然后在修约值前面加上负号。

例如，将下列数字修约到"十"数位，结果为：

拟修约数值—— 修约值

-355 ——-36×10（特定时可写为-360）

-325 ——-32×10（特定时可写为-320）

⑤ 不许连续修约。拟修约数字应在确定修约位数后一次修约获得结果，而不得多次按上述规则连续修约。

例如，修约 15.454 6，修约间隔为 1，正确的做法：15.454 6——15。

错误的做法：15.454 6——15.455——15.46——15.5——16。

在具体实施中，有时测试与计算部门先将获得数值按指定的修约位数多一位或几位报出，而后由其他部门判定。为避免产生连续修约的错误，应按下述步骤进行。

报出数值最右侧的非零数字为 5 时，应在数值后面加"（+）"或"（-）"，或者不加符号，以分别表明已进行过舍、进或未舍未进。

例如，16.50（+）表示实际值大于 16.50，经修约舍弃成为 16.50；16.50（-）表示实际值小于 16.50，经修约进一成为 16.50。

如果判定报出值需要进行修约，当拟舍弃数字的最左一位数字为 5，且右面无数字或皆为零时，数值后面有（+）号者进一，数值后面有（-）号者舍弃，其他仍按上述规则进行。

例如，将下列数字修约到个数位后进行判定（报出值多留一位到一位小数），结果为：

实测值 —— 报出值 —— 修约值
15.454 6 —— 15.5（−）—— 15
16.520 3 —— 16.5（+）—— 17
17.500 0 —— 17.5 —— 18
−15.454 6 —— −15.5（−）—— −15

A．0.5 单位修约。将拟修约数值乘以 2，按指定数位依上述规则修约，所得数值再除以 2。

例如，将下列数字修约到个数位的 0.5 单位（或修约间隔为 0.5），结果为：

拟修约数值 —— 乘 2 —— 2A 修约值 —— A 修约值
（A）—— （2A）—— （修约间隔为 1）—— （修约间隔为 0.5）
60.25 —— 120.50 —— 120 —— 60.0
60.38 —— 120.76 —— 121 —— 60.5
−60.75 —— −121.50 —— −122 —— −61.0

B．0.2 单位修约。将拟修约数值乘以 5，按指定数位依上述规则修约，所得数值再除以 5。

例如，将下列数字修约到"百"数位的 0.2 单位（或修约间隔为 20），结果为：

拟修约数值 —— 乘 5 —— 5A 修约值 —— A 修约值
（A）—— （5A）—— （修约间隔为 100）—— （修约间隔为 20）
830 —— 415 0 —— 4.2×10^3 —— 8.4×10^2
842 —— 421 0 —— 4.2×10^3 —— 8.4×10^2
−930 —— −465 0 —— -4.6×10^3 —— -9.2×10^2

2.2 随机变量与概率分布

2.2.1 随机变量

1. 随机变量的定义

在统计概率中，用事件来表示某件事情。在一定条件下，可能发生也可能不发生的事件称为随机事件。随机变量是用来量化随机事件的函数，它赋予随机事件每一个可能的试验结果一个数值。随机变量定义：在样本空间 Ω 上，随机试验的每一个可能的结果 $\omega \in \Omega$，都可用一个实数 $X = X(\omega)$ 来表示，且实数 X 满足以下条件：

① X 是由 ω 唯一确定；

② 对于任意给定的实数 x，事件 $\{X \leqslant x\}$ 都是满足一定概率的。

则称 $X(\omega)$ 为一随机变量，简记为 X。一般用英文大写字母 X, Y, Z 等表示随机变量，而随机变量所取的值常用小写字母 x, y, z 等表示。例：对于明天是否下雨这个随机事件，则可定义随机变量。下雨就等于 1，不下雨就等于 0（根据需要定义函数值，不一定是 0 和 1）。这样，随机变量即将随机事件的结果映射到定义好的数值上。又因为明天是否下雨是随机的，即随机变量可取定义好的一个值。

例题 2.2.1 考虑随机试验：接连 3 次射击，以 $\omega = (i, j, k)$ 表示基本事件，i, j, $k = 0$ or 1。其中，"0"表示脱靶，"1"表示命中。那么，3 次射击命中目标的次数 X 是基本事件 ω 的函数，因此是随机变量，它有 0，1，2 这 3 个可能值。

ω	(0, 0, 0)	(0, 0, 1)	(0, 1, 0)	(0, 1, 1)	(1, 0, 0)	(1, 0, 1)	(1, 1, 0)	(1, 1, 1)
$X=X(\omega)$	0	1	1	2	1	2	2	3

引入随机变量后，随机事件可以用随机变量来表示。对于任一随机变量 $X=X(\omega)$ 和任意实数 a, $b(a<b)$，诸如 $\{X=a\}$，$\{X<a\}$，$\{X\leqslant a\}$，$\{a<X\leqslant b\}$，$\{a\leqslant X\leqslant b\}$ 等都是随机事件，这样就可以把对事件的研究转化为对随机变量的研究，用数学分析的方法来研究随机试验。

2. 随机变量的分类

随机变量可分为离散型随机变量和连续型随机变量。

（1）离散型随机变量

即结果可一一列举出来，也可以说从一个数字到另一个数字，中间有一定的间隔。在实数轴上，仅取有限个或可列个孤立点的随机变量称为离散型随机变量，离散型随机变量取值如图 2-1 所示。

例：明天是否下雨，结果不是 1 就是 0，这就是离散型随机变量。

（2）连续型随机变量

即事件有无数个结果，这些数字可以用一条光滑的曲线连起来。可能取值充满实数轴上的一个区间，连续型随机变量取值如图 2-2 所示。

例：接上例，虽然明天是否下雨是离散型随机变量，但明天下雨的毫米数可能是 1.1，1.11，1.111 等数字。由此可知，离散型随机变量与连续型随机变量的概率分布具有相当的差别，因此在认识一个随机变量时，首先要从它的取值来区分它是离散型随机变量还是连续型随机变量。

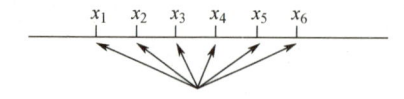

图 2-1 离散型随机变量取值

图 2-2 连续型随机变量取值

例题 2.2.2 请判断下列随机变量 X 的类型（离散型或连续型）。

（1）某工厂抽查 n 个产品，不合格的产品数 X 可能是 0，1，2，…，n 等 $n+1$ 个随机变量，"$X=x$"表示 n 个产品中有 x 个不合格品。

（2）抛一枚硬币，观察其出现的面，数字面记为 a_1，非数字面记为 a_2，则每次硬币抛出后的结果为 $y_i \in \{a_1, a_2\}$，计数次抛硬币后，数字面向上的次数为随机变量 X。

（3）某一品牌计算机的寿命为 X（单位为小时），是取值为 $[0, +\infty)$ 的随机变量，若"$X>1\,000$"，则该计算机的寿命超过 1 000 小时。

解：根据上述关于离散型随机变量和连续型随机变量的定义，容易得本题中（1）（2）为离散型随机变量，（3）为连续型随机变量。

2.2.2 概率分布

1. 离散型随机变量及其分布律

（1）离散型随机变量的定义

若随机变量 X 的所有可能取值只有有限个或可列无穷个，则称 X 为离散型随机变量。

（2）分布律（概率分布）

设离散型随机变量 X 的所有可能取值为 $x_k(k=1, 2, \cdots)$，X 取各个可能值的概率，即事件 $\{X = x_k\}$ 的概率，为

$$P\{X = x_k\} = p_k, \quad k=1, 2, \cdots$$

或用下列表格形式表示 X 的分布律：

X	$x_1, x_2, \cdots, x_n$
p	$p_1, p_2, \cdots, p_n$

显然，分布律满足

$$p_k \geq 0, \quad k=1, 2, \cdots, \quad \sum_{k=1}^{+\infty} p_k = 1$$

2. 随机变量的分布函数

（1）分布函数定义

认识一个随机变量 X 时，除了要知道 X 可能的取值或可能的取值区间，还要考虑随机变量 X 取这些值的概率是多少。在清楚随机变量取值或取值区间及取值概率后，随机事件就可以用随机变量加以数学方法进行分析。

上文已经讨论了随机变量 X 的取值问题，下面着重讨论随机变量取值的概率。对于离散型随机变量 X，只要对可能取值 x_i 确定形如"$X = x_i$"事件的概率即可，而对于一般随机变量 X，要确定它取值的概率，就要对任意实数 x，确定形如"$X \leq x$"事件的概率，而这类事件的概率 $P(X \leq x)$ 是 x 的函数，它随 x 变化而变化。若把这个函数记为 $F(x)$，并能确定这个函数，则形如"$X \leq x$"的事件的概率也随之确定。这个函数 $F(x)$ 称为分布函数，它是概率论中的一个重要概念，也是本书质量计量与测量中的一个重要工具。一般地，分布函数的定义如下。

设 X 为随机变量，对于任意实数 x，事件 $X \leq x$ 的概率是 x 的函数，则表示为

$$F(x) = P\{X \leq x\}, \quad -\infty < x < +\infty$$

这个函数称为 X 的累积概率分布函数，简称为 X 的分布函数。

在这个定义中，并没有限定随机变量 X 是离散的还是连续的。不论离散型随机变量还是连续型随机变量都可讨论分布函数，也都有各自的分布函数。从分布函数的定义中，可以得到一些基本性质。

（2）分布函数的基本性质

① 有界性。$0 \leqslant F(x) \leqslant 1$。要注意，分布函数值是对特定事件"$X \leqslant x$"的概率，因此对于概率而言，其取值必然总在[0，1]中。

② 单调不减。对于任何 $x_1 < x_2$，有 $F(x_1) \leqslant F(x_2)$；这是因为事件"$X \leqslant x_2$"包含事件"$X \leqslant x_1$"。

③ $F(-\infty)=0$，$F(+\infty)=1$。这是因为事件"$X \leqslant -\infty$"是不可能事件，事件"$X \leqslant +\infty$"是必然事件。

④ 右连续。对任何实数 x 有 $F(x+0) = F(x)$。其中 $F(x+0)$ 是函数在点 x 处的右极限，对任意给定的 x，取一个下降数列 $\{x_n\}$，使其极限为 x，即

$$x_1 > x_2 > x_3 > \cdots > x_n > \cdots \to x(n \to \infty)$$

则

$$F(x+0) = \lim_{x_n \to x} F(x_n)$$

例题 2.2.3 设离散型随机变量的概率分布为：$P\{X=0\}=0.5$，$P\{X=1\}=0.3$，$P\{X=3\}=0.2$，求 X 的分布函数及 $P\{X \leqslant 2\}$。

解：$P\{X \leqslant 2\} = P\{X=0\} + P\{X=1\} = 0.5 + 0.3 = 0.8$

$$F(x) = \begin{cases} 0, & x < 0 \\ 0.5, & 0 \leqslant x < 1 \\ 0.8, & 1 \leqslant x < 3 \\ 1, & x \geqslant 3 \end{cases}$$

该题主要考查对离散型随机变量的概率分布和分布函数之间的关系的掌握。注意分布函数是阶梯函数，并在可能取值处发生跳跃，跳跃高度等于相应的概率。为计算 $P\{X \leqslant 2\}$，可以用取值在该区间上各可能的概率之和。将例题中的分布函数绘为图，可以得到图 2-3。

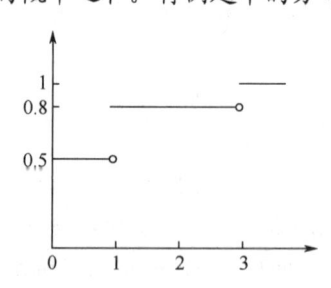

图 2-3 例题 2.2.3 中的分布函数

例题 2.2.4 设 X 的分布函数为

$$F(x) = \begin{cases} 0, & x \leqslant 0 \\ Ax^2, & 0 < x < 1 \\ 1, & x \geqslant 1 \end{cases}$$

则有（　　）。

A. $A=1$，$P\{X=1\}=0$，$P\{X=0\}=0$

B. $A = \dfrac{1}{2}$, $P\{X=1\} = \dfrac{1}{2}$, $P\{X=0\} = 0$

C. $0 \leqslant A \leqslant 1$, $P\{X=1\} > 0$, $P\{X=0\} > 0$

D. $0 \leqslant A \leqslant 1$, $P\{X=1\} = 1 - A$, $P\{X=0\} = 0$

解：D。

这里主要考查的知识是分布函数的性质。首先，$F(-\infty)=0$，$F(+\infty)=1$，条件总是满足的。其次，要保证单调性，只需 $0 \leqslant x \leqslant 1$ 即可。另外，再看右连续性，为此只需考察分段点。在 $x=0$ 处，$F(x)$ 事实上总是连续的，而在 $x=1$ 处，所给函数不论 A 取何值均又是连续的。可见对 A 只需作限制，令 $0 \leqslant A \leqslant 1$ 即可。进一步，由于 $F(x)$ 在 $x=0$ 处连续，故 $P\{X=1\} = F(1) - F(1-) = 1 - \lim\limits_{x \to 1} Ax^2 = 1 - A$。故本题选 D。

另外，此处可能会被错误地认为 $A=1$，这是连续型随机变量的要求，而不是一般分布函数的要求。

此外，用分布函数表示相关事件概率 X 的分布函数 $F(x)$，则有：

① $P(X \leqslant b) = F(b)$。

② $P(X < b) = F(b-0)$。

③ $P(X > b) = 1 - P(X \leqslant b) = 1 - F(b)$。

④ $P(X = b) = P(X \leqslant b) - P(X < b) = F(b) - F(b-0)$。

⑤ $P(a < X \leqslant b) = P(X \leqslant b) - P(X \leqslant a) = F(b) - F(a)$。

⑥ $P(a \leqslant X < b) = P(X < b) - P(X < a) = F(b-0) - F(a-0)$。

⑦ $P(a \leqslant X \leqslant b) = P(X \leqslant b) - P(X < a) = F(b) - F(a-0)$。

（3）离散型随机变量分布列

设 X 的分布律为 $P(X = x_i) = p_i$，$i=1$，2，$\cdots$，则 X 的分布函数为

$$F(x) = P(X \leqslant x) = \sum_{X_i \leqslant x} P(X = x_i), \quad -\infty < x < +\infty$$

此时也称 $F(x)$ 为离散型分布函数，若已知 X 的分布函数 $F(x)$，则易求得 X 的分布律：

$$P(X = x_i) = F(x_i) - F(x_i - 0), \quad i=1, 2, \cdots$$

离散型随机变量 X 的分布列除了用上述公式表示，还可用下面表格的方式表示，但要注意行列位置严格对应，不能错位：

X	x_1	x_2	$\cdots$	x_n	$\cdots$
P	$P(x_1)$	$P(x_2)$	$\cdots$	$P(x_n)$	$\cdots$

此外，分布列还有线条图、概率直方图等表示方式，在此不再赘述。

例题 2.2.5 5 双不同的鞋子中任取 6 只，记 X 为恰好能配成对的双数，求 X 的分布。

解：此问题可转化为求事件"恰好能配成 k 双鞋子"的概率，并注意到 X 的取值至少为 1。

$$P\{X=1\} = P\{\text{恰好配成一双}\} = \dfrac{C_5^1 C_4^4 2^4}{C_{10}^6} = \dfrac{8}{21}, \quad P\left\{X=2 = \dfrac{C_5^2 C_3^2 2^3}{C_{10}^6}\right\} = \dfrac{4}{7}, \quad P\{X=3\} =$$

$\dfrac{C_5^3}{C_{10}^6} = \dfrac{1}{21}$。

并可以据此得出随机变量 X 的分布列：

X	1	2	3
P	$\dfrac{8}{21}$	$\dfrac{4}{7}$	$\dfrac{1}{21}$

例题 2.2.6 分析下面的数列能否组成一个概率分布。

（1）$P(x) = \dfrac{x-2}{2}$，$x = 1, 2, 3, 4$

（2）$P(x) = \dfrac{x^2}{25}$，$x = 0, 1, 2, 3, 4$

（3）$P(x) = 2^{-x}$，$x = 1, 2, \cdots$

解：数列（1）不能组成一个概率分布，因为 $P(x)$ 为负。

数列（2）也不能组成一个概率分布，因为 $\sum\limits_{x=0,1,2,3,4} P(x) = \dfrac{6}{5}$，大于 1。

数列（3）是一个概率分布，因为每个数都大于 0，其和又恰好为 1。

（4）连续型随机变量的分布函数和概率密度函数

连续型随机变量的一切可能取值充满了整个取值区间，在这个区间内有无穷不可数个实数。因此连续型随机变量的概率分布不能再用分布列形式表示，而用概率密度函数表示。

随机变量 X 的分布函数 $F(x)$ 可以表示为非负可积函数 $f(x)$ 的下列积分形式：

$$F(x) = \int_{-\infty}^{x} f(t)dt, \ -\infty < x < +\infty$$

此时称 X 为连续型随机变量，$F(x)$ 为连续型分布函数，$f(x)$ 为 X 的概率密度函数，有时简称为概率密度。概率密度满足两个性质：非负性和正则性，即 $f(x) \geqslant 0$，$\int_{-\infty}^{+\infty} f(x)dx = 1$。

若随机变量 X 取值的统计规律性可用某个概率密度函数 $f(x)$ 描述，则称 $f(x)$ 为 X 的概率分布，记为 $X \sim f(x)$，读作"X 服从密度函数 $f(x)$"。

已知随机变量 $X \sim f(x)$，那么如何计算概率 $P(a \leqslant x \leqslant b)$ 呢？前面提到，在点 x 处，$f(x)$ 值不是概率，而是在 x 处的概率密度，而 x 在小区间 $(x, x + \Delta x)$ 上的概率可用下式进行近似：

$$P(x \leqslant X \leqslant x + \Delta x) \approx f(x)\Delta x$$

当我们把区间 (a, b) 上所有的小区间上的概率累加起来，并令最大的 Δx 趋于 0，就可以得到一个定积分：

$$P(a \leqslant X \leqslant b) = \int_a^b f(x)dx$$

下面将结合例题来介绍连续型随机变量的概率密度函数的求法。

例题 2.2.7 某银行办理贷款审批所需时间 X（单位：天）是一个连续型随机变量。假设 X 的概率密度函数为

$$f(x) = \begin{cases} c, & 1 \leqslant x \leqslant 7 \\ 0, & \text{其他} \end{cases}$$

此事件表明，该银行办理一份贷款申请书所需的时间最短为 1 天，最久为 7 天。此外，由于 $f(x)$ 中的 c 为待定常数，为了使它成为 X 的密度函数，则要按概率密度函数的定义和性质，首先求出 c。

根据概率密度函数的正则性，可得 $\int_1^7 c\mathrm{d}x = 1$，即 $(7-1)c = 1$，$c = \dfrac{1}{6}$。据此，还可以通过更改积分上下限求出不同时间段完成审批的概率。比如，在 1～4 天完成审批的概率为：$\int_1^4 \dfrac{1}{6}\mathrm{d}x = \dfrac{1}{2}$；在第 4～5 天完成审批的概率为：$\int_4^5 \dfrac{1}{6}\mathrm{d}x = \dfrac{1}{6}$。例题 2.2.7 示例如图 2-4 所示。

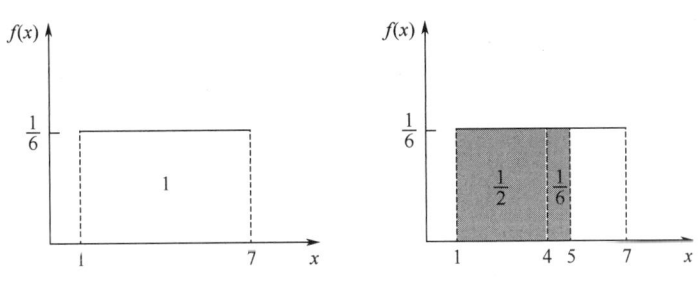

图 2-4　例题 2.2.7 示例

实际上，例题 2.2.7 中的随机变量 X 服从的是均匀分布，关于均匀分布的相关性质，会在下文中详细介绍。均匀分布在实际中经常使用，如经典的等车问题就是均匀分布的体现。若已知某班公交车的发车间隔为 t 分钟，不考虑中途路况的影响，则该公交到达车站的间隔为 t 分钟。在经典的等车问题中，若考虑某个乘客甲到达车站后等候公交车的平均时间，则需要用到均匀分布对其等候时间的分布进行建模。在这种情况下不知道公交车是上一辆刚刚离开（需要等候 t 分钟），还是下一辆即将到来（需要等待 0 分钟），则下班公交车的到来时间服从 $[0, t]$ 的均匀分布，即该乘客需要等候 x 时间的概率为 $\dfrac{x}{t}$，此时就可以进一步计算得到等候时间的期望值为 $\dfrac{t}{2}$。

2.3　随机抽样与统计推断

2.3.1　随机样本

在数理统计中，可直观地将研究对象的全体称为总体，而把组成总体的每个元素称为个体。例如，一批产品、一个城市的人口、一个地区历年的夏季、一所学校的全体学生等都能构成总体，其中每一件产品、每一个居民、每一年的夏季、学校的每一个学生等就是相应总体的一个个体。通过对一部分个体信息的观察来估计、推断总体的某些信息，正是数理统计所要研究的课题。总体与样本如图 2-5 所示。

质量计量与测量

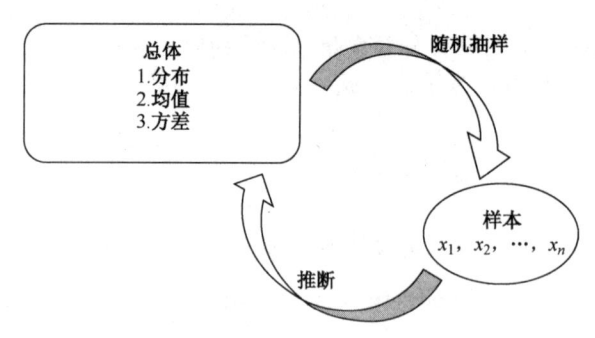

图 2-5 总体与样本

其中，在从总体中抽取样本，用样本推断总体的过程中涉及的重要定义有：①总体 X。一个统计问题中所研究对象（某数量指标）的全体，总体就是一个分布。②样本 x_i。指组成总体的每一个对象或成员（随机变量）。③简单随机样本。从总体中随机抽取的 n 个样本 $x_1, x_2, \cdots, x_n$，它们相互独立且与总体 X 分布规律一致。④样本值 x_i。样本的观察值（具体的数）$x_1, x_2, \cdots, x_n$。下面将通过一个例题来介绍上述定义。

例题 2.3.1

（1）某食品厂用自动装罐机生产净重为 345 g 的午餐肉罐头，由于随机性，每个罐头的净重都有差别，现在从生产线上随机抽取 5 个罐头，对其进行称重，得到以下结果（单位：g）：

| 344 | 343 | 343.5 | 346 | 345.5 |

这就是一个以生产线罐头净重为总体的容量为 5 的样本观察值。

（2）对 100 个电子元件进行寿命试验，其失效时间经过分组整理后见下表。

组号	失效时间范围/小时	失效个数/个
1	400～1 000	15
2	1 000～1 600	28
3	1 600～2 200	40
4	2 200～2 800	17

这是一个容量为 100 的样本观察值，对应的总体是某电子元件的寿命，这也是一个分组样本，在分组习惯上包括组的右端点，而不包括左端点，即左开右闭区间。比如 1 600～2 200 为半开区间(1 600，2 200]。

随机样本具有二重性：一方面，因为样本是从总体中随机抽取的，抽取前无法预知它们的数值，所以样本是随机变量，用大写字母 $X_1, X_2, \cdots, X_n$ 表示；另一方面，样本在抽取以后经观测就有确定的观测值，因此样本值是一组具体的数字（不是随机变量），用 $x_1, x_2, \cdots, x_n$ 表示，需要注意区别。

抽取样本的目的是对总体进行推断。为了能根据样本正确推断总体，就要求所抽取的样本能够很好地反映总体的信息，所以要有一个正确的抽取样本的方法。最简单的抽样方法就是简单随机抽样，它要求抽取的样本要有代表性和独立性。

用简单随机抽样方法获得的样本称为简单随机样本。这时 $x_1, x_2, \cdots, x_n$ 可以看成是相互独立的具有同一分布的随机变量，可简称它们独立同分布。若连续型总体 X 有 $f_x(x)$，则样本 x_1，x_2，…，x_n 有联合分布密度为

$$f(x_1, x_2, \ldots, x_n) = \prod_{i=1}^{n} f_x(X_i)$$

若离散型总体 X 有 $P(X = x_i) = p_i$，$i = 1, 2, \ldots$，则样本 x_1，x_2，…，x_n 有联合分布律 $P(X_1 = x_1, X_2 = x_2, \ldots, X_n = x_n) = \prod_{i=1}^{n} P(X_i = x_i)$。一般地，总体 X 有 $f_x(x)$，则联合分布函数：$F(x_1, x_2, \ldots, x_n) = \prod_{i=1}^{n} F(X_i)$。下面将通过两个例题帮助读者理解抽样及联合概率分布。

例题 2.3.2 假设总体 X 服从参数为 λ 的指数分布，求来自总体 X 的简单随机样本 $(x_1, x_2, \ldots, x_n)$ 的概率分布。

解：总体 X 的概率密度为

$$p(x; \lambda) = \begin{cases} \lambda e^{-\lambda x}, & \text{若 } x > 0 \\ 0, & \text{若 } x \leq 0 \end{cases}$$

由于 x_1，x_2，…，x_n 独立同分布，可得 x_1，x_2，…，x_n 的联合概率密度为

$$f(x_1, x_2, \ldots, x_n; \lambda) = \begin{cases} \lambda^n e^{-\lambda(x_1 + x_2 + \cdots + x_n)}, & \text{若 } x > 0 \\ 0, & \text{若 } x \leq 0 \end{cases}$$

例题 2.3.3 假设总体 X 在区间 $[0, \theta]$ 上服从均匀分布，而 $(x_1, x_2, \ldots, x_n)$ 是来自总体 X 的简单随机样本，则总体 X 的概率函数为

$$p(x; \theta) = \begin{cases} \dfrac{1}{\theta}, & x \in [0, \theta] \\ 0, & x \notin [0, \theta] \end{cases}$$

求随机样本的联合密度函数。

解：由于 x_1，x_2，…，x_n 独立同分布，易得 $(x_1, x_2, \ldots, x_n)$ 的联合密度为

$$f(x_1, x_2, \ldots, x_n) = \begin{cases} \prod_{i=1}^{n} \dfrac{1}{\theta}, & 0 \leq x_1, \ldots, x_n \leq \theta \\ 0, & \text{若不然} \end{cases}$$

$$= \begin{cases} \dfrac{1}{\theta^n}, & 0 \leq x_1, \ldots, x_n \leq \theta \\ 0, & \text{若不然} \end{cases}$$

2.3.2 抽样分布

样本来自总体，样本的观察值含有总体各方面的信息，但这些信息较为分散，为使这些分散在样本中有关总体的信息集中起来以反映总体的各种特征，需要对样本进行加工，一种有效的方式是构建样本的函数，不同的样本函数反映总体的不同特征。这种样本的函

数便是统计量。

1. 统计量及其分布

称不含任何未知参数的样本的函数 $T = T(X_1, X_2, \cdots, X_n)$ 为一个统计量,设 $(x_1, x_2, \cdots, x_n)$ 是 $(X_1, X_2, \cdots, X_n)$ 的一组观测值,则称 $t = T(x_1, x_2, \cdots, x_n)$ 为统计量的一个观测值。

例题 2.3.4 设总体 X 服从正态分布 $N(\mu, \sigma^2)$[①],其中 μ 与 σ^2 为未知参数,从该总体获得的一个样本为 $(X_1, X_2, \cdots, X_n)$,则

$$\overline{X} = \frac{1}{n}\sum_{i=1}^{n} X_i$$

便是一个统计量,但

$$\overline{X} - \mu, \frac{\overline{X} - \mu}{\sigma}$$

都不是统计量,因为它们含有未知参数。

实际上,例题 2.3.4 中的 $\overline{X}$ 为样本均值,设 $X_1, X_2, \cdots, X_n$ 是取自总体的一个样本,它的算术平均数为

$$\overline{X} = \frac{1}{n}\sum_{i=1}^{n} X_i$$

当获得了样本观察值 $(x_1, x_2, \cdots, x_n)$ 后代入上式,可求得观察值的平均值,亦简称样本均值:

$$\overline{x} = \frac{1}{n}\sum_{i=1}^{n} x_i$$

样本中的数据有大有小,并不会完全相等,而样本均值总处于样本的中间位置。同理,总体分布的数学期望 $E(X)$ 也位于取值范围的中心位置,且 $E[X - E(X)] = 0$,因此只要样本是简单随机样本,则样本均值反映的就是总体分布数学期望所处样本数据集中位置信息的一个统计量,若总体数学期望是 μ,那么样本均值 $\overline{X}$ 将是 μ 的一个很好的估计量。

例题 2.3.5 某中学想了解全校男生的身高水平,于是从学校中随机抽取了 10 个男生,并测量他们的身高如下(单位:cm):

| 169 | 165 | 170 | 171 | 169 | 183 | 175 | 173 | 161 | 177 |

这便是一个容量为 10 的样本观察值,其样本均值为

$$\overline{x} = \frac{1}{10}\sum_{i=1}^{10} x_i = \frac{1}{10}(169 + 165 + \cdots + 177) = 171.3$$

它反映了该中学男生身高的一般水平。

除样本均值外,其他常用统计量如下。

[①] 正态分布又称高斯分布,是一个在数学、物理及工程等领域都非常重要的概率分布,在统计学等领域具有较大的影响力。正态曲线呈钟型,两头低,中间高。

样本方差：$S^2 = \dfrac{1}{n-1}\sum_{i=1}^{n}(X_i - \overline{X})^2$。

样本标准差：$S = \sqrt{S^2} = \sqrt{\dfrac{1}{n-1}\sum_{i=1}^{n}(X_i - \overline{X})^2}$。

样本的 k 阶原点矩：$A_k = \dfrac{1}{n}\sum_{i=1}^{n}X_i^k (k = 1, 2, \cdots)$，其中一阶样本原点矩 $A_1 = \overline{X}$ 就是样本均值。

样本的 k 阶中心矩：$B_k = \dfrac{1}{n}\sum_{i=1}^{n}(X_i - \overline{X})^k (k = 1, 2, \cdots)$，其中二阶样本中心矩 $B_2 = S_n^2 = \dfrac{1}{n}\sum_{i=1}^{n}(X_i - \overline{X})^2$，$S_n^2$ 和 S_n 有时又分别称作未修正样本方差和未修正样本标准差，注意 $S_n^2 = \dfrac{n-1}{n}S^2$。

下面用例题帮助读者理解各统计量。

例题 2.3.6 从一正态总体中抽取容量为 10 的样本，设样本均值与总体均值之差的绝对值在 4 以上的概率为 0.02，求总体的标准差。

解：设总体 $X \sim N(\mu, \sigma^2)$，则 $\overline{X} \sim N\left(\mu, \dfrac{\sigma^2}{n}\right)$，通过题干可知

$$0.02 = P|\overline{X} - \mu| \geqslant 4 = P\left|\dfrac{\overline{X} - \mu}{\sigma/\sqrt{n}}\right| \geqslant \dfrac{4}{\sigma/\sqrt{n}}$$

$$\Phi_0\left(\dfrac{12.65}{\sigma}\right) = 0.99$$

$$\dfrac{12.65}{\sigma} = u_{0.02} = 2.33$$

解得 $\sigma = 5.43$。

例题 2.3.7 从某一总体获得了 k 个样本，第 i 个样本的样本容量为 n_i，样本均值为 $\overline{x}_i$，样本方差为 s_i^2，记为 $n = \sum_{i=1}^{k} n_i$，将这 k 个样本合并成一个容量为 n 的样本，求此样本的均值和方差。

解：记第 i 个样本的观察值为 $x_{i1}, x_{i2}, \cdots, x_{in_i}$，则已知的是

$$\overline{x}_i = \dfrac{1}{n_i}\sum_{j=1}^{n_i} x_{ij}, \quad s_i^2 = \dfrac{1}{n_i - 1}\sum_{j=1}^{n_i}(x_{ij} - \overline{x}_i)^2$$

则

$$\overline{x} = \dfrac{1}{n}\sum_{i=1}^{k}\sum_{j=1}^{n_i} x_{ij} = \dfrac{1}{n}\sum_{i=1}^{k} n_i \overline{x}_i$$

$$s^2 = \frac{1}{n-1}\sum_{i=1}^{k}\sum_{j=1}^{n_i}(x_{ij}-\bar{x})^2 = \frac{1}{n-1}\sum_{i=1}^{k}\sum_{j=1}^{n_i}(x_{ij}-\bar{x}_i+\bar{x}_i-\bar{x})^2$$

$$= \frac{1}{n-1}\left[\sum_{i=1}^{k}\sum_{j=1}^{n_i}(x_{ij}-\bar{x}_i)^2 + \sum_{i=1}^{k}\sum_{j=1}^{n_i}(\bar{x}_i-\bar{x})^2\right]$$

$$= \frac{1}{n-1}\left[\sum_{i=1}^{k}(n_i-1)s_i^2 + \sum_{i=1}^{k}n_i(\bar{x}_i-\bar{x})^2\right]$$

在例题 2.3.7 中，用到了样本均值和方差的相关知识，并且用到了 $\sum_{i=1}^{n_1}(x_{ij}-\bar{x}_i)=0$ 这一性质。总结上述两个例题关于均值和方差的性质如下。

性质 1：若总体 X 数字特征 $E(X)=\mu$，$D(X)=\sigma^2$，若 X_1，X_2，$\cdots$，X_n 为取自总体 X 的一个样本，则 $E(\bar{X})=E(X)=\mu$，$D(\bar{X})=\frac{D(X)}{n}=\frac{\sigma^2}{n}$；$E(S^2)=D(X)=\sigma^2$。

性质 2：若 x_i 为样本 X_i 的观测值，$\bar{x}$ 为样本均值，则有 $\sum_{i=1}^{n}(x_i-\bar{x})=0$。

2. 重要抽样分布

（1）χ^2 分布

① 定义：设总体 $X\sim N(0,1)$，X_1，X_2，$\cdots$，X_n 为样本，则统计量

$$\chi^2 = x_1^2 + x_2^2 + \cdots + x_n^2$$

服从的分布称为 χ^2 分布，记为 $\chi^2 = x_1^2 + x_2^2 + \cdots + x_n^2 \sim \chi^2(n)$，$n$ 称为自由度（指式中独立变量的个数）。

② 性质。

若 $\chi^2 \sim \chi^2(n)$，则 $E(\chi^2)=n$，$D(\chi^2)=2n$。

若 $X \sim \chi^2(n_1)$，$Y \sim \chi^2(n_2)$，且相互独立，则：$X+Y \sim \chi^2(n_1+n_2)$。

（2）t 分布

① 定义。设 $X \sim N(0,1)$，$Y \sim \chi^2(n)$，且 X 和 Y 相互独立，则随机变量 $T=\dfrac{X}{\sqrt{Y/n}} \sim t(n)$ 服从自由度为 n 的 t 分布。

② 性质。$T \sim t(n)$，则其分布密度 $f(t)$ 为偶函数。

$$E(T)=0$$

若 T 的 α 分位数记为 $t_\alpha(n)$，则 $t_\alpha(n)=-t_{1-\alpha}(n)$。

（3）F 分布

① 定义。设 $X \sim \chi^2(n_1)$，$Y \sim \chi^2(n_2)$，且 X 和 Y 相互独立，则统计量 $F=\dfrac{X/n_1}{Y/n_2}$ 服从 $F(n_1, n_2)$ 分布。

② 性质。$F \sim F(n_1, n_2)$，则 $\dfrac{1}{F} \sim F(n_2, n_1)$。

$$T \sim t(n) \Rightarrow T^2 \sim F(1, n) \Rightarrow \frac{1}{T^2} \sim F(n, 1)$$

2.4 常用随机变量的概率分布与其数字特征

2.4.1 常用随机变量的概率分布

本节将介绍几种常用的离散型随机变量和连续型随机变量及其相关的数字特征。

1. 常用离散分布

离散型随机变量的分布简称为离散分布。下面将叙述 4 种在实际中常用的离散分布。

（1）二项分布 $B(n, p)$

在介绍二项分布之前，首先介绍 n 重伯努利试验。

① 重复进行 n 次相互独立的试验。

② 单次试验只有两种结果：成功或失败。

③ 每次出现成功的概率相同，皆为 p。

若设 X 为 n 重伯努利试验中成功的次数，则有 $B_{n,k} = \{X = k\}$。其中 X 可能的取值为 $0, 1, \cdots, n$，它取这些值的概率为

$$P(X = x) = \binom{n}{x} p^x (1-p)^{n-x}, \quad x = 0, 1, \cdots, n$$

并且由二项式定理得知，上述 $n+1$ 个概率之和应为 1：

$$\sum_{x=0}^{n} P(X = x) = \sum_{x=0}^{n} \binom{n}{x} p^x (1-p)^{n-x}$$
$$= [p + (1-p)]^n = 1$$

这个概率分布称为二项分布，记为 $B(n, p)$，它由 n（正整数）和 $p(0 \leq p \leq 1)$ 两个参数唯一确定。

例题 2.3.8 甲、乙、丙 3 人打靶，各人命中率依次为 0.2，0.5，0.8。若每人各打 5 次靶，依次记 X，Y，Z 为每人的命中次数，则它们都服从二项分布，但参数 p 不同，具体如下：

$$X \sim b(5, 0.2), \quad p(x) = \binom{5}{x} 0.2^x 0.8^{5-x}$$

$$Y \sim b(5, 0.5), \quad p(y) = \binom{5}{y} 0.5^5$$

$$Z \sim b(5, 0.8), \quad p(z) = \binom{5}{z} 0.8^z 0.2^{5-z}$$

得到每人打靶的平均命中次数依次为
$$E(X) = 1, \quad E(Y) = 2.5, \quad E(Z) = 4$$

可以看出，因为丙的命中率最高，所以其平均命中次数也最多，这里的"平均命中次数"是指很多次打靶的平均值。就某次打靶来讲，丙的命中率可能会低于乙，甚至低于甲的命中次数。虽然可能性较小，但是仍可能发生。

（2）几何分布 $G(p)$

若 X 的概率分布为 $P\{X=k\}=(1-p)^{k-1}p$, $(0<p<1)$, $k=1, 2, \cdots$ 则称 X 服从参数为 p 的集合分布，记为 $X \sim G(p)$。

（3）泊松分布 $P(\lambda)$

在历史上，泊松分布是作为二项分布的近似被提出的，之后的学者在诸多研究中发现很多非负整数的离散型随机变量都服从泊松分布。

首先，需介绍泊松定理：在 n 重伯努利试验中，以 p_n 表示在一次实验中成功发生的概率。且随着 n 增大，p_n 在减少。若 $n \to \infty$ 时有 $\lambda_n = np_n \to \lambda$，则出现 x 次成功的概率为

$$\binom{n}{x} p_n^x (1-p_n)^{n-x} \to \frac{\lambda^x}{x!} e^{-\lambda} \quad (n \to \infty)$$

泊松定理中的泊松概率 $\frac{\lambda^x}{x!}e^{-\lambda}$ 对于一切非负整数 x 都是非负的，且其和恰好为 1，因为

$$\sum_{x=0}^{\infty} \frac{\lambda^x}{x!} e^{-\lambda} = e^{-\lambda} \sum_{x=0}^{\infty} \frac{\lambda^x}{x!} = e^{-\lambda} \cdot e^{\lambda} = 1$$

这样一来，泊松概率的全体组成了一个概率分布，称为泊松分布。

设随机变量 X 的概率分布为

$$P\{X=k\} = \frac{\lambda^k e^{-\lambda}}{k!} (\lambda > 0), \quad k = 0, 1, 2, \cdots$$

则称 X 服从参数为 λ 的泊松分布，记为 $X \sim P(\lambda)$。

泊松分布是常用的离散分布之一，现实世界中有很多随机变量都可直接用泊松分布描述，这些随机变量之间的差别表现在不同的 λ 上。下面是国内外文献认可的服从或近似服从泊松分布的随机变量。

① 在一段时间内，在收银台等候付款的顾客排队人数。

② 在一段时间内，在某公交站等候上车的人数。

③ 在一段时间内，某操作系统发生故障的次数。

（4）超几何分布

设随机变量 X 的概率分布为

$$P\{X=k\} = \frac{C_M^k C_{N-M}^{n-k}}{C_N^n}, \quad k = 0, 1, 2, \cdots, \min(M, n)$$

其中，M，N，n 都是正整数，则称 X 服从参数为 N，M，n 的超几何分布，记为 $X \sim H(N, M, n)$。

2. 常用连续分布

（1）均匀分布

在上文的例题中提到了连续型随机变量的均匀分布，一般地，在有限区间 $[a, b]$ 上为

常数，在此区间外为零的密度函数 p(x)都称为均匀分布，并记为 U(a, b)，其密度函数为

$$f(x) = \begin{cases} \dfrac{1}{b-a}, & a < x < b \\ 0, & \text{其他} \end{cases}$$

均匀分布在实际中经常用到，譬如一个半径为 r 的汽车轮胎，当驾驶员紧急制动时，轮胎接触地面的点要受很大的力，并借用惯性还要向前滑动一定距离，因此这一点常有磨损。假如把轮子的圆周标以 0 到 $2\pi r$，那么紧急制动时接触地面的点的位置 X 是服从区间 $[0, 2\pi r]$ 上的均匀分布，即 $X \sim U[0, 2\pi r]$。

（2）指数分布

用如下指数函数表示的密度函数称为指数分布，记为 $E(\lambda)$，表示 X 仅可能取非负实数。

$$f(x) = \begin{cases} \lambda e^{-\lambda x}, & x > 0 \\ 0, & x \leqslant 0 \end{cases}$$

（3）正态分布 $N(\mu, \sigma^2)$

正态分布是概率论中最重要且最常用的分布，这是因为很多随机现象都可以用正态分布描述或近似描述，譬如一所学校中学生的身高和体重、一个地区的年降水量、市场中在一段时间内售出某种商品的数量等。并且从正态分布中可以导出一些有用的分布，如统计中常用的三大分布：卡方分布、t 分布、F 分布。

设 $X \sim N(\mu, \sigma^2)$，f(x) 为正态分布的概率密度函数：

$$f(x) = \dfrac{1}{\sqrt{2\pi}\sigma} e^{-\dfrac{(x-\mu)^2}{2\sigma^2}} \quad (-\infty < x < +\infty)$$

特别地，$X \sim N(0, 1)$，$\varphi(x) = \dfrac{1}{\sqrt{2\pi}} e^{-\dfrac{x^2}{2}}$ $(-\infty < x < +\infty)$ 又被称为标准正态分布。正态分布 $N(\mu, \sigma^2)$ 中的参数 μ 用以表示数学期望，σ 则表示标准差，它是表示正态分布在其期望值 μ 附近集中或分散的程度，σ 越小，分布越集中，正态曲线呈高而瘦；σ 越大，分布越分散，正态曲线呈矮而胖，如图 2-6 所示。

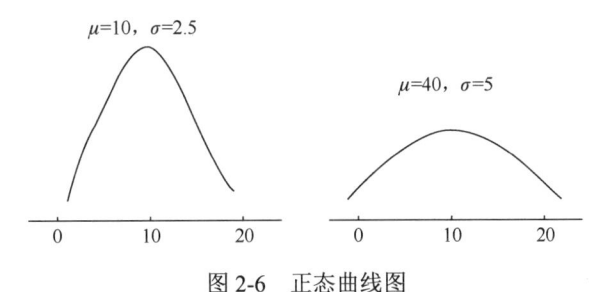

图 2-6 正态曲线图

由此可见，正态分布由其期望值 μ 和标准差 σ 唯一确定，μ 决定其位置，σ 决定其偏离程度。对于正态分布的数字特征，将会在下文中进行分析。

2.4.2 数字特征

1. 数学期望

（1）含义

① 离散型随机变量的数学期望。

设离散型随机变量 X 的分布律为 $P(X=x_i)=p_i$，$i=1, 2, \cdots$ 当 $\sum_{i=1}^{\infty} x_i p_i$ 绝对收敛时，则称级数 $\sum_{i=1}^{\infty} x_i p_i$ 的和为随机变量 X 的数学期望，记为 $E(x)$，即

$$E(x) = \sum_{i=1}^{\infty} x_i p_i$$

下面将通过一道例题来帮助读者理解离散型随机变量的数学期望。

例题 2.3.9 设 X 是仅取 5 个值的随机变量，其分布如下。

X	-2	-1	0	1	2
P	p(-2)	p(-1)	p(0)	p(1)	p(2)

求随机变量 $g(X)=X^2$ 的数学期望。

解：由随机变量 X 的分布可知 $g(X)=X^2$ 是仅取 3 个值的随机变量，其分布如下。

$g(X)$	0	1	4
P	p(0)	p(-1)+p(1)	p(2)+p(-2)

于是按照数学期望的定义，可得

$$\begin{aligned} E[g(X)] &= 0p(0) + 1[p(-1)+p(1)] + 4[p(-2)+p(2)] \\ &= (-2)^2 p(-2) + (-1)^2 p(-1) + 0^2 p(0) + 1^2 p(1) + 2^2 p(2) \\ &= \sum_{i=1}^{5} g(x_i) p(x_i) \end{aligned}$$

② 连续型随机变量的数学期望。

设连续型随机变量 X 的概率密度为 $f(x)$，当 $\int_{-\infty}^{+\infty} x f(x) \mathrm{d}x$ 绝对收敛时，则称积分 $\int_{-\infty}^{+\infty} x f(x) \mathrm{d}x$ 为随机变量 X 的数学期望，记为 $E(x)$，即

$$E(X) = \int_{-\infty}^{+\infty} x f(x) \mathrm{d}x$$

例题 2.3.10 设 X 为标准正态变量，即 $X \sim N(0, 1)$，现要求其平方 X^2 的数学期望。

解：根据数学期望求解公式可以得出

$$\begin{aligned} E(X^2) &= \int_{-\infty}^{\infty} x^2 p_X(x) \mathrm{d}x \\ &= \frac{1}{\sqrt{2\pi}} \int_{-\infty}^{\infty} x^2 \cdot e^{-\frac{x^2}{2}} \mathrm{d}x \end{aligned}$$

上述积分中的被积函数是对偶函数，利用其对偶性，可得

$$E(X^2) = \frac{2}{\sqrt{2\pi}} \int_0^\infty x^2 e^{-\frac{x^2}{2}} dx$$

利用变换 $u = \frac{x^2}{2}$，可把上述积分简化为

$$E(X^2) = \frac{2}{\sqrt{\pi}} \int_0^\infty u^{\frac{1}{2}} e^{-u} du = \frac{2}{\sqrt{\pi}} \Gamma\left(\frac{3}{2}\right) = 1$$

其中，Γ 为伽马分布。

（2）数学期望性质

① $E(C) = C$，$E[E(X)] = E(X)$。

② $E(C_1 X + C_2 Y) = C_1 E(X) + C_2 E(Y)$。

③ 若 X 和 Y 独立，则 $E(XY) = E(X)E(Y)$。

④ $[E(XY)]^2 \leq E(X^2) E(Y^2)$。

2. 方差

（1）定义

设 X 是一个随机变量，若 $E[X - E(X)]^2$ 存在，则 $E[X - E(X)]^2$ 为 X 的方差，记为 $D(X)$，即

$$D(X) = E[X - E(X)]^2$$

（2）计算

根据定义计算，即

$$D(X) = E\left[X - E(X)\right]^2 = \begin{cases} \sum_i (X_i - E(X))^2 p_i, & \text{当}x\text{为离散型时} \\ \int_{-\infty}^{+\infty} (x - E(X))^2 f(x) dx, & \text{当}x\text{为连续型时} \end{cases}$$

由方差的定义和数学期望的性质，有

$$D(X) = E(X^2) - [E(X)]^2$$

（3）性质

① 若 C 为常数，则 $D(C) = 0$，但反之 $D(X) = 0$ 不能得出 X 为常数。

② 对任意的随机变量 X，$D(X) \geq 0$。

③ $D(aX + b) = a^2 D(X)$。

④ 若 X，Y 相互独立，则 $D(X \pm Y) = DX + DY$。

⑤ $D(X \pm Y) = D(X) + D(Y) \pm 2E\{[X - E(X)][Y - E(Y)]\}$。

⑥ $D(X) < E(X - C)^2$，$C \neq E(X)$。

⑦ $D(X) = 0 \Leftrightarrow P\{X = C\} = 1$。

⑧ 标准化后随机变量的期望与方差：设 X 的均值、方差都存在，且 $D(X) \neq 0$，则 $Y = \frac{X - E(X)}{\sqrt{D(X)}}$ 的期望为 0、方差为 1。

（4）常见分布的期望与方差

常见分布的期望与方差见表 2-1。

表 2-1 常见分布的期望与方差

分布类型	概率密度函数	矩母函数	$E(X)$	$E(X^2)$
均匀分布	$f(x)=\dfrac{1}{b-a}, \ a<x<b$	$M_X(s)=\dfrac{e^{sb}-e^{sa}}{(b-a)s}$	$\dfrac{1}{a+b}$	$\dfrac{a^2+ab+b^2}{3}$
正态分布	$f(x)=\dfrac{1}{\sqrt{2\pi}\sigma}e^{\dfrac{-(x-\mu)^2}{2\sigma^2}}, \ -\infty<x<+\infty$	$M_X(s)=e^{\mu s+\frac{1}{2}\sigma^2 s^2}$	μ	$\mu^2+\sigma^2$
二项分布	$P\{x_n=k\}=C_n^k p^k q^{n-k}$	$M_X(s)=(pe^s+q)^n$	np	n^2p^2+npq
泊松分布	$P\{x_n=k\}=\dfrac{(\lambda t)^k}{k!}e^{-\lambda t}, \ k=1,2,\cdots$	$M_X(s)=e^{\lambda t(e^s-1)}$	λt	$\lambda t+\lambda^2 t^2$
负指数分布	$f(x)=\lambda e^{-\lambda x}, \ x>0$	$M_X(s)=\dfrac{\lambda}{\lambda-s}$	$\dfrac{1}{\lambda}$	$\dfrac{2}{\lambda^2}$
几何分布	$P\{x_n=k\}=pq^{k-1}, \ k=1,2,\cdots$	$M_X(s)=\dfrac{pe^s}{1-e^s+pe^s}$	$\dfrac{1}{p}$	$\dfrac{2}{p^2}-\dfrac{1}{p}$

3. 协方差

（1）定义

对于随机变量 X 和 Y，如果 $E\{[X-E(X)][Y-E(Y)]\}$ 存在，那么称之为 X 和 Y 的协方差，记作 $\mathrm{Cov}(X,Y)$，即 $\mathrm{Cov}(X,Y)=E\{[X-E(X)][Y-E(Y)]\}$。重要公式如下。

$$\mathrm{Cov}(X,Y)=E(XY)-E(X)E(Y)$$

$$D(X\pm Y)=D(X)+D(Y)\pm 2\,\mathrm{Cov}(X,Y)$$

（2）性质

$$\mathrm{Cov}(X,Y)=\mathrm{Cov}(Y,X)$$

$$\mathrm{Cov}(X,X)=DX$$

$$\mathrm{Cov}(aX,bY)=ab\,\mathrm{Cov}(X,Y)$$

$$\mathrm{Cov}(X_1+X_2,Y)=\mathrm{Cov}(X_1,Y)+\mathrm{Cov}(X_2,Y)$$

4. 相关系数

（1）定义

对于随机变量 X 和 Y，如果 $D(X)D(Y)\neq 0$，则称 $\dfrac{\mathrm{Cov}(X,Y)}{\sqrt{D(X)}\sqrt{D(Y)}}$ 为 X 和 Y 的相关系数，记为 ρ_{XY}，则 $\rho_{XY}=\dfrac{\mathrm{Cov}(X,Y)}{\sqrt{D(X)}\sqrt{D(Y)}}$。

（2）性质

$|\rho_{XY}|\leqslant 1$ 的充分必要条件是存在不全为零的常数 a 和 b，使得 $P(Y=aX+b)=1$。

（3）不相关

如果随机变量 X 和 Y 的相关系数 $\rho_{XY}=0$，那么称 X 和 Y 不相关。如果随机变量 X 和 Y 相互独立，那么 X 和 Y 必不相关；然而，当 X 和 Y 不相关时，X 和 Y 却不一定相互独立。

2.4.3 基于概率论的相关理论

随机游走又称随机漫步，是一种数学模型，用来描述一连串的连续的轨迹，而组成它的每一步都是随机的。随机漫步有许多不同的形式，一维的随机漫步也可以看作马尔可夫链，最简单的一维随机漫步如图 2-7（a）所示，图中的黑点位于一条数字坐标线上，黑点从中心出发。接着，黑点开始移动，以相同的概率向前或向后产生位移。每一步黑点持续地向前或向后移动。设定第 1 步为 a_1，第 2 步为 a_2，第 3 步为 a_3，依此类推。每一个 "a" 等于+1（向前移动）或者-1（向后移动）。如图 2-7（b）所示，黑点走了 5 步，最后停在-1 的位置。

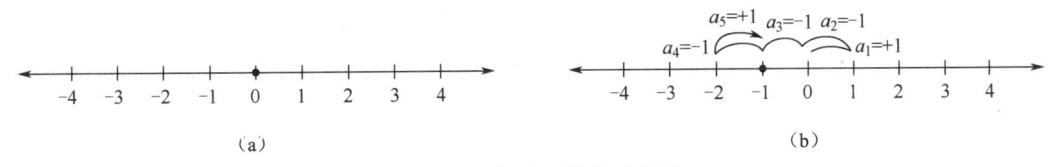

图 2-7 一维随机漫步示意图

假设初始时将黑点置于 0，然后让它走 N 步（N 为任意正整数），看 N 步以后黑点到达了哪个位置。当然每次重复这个实验 N 步以后的位置都不尽相同。假设 N 步以后黑点的位置为 "d"，d 可正可负，取决于黑点最后在 0 点的右面或左面。可知：

$$d = a_1 + a_2 + a_3 + \cdots + a_N$$

以上即是简单的一维随机漫步。进一步地，如果重复这样的实验很多次，那么平均下来黑点经过 N 步后的位移会是多少呢？用 $<d>$ 来表示 N 步以后位置 d 的平均值，得到

$$<d> = <(a_1 + a_2 + a_3 + \cdots + a_N)> = <a_1> + <a_2> + <a_3> + \cdots + <a_N>$$

因为每一步等于-1 或者+1 的概率相等，于是

$$<a_1> = <a_2> = <a_3> = \cdots = <a_N> = 0$$

进一步得到

$$<d> = <a_1> + <a_2> + <a_3> + \cdots + <a_N> = 0 + 0 + 0 + \cdots + 0 = 0$$

由此可知，黑点经过 N 步以后位置的期望为 0。

尽管 d 的值可正可负，d^2 的值一直为正，因此它的平均值不可能为 0。于是求 d^2 的平均值

$$<d^2> = <(a_1 + a_2 + a_3 + \cdots + a_N)^2> = <(a_1 + a_2 + a_3 + \cdots + a_N)(a_1 + a_2 + a_3 + \cdots + a_N)>$$
$$= (<a_1^2> + <a_2^2> + <a_3^2> + \cdots + <a_N^2>) + 2(<a_1 a_2> + <a_1 a_3> + \cdots + <a_1 a_N> +$$
$$<a_2 a_3> + \cdots + <a_2 a_N> + \cdots)$$

首先考虑 $<a_1^2>$，因为 a_1 可以为+1 或者-1，而 a_1^2 一直等于 1，于是 $<a_1^2> = 1$。同样地，$<a_2^2>$，$<a_3^2>$ 一直到 $<a_N^2>$ 均等于 1。接着考虑 $<a_1 a_2>$，a_1 和 a_2 存在 4 种不同的组合，每一种的概率相同，$a_1 a_2$ 的几种组合见表 2-2。

表 2-2 a_1a_2 的几种组合

a_1	a_2	a_1a_2
1	1	1
1	-1	-1
-1	1	-1
-1	-1	1

由上表知，$<a_1a_2>$ 为 +1 和 -1 的概率相等，因此 $<a_1a_2>=0$，同理可推得 $<a_1a_3>$，$<a_1a_N>$，$<a_2a_3>$，$<a_2a_N>$ 等均为 0。于是上式可以进一步推得

$$<d^2> = (<a_1^2> + <a_2^2> + <a_3^2> + \cdots + <a_N^2>)$$
$$+ 2(<a_1a_2> + <a_1a_3> + \cdots + <a_1a_N> + <a_2a_3> + \cdots + <a_2a_N> + \cdots)$$
$$= (1+1+1+\cdots+1) + 2(0+0+\cdots+0+0+\cdots) = N$$

$<d^2>$ 即为方差值，而标准差 $\text{sqrt}(<d^2>) = \text{sqrt}(N)$。以上对简单的一维随机漫步进行了基本阐述。

2.5 计量、测量的常用理论和方法

2.5.1 传统测量方法

1. 标准曲线法

标准曲线法，也称外标法或直接比较法，是一种简便、快速的定量方法。首先用预测组分的标准样品绘制标准曲线。

用标准样品配制成不同浓度的标准系列，在与待测组分相同的测试条件下，以色谱分析为例，等体积准确进样，测量各峰的峰面积或峰高，用峰面积或峰高对样品浓度绘制标准曲线，此标准曲线应通过原点。若标准曲线不通过原点，则说明存在系统误差。标准曲线的斜率即为绝对校正因子。

在测定样品中的组分含量时，要用与绘制标准曲线完全相同的色谱条件制作色谱图，测量色谱峰面积或峰高，然后将峰面积或峰高代入标准曲线，换算出注入色谱柱中样品组分的浓度。

标准曲线法的优点：绘制好标准曲线后测定工作就变得相当简单，可直接从标准曲线上读出含量，因此特别适用于对大量样品的分析。

标准曲线法的缺点：每次样品分析的色谱条件（检测器的响应性能、柱温、流动相流速及组成、进样量、柱效等）很难完全相同，因此容易出现较大误差。此外，绘制标准曲线时，一般使用预测组分的标准样品（或已知准确含量的样品），而实际样品的组成却千差万别，因此必将给测量带来一定的误差。

2. 标准加入法

标准加入法，又称标准增量法或直线外推法，是一种被广泛使用的检验仪器准确度的

测试方法。这种方法尤其适用于检验样品中是否存在干扰物质。

当很难配置与样品溶液相似的标准溶液，或样品基体成分很高且变化不定，或样品中含有固体物质而对吸收的影响难以保持一定时，采用标准加入法是非常有效的，即将一定量已知浓度的标准溶液加入待测样品中，测定加入前后样品的浓度。加入标准溶液后的浓度将比加入前的高，其增加的量应等于加入的标准溶液中所含的待测物质的量。若样品中存在干扰物质，则浓度的增加值将小于或大于理论值。标准曲线法适用于标准曲线的基体和样品的基体大致相同的情况，优点是速度快，缺点是当样品基体复杂时测试结果不准确。标准加入法可以有效克服上述缺点，因为它是把样品和标准混在一起同时测定的（"标准加入法"的叫法就是从这里来的），但其缺点是测试速度很慢。

3. 内标法

内标法是将一定量的纯物质作为内标物加到一定量的被分析样品混合物中，根据测试样和内标物的质量比及其相应的色谱峰面积之比及相对校正因子，来计算被测组分的含量（f）：

$$f = \frac{\frac{A_s}{m_s}}{\frac{A_r}{m_r}}$$

式中：A_s 和 A_r 为内标物和对照品的峰面积或峰高；m_s 和 m_r 分别为加入内标物和对照品的质量。再取含有内标物的待测组分溶液进样，记录色谱图，根据含内标物的待测组分溶液色谱峰响应值，计算含量（m_i）：

$$m_i = f \times \frac{A_i}{\frac{A_s}{m_s}}$$

式中：A_i 和 A_s 分别为待测物和内标物的峰面积或峰高；m_s 为加入内标物的质量。

必要时，再根据稀释倍数、取样量和标示量折算成标示量的百分含量，或根据稀释倍数和取样量折算成百分含量。

2.5.2 化学计量学方法

1. 化学计量学的概念

化学计量学是一门新兴的化学分支学科，是由数学、统计学、计算机技术和化学相结合的交叉学科，其诞生是科学技术发展及各学科相互交叉渗透的必然结果。化学计量学涵盖了化学量测的全过程，包括采样理论、实验设计、选择和优化实验条件、单变量和多变量信号处理及数据分析；其研究内容还包括过程控制和优化、合理性分析和人工智能。化学计量学的主要任务是对化学量测数据进行分析和处理，设计和选择最佳量测程序和实验方法，并通过解吸化学量测数据，进而获取最大限度的化学信息。自 1971 年瑞典化学家 S.沃尔德（S.Wold）提出"化学计量学"概念以来，该学科在实验设计、数据处理、信号解吸、化学分类决策及预测等方面都发挥着难以比拟的作用，解决了传统化学方法难以解决的复杂问题。

2. 化学计量学方法及应用

为了对复杂的化学量测数据进行解吸，现代分析化学家通过分析分离技术一体化的高维仪器产生的巨量分析信号及新型分析信号的多元校正与分辨方法来进行复杂多组分体系的定性、定量解吸。利用化学计量学方法可以从大量的实验数据中尽可能多地提取有用、有效的信息，实现了分析工作者由过去单纯的"数据提供者"到"问题的解决者"的飞跃，同时也促进了分析仪器的自动化、智能化。化学计量学为化学量测提供理论和方法，对各类波谱及化学量测数据进行解吸，为化学化工过程的机理研究和优化提供新途径。

（1）一维校正

一维校正，对应于分析仪器测量样本时产生的单一响应值，如单个波长的吸光度、样本的 pH 或离子选择电极的读数等。对于一维校正，仪器测量的响应信号与其浓度之间呈线性关系，往往采用标准曲线法（一元线性方程）来构建校正曲线，从而实现对未知样本中目标分析物的浓度预测。一维校正要求待测样本必须具有完全的选择性，当所分析体系中含有多个具有仪器响应的成分时，必须采用物理方法或化学方法将混合体系样本中的各个响应成分完全分离，然后再逐一进行分析。这就意味着，一维校正方法难以实现混合体系中多组分的同时定量分析。

（2）二维校正

二维校正，针对单个样本的仪器响应是矢量数据，而非单一值，如色谱、紫外吸收光谱、荧光发射光谱、红外吸收光谱、核磁共振谱等。典型的二维校正方法包括多元线性回归、主成分回归、偏最小二乘回归等。相比于一维校正，二维校正方法所采用的矢量数据包含了更多的化学信息，能在一定程度上提高方法的选择性，这使其在环境、食品和医药等领域得到了广泛的应用。下面简单介绍二维校正相关理论方法。

① 主成分回归分析。在统计学中，主成分回归分析是以主成分为自变量进行的回归分析，是分析多元共线性问题的一种方法。用主成分得到的回归关系不像用原自变量建立的回归关系那样容易解释。用主成分分析法对回归模型中的多重共线性进行消除后，将主成分变量作为自变量进行回归分析，然后根据得分系数矩阵将原变量代回得到新的模型。

主成分分析是一种统计方法。通过正交变换将一组可能存在相关性的变量转换为一组线性不相关的变量，转换后的这组变量叫主成分。在实际课题中，为了全面分析问题，往往提出很多与此有关的变量（或因素），因为每个变量都在不同程度上反映这个课题的某些信息。

主成分分析首先是由 K.皮尔森（Karl Pearson）对非随机变量引入的，尔后 H.霍特林（Harold Hotelling）将此方法推广到随机向量的情形。信息的大小通常用离差平方和或方差来衡量。主成分分析是设法将原来众多具有一定相关性的指标（如 P 个指标），重新组合成一组新的互相无关的综合指标来代替原来的指标。主成分分析是一种多元统计方法，旨在通过线性变换将多个相关变量转化为少数几个互不相关的主成分，从而揭示多个变量间的内部结构，即从原始变量中导出少数几个主成分，使它们尽可能多地保留原始变量的信息，且彼此间互不相关，通常数学上的处理就是将原来 P 个指标组成线性组合，作为新的综合指标。

总的来说，主成分分析主要有以下几个方面的作用。

第一，主成分分析能降低所研究的数据空间的维数，即用研究 m 维的 Y 空间代替 p 维的 X 空间（$m<p$），而低维的 Y 空间代替高维的 X 空间所损失的信息很少。即只有一个主成分 Y_l（$m=1$）时，这个 Y_l 仍是使用全部 X 变量（p 个）得到的。例如，要计算 Y_l 的均值也得使用全部 x 的均值。在所选的前 m 个主成分中，如果某个 X_i 的系数全部近似于零，就可以把这个 X_i 删除，这也是一种删除多余变量的方法。

第二，主成分分析是多维数据的一种图形表示方法。当维数大于3时便不能画出几何图形，而多元统计研究的问题大都多于3个变量，因此要把研究的问题用图形表示出来是不可能的。然而，经过主成分分析后，可以选取前两个主成分或其中某两个主成分，根据主成分的得分，画出 n 个样品在二维平面上的分布情况，通过图形可以直观地看出各样品在主分量中的地位，进而还可以对样本进行分类处理，可以通过图形发现远离大多数样本点的离群点。

第三，用主成分分析法构造回归模型，即把各主成分作为新自变量代替原来自变量 x 进行回归分析。

第四，用主成分分析筛选回归变量。回归变量的选择有着重要的实际意义，为了使模型本身易于进行结构分析、控制和预测，从原始变量所构成的子集合中选择最佳变量，构成最佳变量集合。用主成分分析筛选变量，可以用较少的计算量来选择量，获得选择最佳变量子集合的效果。

② 偏最小二乘回归。偏最小二乘回归属于多元校正方法，是一种经典的化学计量学算法，它将因子分析和回归分析相结合，可同时对测量数据 X 矩阵和浓度 Y 矩阵进行主成分分解，通过对主成分的合理选取，去掉干扰组分，仅选取有用的主成分参与样品质量参数的回归，从而得出 X 矩阵与 Y 矩阵的数学校正模型。

作为一个多元线性回归方法，偏最小二乘回归的主要目的是要建立一个线性模型：$Y=XB+E$，其中 Y 是具有 m 个变量、n 个样本点的响应矩阵，X 是具有 p 个变量、n 个样本点的预测矩阵，B 是回归系数矩阵，E 为噪声校正模型，与 Y 具有相同的维数。在通常情况下，变量 X 和 Y 被标准化后再用于计算，即减去它们的平均值并除以标准偏差。

偏最小二乘回归和主成分回归一样，都采用得分因子作为原始预测变量线性组合的依据，所以用于建立预测模型的得分因子之间必须线性无关。例如，现在有一组响应变量 Y 和大量的预测变量 X，其中有些变量严重线性相关，对此可以使用提取因子的方法从这组数据中提取因子，用于计算得分因子矩阵：$T=XW$，最后再求出合适的权重矩阵 W，并建立线性回归模型：$Y=TQ+E$，其中 Q 是矩阵 T 的回归系数矩阵，E 为误差矩阵。一旦 Q 计算出来，前面的方程就等价于 $Y=XB+E$，其中 $B=WQ$，它可直接作为预测回归模型。

偏最小二乘回归与主成分回归的不同之处在于得分因子的提取方法不同。简而言之，主成分回归产生的权重矩阵 W 反映的是预测变量 X 之间的协方差，偏最小二乘回归产生的权重矩阵 W 反映的是预测变量 X 与响应变量 Y 之间的协方差。

（3）三维校正

三维校正解吸的是单个样本产生的矩阵类型数据，常见的产生方式有三维荧光光谱仪记录的激发-发射矩阵数据；或将两种一阶仪器联用，如液相色谱-质谱联用仪（LC-MS）、高效液相色谱-二极管阵列联用仪（HPLC-DAD）、毛细管电泳-质谱联用仪（CE-MS）等。三维校正方法克服了二维校正方法的分解不唯一性，可以在复杂混合物体系中将目标组分的定性（如色谱、光谱等）与定量信息（浓度）有效提取出来，以"数学分离"的方式代替传统的"物理分离""化学分离"。近年来，随着高阶分析仪器的不断发展，针对高维数据的分析研究已成为化学计量学领域的一大热点，其中三维校正方法基础理论研究最为成熟，它与高阶分析仪器相结合，在"灰色"甚至是"黑色"体系的定量分析中有着独特的优势。目前，化学计量学研究工作者已开发出多种三维校正方法。最早发展起来的一类是非迭代类算法，也称直接求解的方法，主要有秩消失因子分析、广义秩消失法及直接三线性分解。第二类是迭代类方法，其基本思路是利用交替迭代的方式最小化目标函数以实现三维数据阵的分解。

（4）模式识别

在化学计量学领域，另一个重要的问题就是确定获取的化学特征和研究对象之间的关系，即化学模式识别。面对复杂混合溶液的检测，所测得的大部分数据是高维且复杂的，其中包含丰富的化学信息及其他相关信息，很难直观地获得有关模式的信息，因此必须借助计算机并采取适当的计算方法才能实现识别。化学模式识别就是一种用来揭示隐含在测量数据内部的规律的技术，可以提供非常有用的决策性信息。根据是否存在样本先验知识，化学模式识别方法可以分为有监督模式识别和无监督模式识别。

有监督模式识别要求有一训练集（类似于校正理论中的校正集），且在训练集中，各样本类别是已知的，如已知一些样本属于 A 类，而另一些属于 B 类等。首先，将这些训练集样本的性质及类别信息输入计算机，计算机通过训练或学习掌握某些识别规律，然后再去识别未知样本。常用的有监督模式识别方法包括：K-最近邻算法、偏最小二乘法、簇类独立软模式法、线性判别分析法、人工神经网络和支持向量机等。

无监督模式识别不需要训练集，其主要思路就是利用同类样本彼此相近，而不同样本距离应远一些，即"物以类聚"的思想，基于此，可以找出合适的分类方法实现分类。目前无监督模式识别方法主要包括主成分分析、系统聚类分析、模糊聚类分析等。下面简要介绍模式识别的相关理论方法。

① 基于神经网络的学习。人工神经网络是在现代神经科学的基础上提出和发展起来的旨在反映人脑结构及功能的一种抽象数学模型。一个人工神经网络是由大量神经元节点经过广泛互联而组成的复杂网络拓扑，用于模拟人类进行知识和信息表达、存储和计算行为。

一个链接模型（神经网络）由一些简单的类似神经元的单元以及单元间带权的链接组成，每个单元具有一个状态，这个状态是由与这个单元相连的其他单元输入决定的。连接学习的目的是区分输入模式的等价类。连接学习通过使用各类例子来训练网络，产生网络的内部表示，并用来识别其他输入例子。学习主要表现在调整网络中的连接权，这种学习是非符号的，并且具有高度并行分布式处理的能力，近年来获得极大的发展。比较出名的网络模型和学习算法有单层感知器、Hopfield 神经网络、Boltzman 随机网络和反向传播算法。

人工神经网络学习的工作原理是：一个人工神经网络的工作由学习和使用两个非线性的过程组成。从本质上讲，人工神经网络学习是一种归纳学习，它通过对大量实例的反复运行，经过内部自适应过程不断修改权值分布，将网络稳定在一定的状态下。在神经网络中，大量神经元互相连接的结构及各连接权值的分布表示了学习所得到的特定要领和知识，这一点与传统人工智能的符号知识表示法存在很大的不同。在网络的使用过程中，对于特定的输入模式，神经网络通过前向计算，产生一个输出模式，并得到节点代表的逻辑概念，通过对输出信号的比较与分析可以得到特定解。在网络的使用过程中，神经元之间具有一定的冗余性，且允许输入模式偏离学习样本，因此神经网络的计算行为具有良好的并行分布、容错和抗噪能力。

基于神经网络的学习策略主要有两种：刺激-反应论和认识论。刺激-反应论把学习解释为习惯的形成，认为经过练习可在某一刺激与个体的某种反应之间建立一种关系，而学习就是要建立这样一种关系，即确定神经网络中各个神经元之间的连接权值。成功的学习需要找到一组连接权值，而这组连接权值不能与单元激活值之间的相关性成正比，这由学习规则即最小均方规则来进行约束。它利用目标激活值与实际所得的激活值之差进行学习，通过调整连接强度使这个差减小。当这个差满足预先设定的值时，学习过程便结束，而学习所得就是神经网络的各个神经元之间的连接权值。

认识论学习策略强调理解在学习过程中的作用，认为学习是个体在其环境中对事物间关系认识的过程，个体行为取决于其对刺激的知觉与否。构成学习的必要条件是个体对刺激的了解，即个体对符号与符号、符号与目的之间关系的认识，只有对情景有所认识，个体的行为才能变得有目的。

一方面，反向传播神经网络在非线性控制系统中虽被广泛运用，但作为有导师监督的学习算法，要求批量提供输入/输出对训练神经网络，而在一些并不知道最优策略的系统中，难以预先获取理想的输入/输出。另一方面，强化学习，从实际系统学习经验来调整策略，并且是一个逐渐逼近最优策略的过程，学习过程中并不需要导师的监督，因此提出了神经网络与强化学习的结合应用，其基本思想是通过强化学习控制策略，经过一定周期的学习后再用学到的知识训练神经网络，以使网络逐步收敛到最优状态。

神经网络的最大缺陷就是其典型的"黑箱性"，即训练好的神经网络学到的知识难以被人理解，而神经网络集成又加深了这一缺陷。从神经网络中抽取规则来表示其中隐含的知识是解决这个问题的一个有效手段。目前，从神经网络中以及从神经网络集成中抽取规则已成为研究的热点。

② 支持向量机。支持向量机（Support Vector Machine，SVM）是瓦普尼克（Vapnik）等人提出的一类新型的机器学习算法，其出色的学习性能尤其是泛化能力，引起了人们对这一领域的极大关注。该技术已成为机器学习界的研究热点，并在很多领域都得到了成功的应用，如人脸检测、手写数字识别、文本自动分类、机器翻译等。

支持向量机是一种基于统计的学习方法，它是对结构风险最小化归纳原则的近似。它的理论基础是瓦普尼克创建的统计学习理论。统计学习理论研究始于20世纪60年代末，在其后的20年内，涉足这一领域的人不多。支持向量机是统计学习理论中最年轻也最实用的内容。目前，有关这一理论及其应用的研究正在快速发展。就像信息论为信息技术的崛起开辟道路一样，统计学习理论将给机器学习领域带来一场深刻的变革。统计学习理论就是研究小样本统计估计和预测的理论，主要内容包括：经验风险最小化准则下统计学习一致性的条件；在这些条件下关于统计学习方法推广性的界的结论；在这些界的基础上建立的小样本归纳推理准则；实现新的准则的实际方法（算法）。

支持向量机是从线性可分情况下的最优分类面发展而来的。基本思想可用图的两维情况说明，如图2-8所示。在图2-8中，实心点和空心点代表两类样本，H为分类线，H_1和H_2分别为各类中离分类线最近的样本且平行于分类线的直线，它们之间的距离称为分类间隔。所谓最优分类线，就是要求分类线不但能将两类正确分开（训练错误率为0），而且使分类间隔最大。分类线方程为$x \times w + b = 0$，可以对它进行归一化，使对线性可分的样本集(x_i, y_i)，$i = 1, \cdots, n$，$x \in R^d$，$y \in \{+1, -1\}$满足$y_i[w^0 x_i + b] - 1 \geq 0$，$i = 1, \cdots, n$。

此时分类间隔等于$\dfrac{2}{\|w\|}$，使间隔最大等价于使$\|w\|^2$最小。满足上述条件且使$\dfrac{\|w\|^2}{2}$最小的分类面就叫作最优分类面，H_1和H_2上的训练样本点就称作支持向量。使分类间隔最大实际上就是对机器学习推广能力的一种控制，这是支持向量机的核心思想之一。

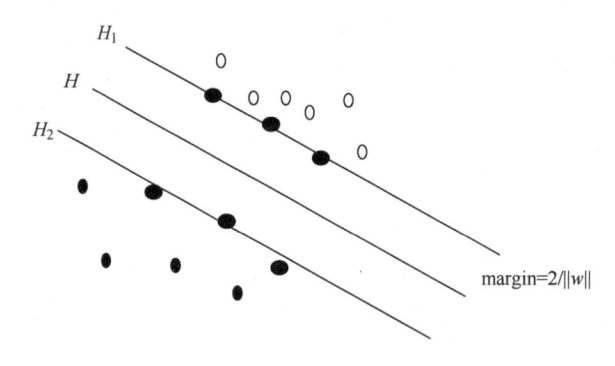

图2-8 支持向量机的基本思想

因为统计学习理论和支持向量机建立了一套较好的有限样本下机器学习的理论框架和通用方法，既有理论基础，又能较好地解决小样本、非线性、高维数和局部极小点等实际问题，所以成为20世纪90年代末发展最快的研究方向之一，其核心思想就是学习机器要与有限的训练样本相适应。

习 题

1. 设离散型随机变量的概率分布为$P\{X = 0\} = 0.5$，$P\{X = 1\} = 0.3$，$P\{X = 3\} = 0.2$，求X的分布函数及$P\{X \leq 2\}$。

2. 设随机变量X的密度函数为

$$f(x) = \begin{cases} k\dfrac{1}{\theta} e^{-\dfrac{x}{\theta}}, & x \geq 0 \\ 0, & \text{其他} \end{cases}$$

且已知$P\{X > 1\} = \dfrac{1}{2}$，则$\theta = \underline{\qquad}$。

3. 设总体X服从正态分布$N(\mu, \sigma^2)(\sigma > 0)$，从总体中抽取简单随机样本$X_1, \cdots,$

$X_{2n}(n \geq 2)$，其样本均值为 $\overline{X} = \dfrac{1}{2n}\sum_{i=1}^{2n} X_i$，求统计量 $Y = \sum_{i=1}^{n}(X_i + X_{n+i} - 2\overline{X})^2$ 的数学期望。

4. 设总体 X 与总体 Y 互独立且都服从 $N(0, 3^2)$，$(X_1, \cdots, X_9)$ 和 $(Y_1, \cdots, Y_9)$ 分别是来自总体 X 和 Y 的样本，则统计量 $U = \dfrac{X_1 + \cdots + X_9}{\sqrt{Y_1^2 + \cdots + Y_9^2}}$ 服从的分布为_____，参数为_____。

参考文献

[1] 茆诗松，周纪芗. 概率论与数理统计[M]. 北京：中国统计出版社，2007.

[2] 梁逸曾，杜一平. 分析化学计量学[M]. 重庆：重庆大学出版社，2004.

[3] 吴辉煌. 电化学[M]. 北京：化学工业出版社，2004.

[4] ROSS. 概率论基础教程[M]. 郑忠国，詹从赞，译. 北京：人民邮电出版社，2007.

[5] DURRET R. Probability：Theory and Examples[M]. Oxford: Cambridge University Press，2010.

第 3 章

计量与测量可靠性评估

上一章介绍了计量与测量的数理工具,在运用相关技术对产品质量进行计量或测量后,对计量与测量结果的可靠性分析同样重要。它在一定程度上决定了对于产品质量的计量和测量的最终结果。因此,本章将阐述可靠性的概念、设计与分析方法,探讨计量与测量的可靠性评估相关模型、指标和数理工具。

3.1 可靠性的基本概念与内涵

3.1.1 概念

产品、系统在规定的条件下,规定的时间内,完成规定功能的能力称为可靠性。可靠性是产品重要的质量特性,提高产品的可靠性是提高产品完好性和工作成功性、减少维修费用和延长寿命周期的重要途径。

这里的"产品"泛指任何系统、设备和元器件。产品可靠性定义的要素是3个"规定":"规定条件""规定时间"和"规定功能"。

"规定条件"包括使用时的环境条件和工作条件。例如,同一型号的汽车在高速公路上和在崎岖的山路上行驶,其可靠性的表现就不一样,要谈论产品的可靠性必须指明规定的条件。

"规定时间"是指产品规定了的任务时间。随着产品任务时间的增加,产品出现故障的概率将增加,可靠性将下降。因此,谈论产品的可靠性离不开规定的任务时间。例如,一辆汽车刚开出车间和用了5年后相比,它出故障的概率显然是低很多的。

"规定功能"是指产品规定了的必须具备的功能及其技术指标。所要求产品功能的多少和其技术指标的高低,直接影响产品可靠性指标的高低。例如,电风扇的主要功能有转叶、摇头、定时,那么规定的功能是三者都有,还是仅需要转叶能转和能够吹风,所得出的可靠性指标是不一样的。

对可靠性的评估可以使用概率指标或时间指标，这些指标有可靠度、失效率、平均无故障工作时间、平均失效前时间、有效度等。典型的失效率曲线是浴盆曲线，其分为三个阶段：早期失效期、偶然失效期、耗损失效期。早期失效期的失效率为递减形式，即新产品失效率很高，但经过磨合期，失效率会迅速下降。偶然失效期的失效率为一个平稳值，意味着产品进入了一个稳定的使用期。耗损失效期的失效率为递增形式，即产品进入老年期，失效率呈递增状态，即产品需要更新。提高可靠性的措施包括对元器件进行筛选；对元器件降额使用，使用容错设计（使用冗余技术）；使用故障诊断技术；等等。可靠性主要包括电路可靠性及元器件的选型，必要时用一定的仪器检测。

3.1.2 可靠性的分类

根据特性，可靠性大概分为4类。

① 基本可靠性：产品在规定的条件下和规定的时间内，无故障工作的能力。确定基本可靠性值时，应统计产品的所有寿命单位和所有的关联故障（寿命单位：产品使用持续期的度量单位，如工作小时、次数等；关联故障：在解释试验结果或计算可靠性值时必须计入的故障）。

② 任务可靠性：产品在规定的任务剖面内完成功能的能力（任务剖面：产品在完成规定任务的时间段内所经历的全部事件和环境的时序描述）。

③ 固有可靠性：设计和制造赋予产品的，并在理想的使用和保障条件下所具有的可靠性。

④ 使用可靠性：产品在实际的环境中使用时所呈现的可靠性，它受产品设计、制造、使用、维修、环境等因素的综合影响。

3.2 可靠性设计、分析方法

3.2.1 可靠性设计

1. 可靠性要求

（1）可靠性要求——设计、分析、试验和验收的依据

可靠性参数和指标要求可分为定性要求、定量要求。

定性要求的内容有：遵守一般可靠性设计和准则等。

定量要求的内容有：使用参数和指标、合同参数和指标。

① 使用参数和指标：直接与产品完好性、任务成功性，以及维修人力和保障资源费用有关的一种度量，其度量值称为使用指标（目标值与门限值）。

目标值：期望产品达到的使用指标，它既能满足产品使用需求，又能使产品达到最佳的效费比，是确定规定值的依据。

门限值：产品必须达到的使用指标，它能满足产品的使用需求，既是确定最低可接受值的依据，又是现场验证的依据。

② 合同参数和指标：在合同中表达订购方要求的，并且是承制方在研制和生产过程中可以控制的参数，其度量值称为合同指标（规定值和最低可接受值）。

规定值：合同和研制任务书中规定的期望产品达到的合同指标，它是承制方进行可靠性设计的依据。

最低可接受值：合同和研制任务书中规定的、产品必须达到的合同指标，它是进行厂内考核或验证的依据。

（2）可靠性定量要求——主要参数特征量

① 可靠度。可靠度是可靠性的概率度量，其符号为 $R(t)$。

② 平均故障间隔时间（Mean Time Between Failures，MTBF）。平均故障间隔时间是可修复产品的一种基本可靠性参数，其度量方法为：在规定的条件下和规定的期间内，产品寿命单位总数与故障总次数比。

③ 平均故障前时间（Mean Time to Failures，MTTF）。平均故障前时间是不可修复产品的一种基本可靠性参数，其度量方法为：在规定的条件下和规定的期间内，产品寿命单位总数与故障产品总数之比。

④ 平均首次故障前时间（Mean Time to First Failures，MTTFF）。可修复产品的一种基本可靠性参数。其度量方法为：在规定的条件下，产品从开始使用到出现首次故障的产品寿命单位总数与产品首次故障总数之比。

⑤ 故障率。故障率是产品可靠性的一种基本参数，其度量方法为：在规定的条件下和规定的期间内，产品的故障总数与寿命单位总数之比，其符号为 λ。

2. 可靠性设计工作内容

（1）建立可靠性模型

目的：用于定量分配、计算和评价产品的可靠性。

含义：可靠性模型指的是可靠性框图及数学模型。

可靠性框图指的是用方框表示产品各单元的故障导致产品故障的逻辑关系。

分类：产品的可靠性模型按用途分为基本可靠性模型和任务可靠性模型。基本可靠性模型是将产品组成单元进行全串联的模型，用以估计产品及其组成单元引起的维修及综合保障要求；任务可靠性模型较复杂，它用于描述在完成任务过程中产品各单元的预定用途。

产品的可靠性模型基本结构类型主要包括串联、并联、表决、旁联、桥联等。

① 串联模型。系统的所有组成单元中任一单元的故障都会导致整个系统的故障，称为串联模型。串联模型是最简单和最常用的模型之一，既可用于基本可靠性模型建模，也可用于任务可靠性模型建模。数学模型为

$$R_s(t) = \prod_{i=1}^{n} R_i(t) = R_1 \times R_2 \times \cdots \times R_n$$

式中：$R_s(t)$ 为系统的可靠度；$R_i(t)$ 为单元的可靠度；n 为组成系统的单元数。

② 并联模型。系统的所有组成单元中任一单元的故障不会导致整个系统的故障，只有所有单元的故障才会导致整个系统的故障，称为并联模型。数学模型为

$$R_s(t) = 1 - \prod_{i=1}^{n}[1 - R_i(t)]$$

③ 表决模型。组成系统的 n 个单元中，正常的单元数不少于 $r(1 \leqslant r \leqslant n)$，系统就不会故障，这样的系统称为 $r/n(G)$ 表决模型，它是工作贮备模型的一种形式。数学模型为

$$R_s(t) = \sum_{i=r}^{n} C_n^i R(t)^i (1-R(t))^{n-i}$$

④ 旁联模型。组成系统的各单元只有一个单元工作，当工作单元故障时，通过转换装置接到另一个单元继续工作，直到所有单元都发生故障时系统才发生故障，称为非工作贮备模型，又称旁联模型。数学模型为

$$R_s(t) = \frac{\lambda_2}{\lambda_2 - \lambda_1} e^{-\lambda_1 t} + \frac{\lambda_1}{\lambda_1 - \lambda_2} e^{-\lambda_2 t}$$

⑤ 桥联模型。数学模型如图 3-1 所示，系统某些功能冗余形式或替代工作方式的实现，是一种非串联非并联的桥形式。

$R_s(t) = P(AB \cup ADE \cup CD)$
$= P(AB) + P(ADE) + P(CD) - P(ABDE) - P(ABCD) - P(ACDE) + P(ABCDE)$
$= R_A R_B + R_A R_D R_E + R_C R_D - R_A R_B R_D R_E - R_A R_B R_C R_D - R_A R_C R_D R_E + R_A R_B R_C R_D R_E$

（2）可靠性分配设计

目的：可靠性分配是指将产品的可靠性指标逐级分配至产品各层次（由上到下），作为产品各层次的可靠性设计目标，使各级设计人员明确要求，及早研究设计方案，并估计所需人力、时间和资源，以确保交付使用的产品能够达到可靠性目标值。

适用对象和情况：可靠性分配适用于电子、电气、机械，或新研产品、老品改进等有可靠性指标要求的产品，应根据不同产品及指标要求的情况选取合适的可靠性分配方法。

可靠性分配工作一般应在方案阶段开始进行，并延续全初步设计阶段，根据设计方案的更改反复迭代，使指标分配逐渐趋于合理。

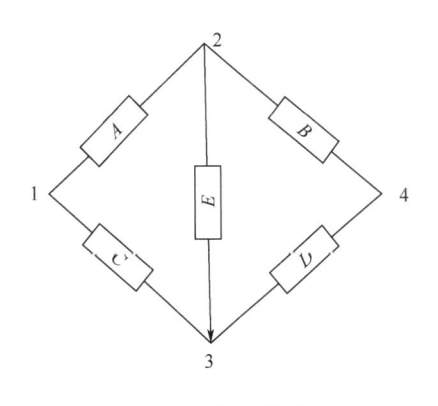

图 3-1 数学模型

① 分配原则。对于复杂度高的分系统、设备等产品，应分配较低的可靠性指标；对于技术上不成熟的产品，应分配较低的可靠性指标；对于处于恶劣环境条件下工作的产品，应分配较低的可靠性指标；对于需要长期工作的产品，应分配较低的可靠性指标；对于重要度高的产品，应分配较高的可靠性指标。

② 分配方法。主要包括等分配法、比例组合法（等改进法）、评分法、再分配法（最小工作量法）、考虑重要度和复杂度的分配法、预计分配法及工程相似法。各种分配方法适用于不同的情况。

等分配法：用于设计初期产品情况不清晰，或缺乏有关产品可靠性数据的情况。这是最简单、方便的一种分配方法，但没有考虑产品的各单元实现可靠性值的难易程度，如单

元的复杂程度、技术难度等,建议尽量不使用。

比例组合法:新设计的系统与老系统相似,且有老系统及其分系统的故障率数据或老系统中各分系统故障数占系统故障数百分比的统计资料,可用比例组合法进行分配。

(3) 可靠性预计

① 目的:对组成产品的元器件、部件和子系统的可靠性指标,由下到上、由局部到整体进行逐级预计,预计产品能否达到规定的可靠性指标要求;方案论证时可根据可靠性预计结果选择方案;及早发现设计中的薄弱环节并改进;并为可靠性分配的迭代提供相关数据;还可为可靠性试验方案的确定提供依据。

② 适用对象和情况:可靠性预计适用于新研产品、老品改进等各类有可靠性指标要求的产品,需根据产品的不同阶段、不同产品的层次及特性,选取合适的可靠性预计方法。

可靠性预计工作一般在方案阶段就应开始进行,并延续至详细设计阶段,根据设计方案的更改和细化反复迭代,从而使产品设计达到所规定的可靠性。

③ 可靠性预计的类型。可靠性预计作为定量设计手段,为设计决策提供依据。根据设计的不同阶段及产品的不同级别可采用不同的预计方法,由粗到细。

预计按详细程度可分为可行性预计、初步预计和详细预计;按预计的参数可分为基本可靠性预计和任务可靠性预计;按预计的对象可分为电子产品预计和非电子产品预计。

进行不同类型的可靠性预计应选取不同的、适用的方法。

④ 电子、电气产品的可靠性预计方法。电子、电气产品一般的可靠性预计主要有元器件计数法和元器件应力分析法。元器件计数法适用于方案论证及初步设计阶段;元器件应力分析法适用于详细设计阶段。

元器件计数法:元器件计数法适用于初步设计阶段,此时元器件的种类和数量已大致确定,但具体的工作应力和环境等尚未明确。

元器件计数法的基本原理是对元器件的通用故障率进行修正,预计模型为

$$\lambda_{GS} = \sum_{i=r}^{n} N_i \lambda_{Gi} \pi_{Qi}$$

式中:λ_{GS} 为产品总故障率(1/h);λ_{Gi} 为第 i 种元器件的通用故障率(1/h);π_{Qi} 为第 i 种元器件的通用质量系数;N_i 为第 i 种元器件的数量;n 为单元所用元器件的种类数目。

元器件应力分析法:元器件应力分析法用于电子产品详细设计阶段的故障率预计。在预计单元内电子元器件工作故障率时,应用元器件的质量等级、应力水平、环境条件等因素对基本故障率进行修正。

3.2.2 可靠性分析方法

1. 故障模式、影响及危害性分析

(1) 目的

通过系统的分析,确定元器件、零部件、设备、软件在设计和制造过程中每一个产品

层次所有可能的故障模式，以及每一故障模式的原因及影响程度，以找出潜在的薄弱环节，并提出改进措施以提高产品的可靠性。

（2）组成

故障模式、影响及危害性分析（FMECA）由故障模式及影响分析（FMEA）和危害性分析（CA）两部分组成，只有在进行 FMEA 的基础上，才能进行 CA。

故障模式是指元器件或产品故障的一种表现形式。一般是能被观察到的一种故障现象，如材料的弯曲、断裂，零件的变形，电器的接触不良、短路，设备的安装不当、腐蚀等。

影响是指该故障模式会对产品的安全性、功能造成影响。故障影响一般可分为局部影响、高一层次影响及最终影响，如分析飞机液压系统中的一个液压泵，它发生了轻微漏油的故障模式，局部影响即对泵本身的影响可能是降低效率，高一层次影响即对液压系统的影响可能是压力有所降低，最终影响即对飞机可能没有影响。将故障模式出现的概率及影响的严酷度结合起来称为危害性。

FMEA 是在产品设计过程中，通过对产品各组成单元潜在的各种故障模式及其对产品功能的影响进行分析，提出可能采取的预防改进措施，以提高产品可靠性的一种设计分析方法。它是一种预防性技术，是事先的行为，现已从可靠性分析应用推广到产品性能分析应用上。它的作用是检验系统设计的正确性，确定故障模式的原因，以及对系统可靠性和安全性进行评价等。

CA 是把 FMEA 中确定的每一种故障模式按其影响的严重程度类别及发生概率的综合影响加以分析，以便全面地评价各种可能出现的故障模式的影响。CA 是 FMEA 的继续，根据产品的结构及可靠性数据的获得情况，CA 可以是定性分析也可以是定量分析。

（3）FMECA 的实施步骤

① 掌握产品结构和功能的有关资料。

② 掌握产品启动、运行、操作、维修的资料。

③ 掌握产品所处环境条件的资料。

这些资料在设计的初始阶段，往往无法同时掌握。开始时，只能做某些假设，用来确定一些很明显的故障模式。初步 FMECA 能指出许多单点失效部位，且其中有些可通过结构的重新安排而消除。随着设计工作的进展，可利用的信息不断增多，FMECA 工作应重复进行，根据需要和可能应把分析拓展到更为具体的层次。

④ 定义产品及其功能和最低工作要求。一个系统的完整定义包括它的主要功能、次要功能、用途、预期的性能、环境要求、系统约束条件和构成故障的条件等。因为任何给定的产品都有一个或多个工作模式，并且可能处于不同的工作阶段，所以系统的定义还包括产品工作的每个模式及其持续工作期内的功能说明。每个产品均应有它的功能方框图，表示产品工作及产品各功能单元之间的相互关系。

⑤ 按照产品功能方框图画出其可靠性方框图。

⑥ 根据所需要的结构和现有资料的多少来确定分析级别，即规定分析到的层次。

⑦ 找出故障模式，分析其原因及影响。

⑧ 找出故障的检测方法。

⑨ 找出设计时可能的预防措施，以防止发生特别不希望发生的事件。
⑩ 确定各种故障模式对产品产生危害的严酷程度。
⑪ 确定各种故障模式的发生概率等级。故障模式发生的概率等级一般可分为以下5种。

A 级（经常发生），产品在工作期间发生故障的概率很高，即一种故障模式发生的概率大于总故障概率的 0.2。

B 级（很可能发生），产品在工作期间发生故障的概率为中等，即一种故障模式发生的概率为总故障概率的 0.1～0.2。

C 级（偶然发生），产品在工作期间发生故障是偶然的，即一种故障模式发生的概率为总故障概率的 0.01～0.1。

D 级（很少发生），产品在工作期间发生故障的概率很小，即一种故障模式发生的概率为总故障概率的 0.001～0.01。

E 级（极不可能发生），产品在工作期间发生故障的概率接近于零，即一种故障模式发生的概率小于总故障概率的 0.001。

⑫ 填写 FMEA 表，并绘制危害性矩阵，若需进行定量 FMECA，则需填写 CA 表。若仅进行 FMEA，则不必进行第⑪步和绘制危害性矩阵。

（4）实施 FMECA 应注意的问题

① 明确分析对象。找出零部件所发生的故障与系统整体故障之间的因果关系是 FMECA 的工作思路，所以明确 FMECA 的分析对象，并针对其应有的功能找出各零部件可能存在的所有故障模式，是提高 FMECA 可靠性和有效性的前提条件。

② 时间性。FMEA、FMECA 应与设计工作结合进行，在可靠性工程师的协助下，由产品的设计人员来完成，贯彻"谁设计、谁分析"的原则，并且分析人员必须有公正客观的态度，客观评价与自己有关的缺陷、理性分析产生缺陷的原因。同时，FMEA 必须与设计工作保持同步，尤其应在设计的早期阶段就开始进行 FMECA，这将有助于及时发现设计中的薄弱环节并为安排改进措施的先后顺序提供依据。如果在产品已经设计完成并且已经投产以后再进行 FMEA，那么其对设计的指导意义不大。一旦分析出原因，就要迅速果断地采取措施，使 FMEA 分析的成果落到实处。

③ 层次性。进行 FMECA 时，合理的分析层次确定，特别是初始约定层次和最低约定层次能够为分析提供明确的分析范围、目标和程度。此外，初始约定层次的划分直接影响到分析结果严酷度类别的确定。一般情况下，应按以下原则规定最低约定层次：所有可获得分析数据的产品中最低的产品层次；能导致灾难的（Ⅰ类）或致命的（Ⅱ类）故障的产品所在的产品层次；定期或预期需要维修的最低产品层次，这些层次的产品可能导致临界的（Ⅲ类）或轻度的（Ⅳ类）故障。

④ FMECA 团队协作和经验积累。往往 FMECA 都是采用个人形式进行分析的，但是单独工作无法克服个人知识、思维缺陷或缺乏客观性的问题。应从相关领域选出具有代表性的个人，共同组成 FMECA 团队。通过集体的智慧，实现相互启发和信息共享，能够较完整和全面地进行 FMECA 分析，大大提高工作效率。FMECA 特别强调程序化、文件化，并应对 FMECA 的结果进行跟踪与分析，以验证其正确性和改进措施的有效性，

将好的经验写进企业的 FMECA 经验反馈里，积少成多，形成一套完整的 FMECA 资料，使一次次 FMECA 改进的量变积累形成企业整体设计制造水平的质变，最终形成独特的企业技术特色。

2. 故障树分析（FTA）

（1）目的

通过对可能造成产品故障的各种因素进行分析，能定性地确定产品故障发生的所有原因和原因组合，并定量地确定产品故障的发生概率。通过 FTA，能够透彻了解系统，找出薄弱环节，改进产品设计、使用环境、维修方式等，提高产品的可靠性，同时验证重大故障的发生概率能否满足可靠性要求。

（2）适用对象和情况

FTA 适用于电子、机电、机械，或者新研产品、老品等各类产品。FTA 还适用于系统寿命周期的任何阶段，包括从设计阶段早期直至批量生产前的各个设计阶段，以及生产和使用阶段。在设计阶段，FTA 可帮助查找潜在的产品故障模式和灾难性危险因素，发现可靠性和安全性薄弱环节，改进设计；在生产和使用阶段，FTA 可帮助相关人员对故障事件开展调查分析，更改设计或改进生产手段和维修方案。

（3）主要内容

① 方法。FTA 是将一个不希望的产品故障事件或灾难性的产品危险事件作为顶事件，通过由上向下的、按层次的故障因果逻辑分析，建立故障树。逐层找出对上一层事件必要而充分的直接原因，最终找出导致顶事件发生的所有原因（包括硬件、软件、环境、人为因素等）和原因组合，即各个底事件。在具有基础数据时，计算出顶事件发生概率和底事件重要度等定量指标。

② 选择顶事件。顶事件是建立故障树的基础，若选择的顶事件不同，则建立的故障树也不同。在进行故障树分析时，选择顶事件的方法如下。

第一，在设计过程中进行 FTA 时，一般从那些显著影响产品技术性能、经济性、可靠性和安全性的故障中选择顶事件。

第二，在 FTA 之前若已进行了 FMECA，则可以从故障严酷度为 I、II 类的系统故障模式中选择其中一个故障模式为顶事件。

第三，发生重大故障或者事故后，可以将此类事件作为顶事件，通过故障树分析为故障归零提供依据。

总之，必须严格选择顶事件，否则建立的故障树将达不到预期的目标。大多数情况下，产品会有多个不希望事件，应对它们一一确定，分别作为顶事件建立故障树并进行分析。

③ 建造故障树。故障树是一种特殊的倒立树状因果关系逻辑图。它用事件符号、逻辑门符号和转移符号描述系统中各种事件之间的因果关系。逻辑门的输入事件是输出事件的"因"，逻辑门的输出事件是输入事件的"果"。故障树分析中的常用符号见表 3-1。

表 3-1　故障树分析中的常用符号

符号名称		定义
事件符号	底事件	底事件是故障树分析中仅导致其他事件的原因事件
	基本事件	圆形符号是故障树中的基本事件，是分析中无须探明其发生原因的事件
	未探明事件	菱形符号是故障树分析中的未探明事件，即原则上应进一步探明其原因但暂时不必或暂时不能探明其原因的事件；它又代表省略事件，一般表示那些可能发生，但概率微小的事件，或者对此系统到此为止不需要再进一步分析的故障事件。这些故障事件在定性分析中或定量计算中一般都可以忽略不计
	结果事件	矩形符号是故障树分析中的结果事件，可以是顶事件，或由其他事件或事件组合所导致的中间事件和矩形事件，事件的下端的逻辑门连接，表示该事件是逻辑门的一个输入事件
	顶事件	顶事件是故障树分析中所关心的结果事件
	中间事件	中间事件是位于顶事件和底事件之间的结果事件
	特殊事件	特殊事件是在故障树分析中需用特殊符号表明其特殊性以引起注意的事件
	开关事件	房形符号是开关事件，在正常工作条件下必然发生或必然不发生的事件，当房形中所给定的条件满足时，房形所在门的其他输入保留，否则除去，根据故障要求，可以是正常事件，也可以是故障事件
	条件事件	肩圆形符号是条件事件，是描述逻辑门起作用的具体限制条件

续表

	符号名称	定义
逻辑符号	与门	与门表示仅当所有输出事件发生时，输出事件才发生
	或门	或门表示至少一个输出事件发生时，输出事件就发生
	非门	非门表示输出事件是输入事件的对立事件
	表决门 (k/n)	表决门表示仅当 n 个输出事件中有 k 个或 k 个以上的事件发生时，输出事件才发生
	顺序与门（顺序条件）	顺序与门表示仅当输入事件按规定的顺序发生时，输出事件才发生
	异或门（不同时发生）	异或门表示仅当单个输入事件发生时，输出事件才发生
	禁门（禁门打开条件）	禁门表示仅当条件发生时，输入事件的发生方导致输出事件发生

续表

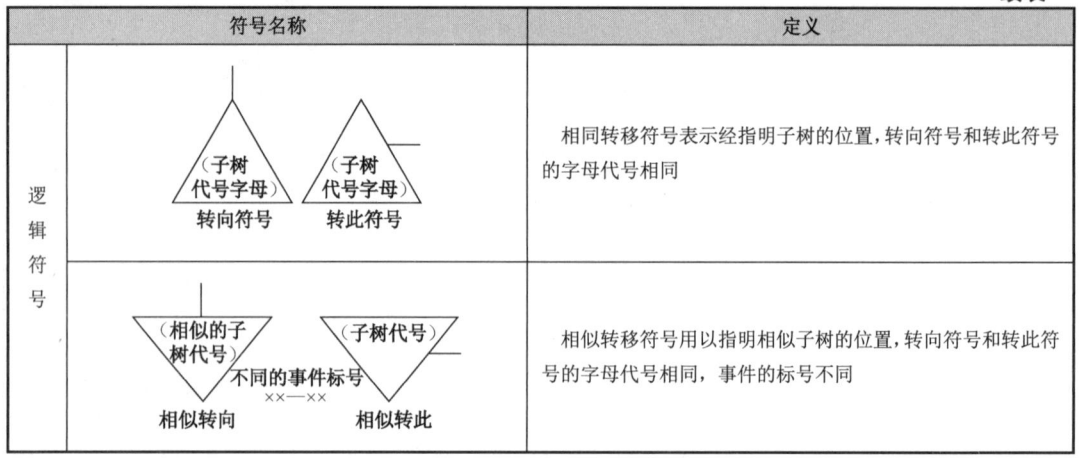

符号名称		定义
逻辑符号	转向符号（子树代号字母）　转此符号（子树代号字母）	相同转移符号表示经指明子树的位置,转向符号和转此符号的字母代号相同
	相似转向（相似的子树代号）不同的事件标号 ××-××　相似转此（子树代号）	相似转移符号用以指明相似子树的位置,转向符号和转此符号的字母代号相同,事件的标号不同

3. 潜在电路分析

（1）目的

潜在分析可分为针对电路的潜在电路分析、针对软件的潜在分析和针对液、气管路系统的潜在分析。此处仅介绍潜在电路分析。潜在电路是电子/电气系统中的一种设计意图之外的状态，在一定的条件下，导致产品产生非期望功能或抑制期望功能。它具有潜藏性，而一旦激励条件得以满足，就会表现出"突然发生""出人意料""巨大破坏性"等特点。潜在电路对电子/电气系统的危害是巨大的，由于产品规模较大、设计人员对设计要求理解不一致等原因，很容易在设计中引进潜在电路。潜在电路在特定条件下才会被激发，一般很难通过试验或仿真手段发现。潜在电路分析的目的就是在假设所有元器件及部件均未失效的情况下，发现电路中在一定的激励条件下可能产生非期望功能或抑制期望功能的潜在状态，以保证电路安全可靠。

（2）基本概念

① 潜在电路：属于非失效相关的设计问题。潜在电路包括四种表现形式：潜在路径、潜在时序、潜在指示和潜在标志。

潜在路径：电流所流经的非期望路径。

潜在时序：数据或逻辑信号以非期望或矛盾的时间顺序，或在非期望的时刻，或延续一个非期望的时间段发生，使系统处于异常状态。

潜在指示：系统运行状况的模糊或错误的指示。潜在指示可能误导系统或操作人员做出非期望的反应。

潜在标志：系统功能的错误或不确切的标志。潜在标志可能会误导操作人员。

② 网络树：对电路系统进行划分和简化后获得的树状网络示意图。该图能简明地表达相互连通的元器件之间的连接关系。

③ 网络森林：网络树的集合。

④ 功能网络森林：与某电路功能有关的网络森林。

⑤ 线索：一种分析用的问题提示，根据该提示，分析者易于识别电路系统是否具有该线索所提示的运行状态，并判定其是否属于设计意图之外的状态，即潜在状态。

⑥ 线索表：由一系列线索组成并按一定的规则进行组织的线索清单。

⑦ 源：电路系统实现其预期功能的信号和数据的源头，在潜在电路分析中通常作为路径追踪的起点。

⑧ 目标：电路系统实现其预期功能的执行部件或关键部件，如功能信号执行部件等，非期望地激活或抑制它将引发一个非期望事件，在潜在电路分析中通常作为路径追踪的终点。

4. 电路容差分析

（1）目的

分析电路的组成部分在规定的使用温度范围内其参数偏差和寄生参数对电路性能容差的影响，并根据分析结果提出相应的改进措施。电路性能参数发生变化的主要现象有性能不稳定、参数发生漂移、退化等，造成这些现象的原因有以下3种。

① 组成电路的元器件参数存在公差。电路设计时通常只采用元器件参数的标称值进行设计计算，忽略了参数的公差。标称值确定的电路性能参数会出现参数偏差。这种原因产生的参数偏差是固定的。

② 环境条件的变化产生参数漂移。环境温度、相对湿度的变化，电应力的波动，会使电子元器件参数发生变化。

③ 退化效应。很多电子产品在长期的使用过程中，随着时间的积累，元器件参数会发生变化。这种由老化效应导致的偏差是不可逆的。

（2）流程

电路容差分析的主要步骤如下。

① 确定待分析电路。

A．严重影响产品安全的电路。

B．严重影响任务完成的电路。

C．昂贵的电路。

D．采购或制作困难的电路。

E．需要特殊保护的电路。

② 明确电路设计的有关基线。

A．被分析电路的功能和使用寿命。

B．电路性能参数及偏差要求。

C．电路使用的环境应力条件（或环境剖面）。

D．元器件参数的标称值、偏差值和分布。

E．电源和信号源的额定值和偏差值。

F．电路接口参数。

③ 电路分析。对电路进行分析，得出在各种工作条件及工作方式下电路的性能参数、输入量和元器件参数之间的关系。

④ 容差分析。容差分析包括以下两种。

A．适当选择一种具体分析方法。

B．求出电路输出性能参数的偏差范围，找出对电路性能影响敏感度较大的参数并进行控制，使电路满足要求。

⑤ 分析结果判别。偏差范围与电路性能指标要求相比较，比较结果分两种情况。

A. 若符合要求，则分析结束。

B. 若不符合要求，则需要修改设计，直到所求得的电路性能参数的偏差范围完全满足电路性能指标要求为止。

3.3 测量可靠性

3.3.1 测量可靠性的内涵

1. 测量可靠性的理论起源

测量的可靠性理论最早由荷兰的巴尔达（Bararda）于 1967 年提出，主要针对控制网的单个粗差，提出了数据探测法及内部可靠性和外部可靠性。李德仁在1985年将巴尔达的可靠性理论进行了拓展，提出了摄影测量平差系统的可靠性理论，从一维备选假设发展到多维备选假设，提出了粗差和系统误差、粗差和变形的可区分性。

2. 测量可靠性的定义

测量可靠性，是指在相同测量条件下，对同一批受试者使用相同的测量手段，重复测量结果的一致性程度。对于测量可靠性的理解，一般认为，其代表着测量结果的准确性。这显然是一种误解。测量的可靠性和测量的准确性是两个不同的概念，在大多数情况下，测量的可靠性并不代表测量结果的准确性。其一，可靠性的引入是人们在无法测得真值，即无法确知测量误差的情况下，试图依靠多次重复测量，对结果进行确认的一种无奈之举；其二，测量的可靠性是以测量方法的正确性和测量工具的精确性为前提的；其三，对测量可靠性的评估，是与所使用的方法信度计算方法相关联的。

测量中的可靠性理论，是指测量系统（如一个控制网、一个测量设计）发现和抵抗粗差的能力。发现粗差的能力称为内部可靠性，抵抗粗差的能力称为外部可靠性。内部可靠性可以通过多余观测数来描述，外部可靠性可以通过对平差结果的影响来描述，内部可靠性和外部可靠性具有一致性。巴尔达在可靠性理论方面主要研究了检测单个粗差的能力和不可发现的粗差对平差结果的影响。李德仁提出了摄影测量平差系统的可靠性理论，包括平差系统发现单个模型误差（粗差、系统误差）、发现多个模型误差的能力。可靠性理论从单个一维备选假设发展到单个多维备选假设，再发展到两个多维备选假设，提出了粗差和系统误差、粗差和变形的可区分性理论，并提出了处理含粗差观测值的选择权迭代法和稳健估计法。

3.3.2 测量不确定度分析

1. 概念

测量不确定度是与测量结果相关联的参数，用于表征合理地赋予被测量值的分散性。

该参数是一个表征分散性的参数，它可以是标准差或其倍数，或说明置信水平的区间半宽度。该参数一般由若干个分量组成，这些分量统称为不确定度分量。该参数是通过对所有若干个不确定度分量进行方差和协方差合成得到的。所得该参数的可靠程度一般可用自由度的大小来表示。

（1）标准不确定度

用标准差表示测量结果的不确定度，一般用符号 u 来表示。对于不确定度分量，常在 u 上加小脚标进行表示，如 u_1，u_2，…，u_p 等。

（2）合成标准不确定度

当测量结果由若干个其他量的值求得时，测量结果的合成标准不确定度等于这些量的方差和（或）协方差加权和的正平方根，其中权系数按测量结果随这些量变化的情况而定，用符号 u_c 表示。

（3）扩展不确定度

扩展不确定度规定了测量结果取值区间的半宽度，该区间包含了合理赋予被测量值的分布的大部分，用符号 U 或 U_P 来表示。

（4）包含因子

包含因子为获得扩展不确定度，对合成标准不确定度所乘的倍数因子，常用符号 K 或 K_p 来表示。在国内，有的将其称为覆盖因子，其取值一般在 2~3。

2. 不确定度的来源

① 对被测量的定义不完整或不完善。
② 复现被测量定义的方法不理想。
③ 测量所取样本的代表性不够。
④ 对测量过程受环境影响的认识不全面，或对环境条件的测量与控制不完善。
⑤ 对模拟式仪器的读数存在人为偏差。
⑥ 仪器计量性能上的局限性。
⑦ 赋予测量标准和标准物质的标准值的不准确。
⑧ 引用常数或其他参量的不准确。
⑨ 与测量原理、测量方法和测量程序有关的近似性或假定性。
⑩ 在相同的测量条件下，被测量重复观测值的随机变化。
⑪ 对一定系统误差的修正不完善。
⑫ 测量列中的粗大误差因不明显而未剔除。
⑬ 在有的情况下，需要对某种测量条件变化，或者是在一个较长的规定时间内，对测量结果的变化做出评定。应该将相应变化所赋予测量值的分散性大小，作为该测量结果的不确定度。

3. 标准不确定度评定

（1）A 类评定方法

采用统计分析的方法评定标准不确定度，用实验标准差或样本标准差表示。

若单次测量值作为被测量 x 的估计值，则

$$u(x)=s(x)$$

式中：$s(x)$为单次测量的实验标准差。

若用 n 次测量的平均值作为被测量的估计值，则

$$u(\bar{x}) = \frac{s(x)}{\sqrt{n}}$$

式中：$s(x)$ 为 n 次测量的实验标准差。

（2）B 类评定方法

采用 B 类评定方法评定不确定度，不是依赖对样本数据的统计，而是设法利用与被测量有关的其他先验信息来进行统计。因此，如何获取有用的先验信息十分重要，如何利用好这些先验信息也十分重要。

① 信息来源。

　A．过去的测量数据。

　B．校准证书、检定证书、测试报告及其他证书文件。

　C．生产厂家的技术说明书。

　D．引用的手册、技术文件、研究论文和实验报告中给出的参考数据及不确定度值等。

　E．测量仪器的特性和其他相关资料等。

　F．测量者的经验与知识。

　G．假设的概率分布及其数字特征。

② 评定方法。

若由先验信息给出测量结果的概率分布，及其"置信区间"和"置信水平"，则

$$u(x) = \frac{a}{k_p}$$

式中：a 为置信区间的半宽度；k_p 为置信区间 p 的包含因子。

若由先验信息给出的测量不确定度 U 为标准差的 k 倍时，则

$$u(x) = \frac{U}{k}$$

若由先验信息给出测量结果的"置信区间"及其概率分布，则

$$u(x) = \frac{U}{k}$$

式中：U 为置信区间的半宽度；k 为置信水平接近 1 的包含因子。

4. 测量不确定度与误差的区别

（1）定义（概念）上的差异

① 测量不确定度是用于描述被测量真值可能存在的量值范围的参数。它按某一置信概率给出真值可能落入的区间。可以是标准差或其倍数，或说明了置信水准的区间的半宽；它不是具体的真误差，它只是以参数形式定量表示了无法修正的那部分误差范围。

② 误差多数情况下是指测量误差。它的传统定义是测量结果与被测量真值之差。误差是客观存在的，它应该是个确定的值，但又难以定量。

（2）评定目的的区别

① 测量不确定度为的是表明被测量值的分散性。

② 测量误差为的是表明测量结果偏离真值的程度。

（3）评定结果的区别

① 测量不确定度是无符号的参数，用标准差或标准差的倍数或置信区间的半宽表示，由人们根据实验、资料、经验等信息进行评定，可以通过 A、B 两类评定方法定量确定。

② 测量误差为有正号或负号的量值，其值为测量结果减去被测量的真值，由于真值未知，往往不能准确得到，当用约定真值代替真值时，只能得到其估计值。

（4）影响因素的区别

① 测量不确定度由人们经过分析和评定得到，因而与人们对被测量、影响量及测量过程的认识有关。

② 测量误差是客观存在的，由测量系统本身特性决定，不随测量者的主观认识而改变。

（5）按性质分类上的区别

① 测量不确定度分量评定时一般不必区分其性质，若需要区分时应表述为"由随机效应引入的不确定度分量"和"由系统效应引入的不确定度分量"。

② 测量误差按性质可分为随机误差和系统误差两类，而随机误差和系统误差都是无穷多次测量情况下的理想概念。

（6）对测量结果修正的区别

① "不确定度"一词本身隐含为一种可估计的值，它不是指具体的、确切的误差值，虽可估计，但不能用以修正量值，只能在已修正测量结果的不确定度中考虑修正不完善而引入不确定度。

② 系统误差的估计值如果已知，那么可以对测量结果进行修正，得到已修正的测量结果。

一个量值经修正后，可能会更靠近真值，但其不确定度不但不减小，有时反而会更大。这主要还是因为无法确切地知道真值为多少，仅能对测量结果靠近或离开真值的程度进行估计而已。

③ 误差是不确定度的基础。研究不确定度首先要对误差的性质、分类规律、相互关系及对测量结果的误差传递关系等有充分的认识和了解，才能更好地估计不确定度分量，正确得到测量结果的不确定度。用测量不确定度代替误差表示测量结果，易于理解、便于评定，具有合理性和实用性。

④ 不确定度只是对经典误差理论的一个补充。测量不确定度的内容不能包罗更不能取代传统的误差分析与数据处理等内容。测量不确定度是现代误差理论的内容之一，还有待进一步研究、完善与发展。

5. 自由度及其确定

（1）研究自由度的意义

因为不确定度是用标准差来表征的，所以不确定度的评定质量就取决于标准差的可信赖程度，而标准差的可信赖程度与自由度密切相关，自由度越大，标准差越可信赖。研究自由度的意义如图 3-2 所示。

| 不确定度的评定质量 | ↔ | 标准差的可信赖程度 | ↔ | 自由度 |

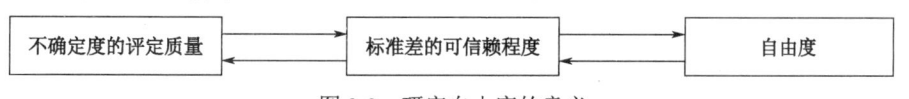

图 3-2 研究自由度的意义

因此，自由度的大小直接反映了不确定度的评定质量。

（2）自由度的计算方法

自由度是指在方差计算中，和的项数减去对和的限制数。当没有其他附加的约束条件时，"和的项数"即测量次数 n，而"对和的限制数"即被测未知量的个数 t，而自由度为测量次数与待测未知量个数之差，即 $v=n-t$。若除此之外还有 r 个约束条件，则自由度为 $v=n-t-r$。

① A 类评定的标准不确定度的自由度。

贝塞尔法：$v=n-1$。

合并样本标准差：若对被测量进行 m 组测量，每组测量中又包含了 n 组独立观察，则

$$v = \sum_{i=1}^{m} v_i = m(n-1)$$

极差法：极差法测量数据见表 3-2。

表 3-2　极差法测量数据

n	2	3	4	5	6
极差法	0.9	1.8	2.7	3.6	4.5
n	8	9	10	15	20
极差法	6.0	6.8	7.5	10.5	13.1

② B 类评定的标准不确定度的自由度。

$$v = \frac{1}{2\left(\dfrac{\sigma_u}{u}\right)^2}$$

式中：σ_u 为标准差；$\dfrac{\sigma_u}{u}$ 为相对标准差。

6. 合成标准不确定度

（1）定义

合成标准不确定度是指通过测量模型中各输入量的标准不确定度分量，按统计学方法（方差或协方差）计算得到的输入量的标准不确定度，用于表征测量结果的分散性。

（2）步骤

① 明确影响测量结果的多个不确定度分量。

② 确定各分量与测量结果的传递关系和它们之间的相关系数。

③ 给出各分量标准不确定度。

④ 按方和根法合成。

习　题

1. 请简述测量不确定度和误差的区别。
2. 请列举 3 个可靠性分析方法。

3．请简述故障树模型的适用对象。

参考文献

[1] BIROLINI A. Reliability Engineering: Theory and Practice[M]. Berlin：Springer，2014.

[2] 陆廷孝，郑鹏洲. 可靠性设计与分析[M]. 北京：国防工业出版社，1995.

[3] 邱卫宁. 测量数据处理理论与方法[M]. 武汉：武汉大学出版社，2008.

第 4 章

光学计量与测量

光学方法在计量与测量领域中占据了极其重要的地位，其包括的具体方法众多，涉及光度、辐射度、色度、材料光学特性和光电子等领域。

以光谱法为例，光谱法是利用物质与不同频率的光之间的相关作用来研究物质结构和性质的一种方法，是光学计量与测量的一种重要手段，通常利用光谱法研究物质的微观组成和微观结构。

4.1 光谱法基础知识

4.1.1 光谱法和光谱

不同频率的光与物质粒子的相互作用可以反映微观粒子的运动状态，这个过程与光的频率、物质粒子有关，其具体体现就是光谱。

图 4-1 为典型光谱图。通常所见的光谱图像为一条曲线，其横坐标一般为频率（ν）、波长（λ）或者能量（ΔE），纵坐标一般为辐射强度（I）、透射率 $\left(\dfrac{I}{I_0}\right)$ 或者吸光度 $\left[-\lg\left(\dfrac{I}{I_0}\right)\right]$。光谱图上通常会显示有多个峰，每个峰一般由微观粒子在两个能级之间的跃迁形成，是光与待测物质相互作用的结果，峰的位置（ν_1）、峰的半宽度（$\Delta \nu_1$）和峰的强度（I_1）可以用于物质的定性和定量分析。

当然，不同光谱横坐标一般可以相互转换，频率 ν、波数 σ、波长 λ、能量 ΔE 之间存在以下关系：

$$\lambda = \frac{c}{\nu}$$

$$\sigma = \frac{1}{\lambda} = \frac{\nu}{c}$$

$$\Delta E = h\nu$$

其中普朗克常量 $h = 6.626 \times 10^{-34} \, \text{J} \cdot \text{s}$，真空中光速 $c = 2.998 \times 10^{8} \, \text{m} \cdot \text{s}^{-1}$。由公式可以发现波数和能量与频率成正比，波长与频率成反比，如果横坐标以等间隔分布绝对频率，那么对应的波长间隔随频率增大而减小。需要注意的是，横坐标在频率和波长间转换一般会引起光谱曲线的形状变化。

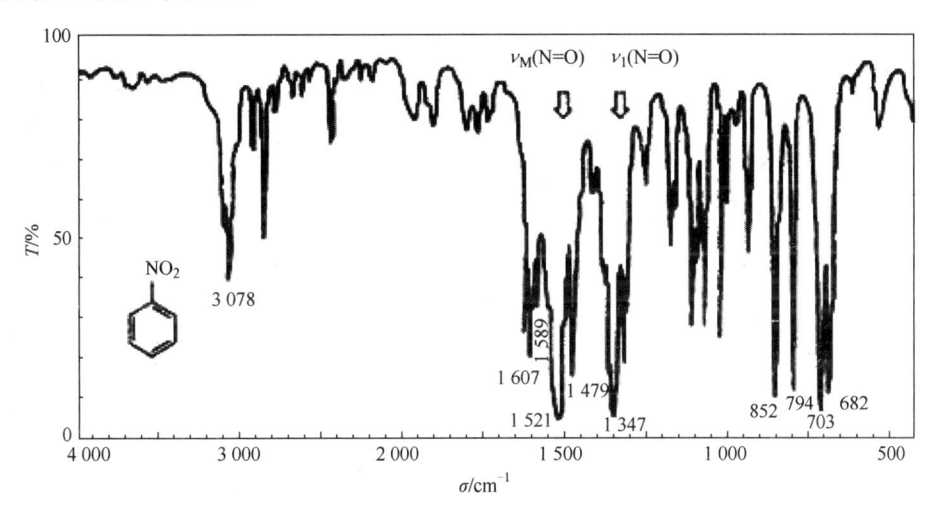

图 4-1 典型光谱图

电磁波按照频率从大到小的顺序排序，依次为 γ 射线、X 射线、紫外光、可见光、红外光、微波和无线电波这几个波段，在光谱法中不同波段的光通常来源于不同类型的能级跃迁，可以反映光和物质粒子的不同作用结果。一般来说，γ 射线由原子核能级之间的跃迁产生；X 射线由内层电子能级之间的跃迁产生；紫外光和可见光由外层电子能级之间的跃迁产生；近中红外光由分子振动能级之间的跃迁产生，远红外光和微波由分子转动能级之间的跃迁产生；无线电波主要由电子自旋和核磁共振能级之间的跃迁产生。

光谱法可以根据检测的光所处波段对光谱进行分类，同时也可以根据检测的光是由物质粒子吸收或者发射分为吸收光谱与发射光谱两类，根据检测对象是原子还是分子还可以分为原子光谱与分子光谱两类。例如，原子发射光谱，从名称可以了解到其检测对象为原子，所检测的光为原子发射的光；而分子荧光光谱，从名称可以了解到其检测对象为分子，所检测的光为荧光。因此，从不同的光谱名称中就能够获得很多信息。

4.1.2 光谱原理

光谱的产生是光与物质粒子相互作用的结果，光在传播过程中与物质发生相互作用可能会产生以下几种效应。

① 物质吸收光而使光的强度降低。

② 光被散射到各个方向，使原本传播方向上的光强度降低。
③ 光的波长发生改变。

由于物质粒子的能级结构，它会对光产生有选择性的吸收或者引起波长的特定变化，通过对光信号的探测，能够形成反映物质粒子和结构的特征光谱，这也就是为什么能够利用光谱进行物质鉴别和分析。

物质粒子的能级结构与粒子内部运动相关。分子是保持物质化学性质的最小粒子，它由原子构成，而原子是化学性质不可进一步分解的最小单位，一般包括若干个原子核与电子。

以氢原子为例，它只有一个电子绕核运动。原子能量并不是连续的，而是分立存在的，这些能量值称为能级。原子只能从一个能级跃迁到另外一个能级，并在这个过程中发射或吸收对应能级的能量，产生或吸收特定频率的光，这样就会在对应的光谱中形成亮线或暗线，因此原子光谱通常为线光谱，检测的特定光频率也称为特征谱线。因为每个原子都有自己的特征能级结构，所以利用光谱就能够分辨出不同原子。

实际上在电子绕核运动的同时，电子也在自旋，因为电子本身带负电，所以它在自旋过程中会产生磁场，该磁场和电子轨道运动产生的磁场将相互作用，引起附加的能量，也就是自旋-轨道耦合，往往会导致能级分裂，使光谱更复杂。

多电子原子的运动情况则比单电子原子复杂得多，不考虑核自旋，在多电子原子体系中存在以下3种情况。

① 各电子与原子核之间的静电相互作用。
② 各电子之间的静电相互作用。
③ 电子自旋与轨道之间的磁相互作用。

这些情况都会对原子能量产生影响，同时因为原子核本身带正电，所以原子核自旋也会产生相应磁矩，导致能级的进一步分裂。

相较于原子，分子的运动形式更为复杂，一般分为核运动和电子运动两类。核运动是指分子空间构型作为一个整体的运动或者变化，指分子平动和分子转动；电子运动指分子振动。分子平动是分子作为一个整体在空间 X、Y、Z 方向的运动；分子转动是分子作为一个整体根据某个轴进行转动；分子振动是分子中原子相对位置发生改变。其中，需要指出的是分子平动对能级没有贡献，对分子能级有贡献的包括电子运动以及核运动中的分子转动和分子振动，并且电子能量远大于振动能量，振动能量远大于转动能量。图 4-2 为分子能级结构示意图。

4.1.3 光谱测量

光谱是物质粒子与光的相互作用的具体体现，也就是说，这种相互作用会影响物质与光两方面。对光谱的测量通常包括两个过程——激发与探测，具体过程一般为先通过一定的方法，如光辐射、高温燃烧、电磁辐射、化学反应等激发包含物质粒子的样品，然后探测经过样品后的光信号光谱测量的基本方法。如图 4-3 所示。

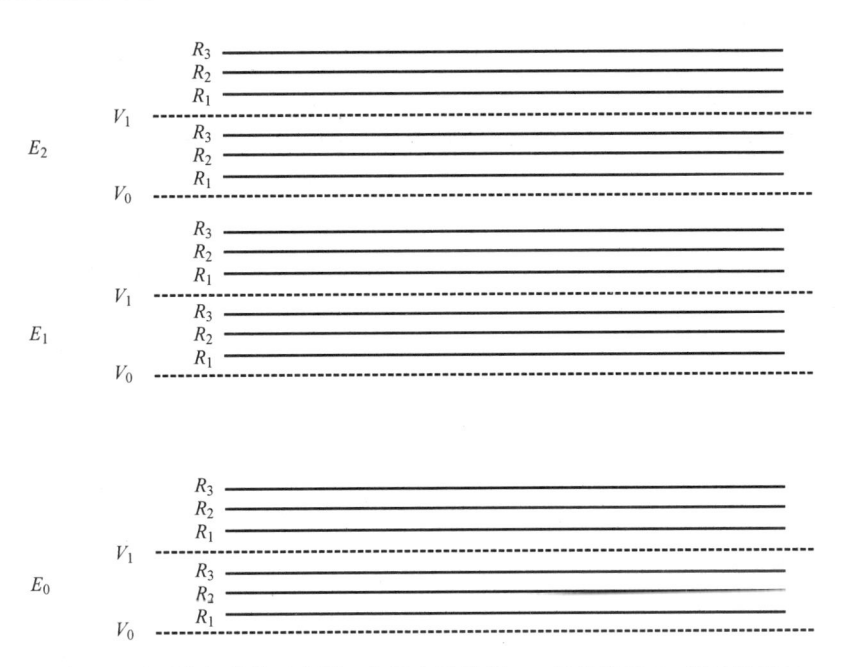

图 4-2　分子能级结构示意图，包括电子能级 E、振动能级 V、转动能级 R

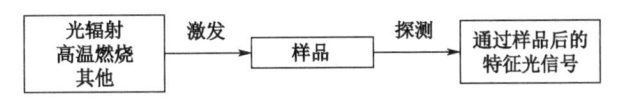

图 4-3　光谱测量的基本方法

根据检测到的特征光信号是由物质粒子吸收还是发射，可以将光谱分为吸收光谱与发射光谱两类。吸收光谱测量的是外部光通过样品后被样品影响后的光信号，测量的是样品对不同频率光的吸收，样品的能级结构决定了它能较强地吸收特定频率的光，特定频率的光的强度会有显著下降，证明了样品的吸收。发射光谱测量的是外部激发所导致的从样品发射出来的光信号，激发可以使样品分子或原子处于高能级，然后在向低能级跃迁的过程中向外发射特定频率的光，如荧光光谱、磷光光谱、拉曼光谱等都属于发射光谱。通常情况下，发射光谱所检测的特征光信号会存在与入射光频率不同的光信号，并且探测到的光信号出射方向会偏离入射激发光信号方向。图 4-4 为吸收光谱和发射光谱示意图。

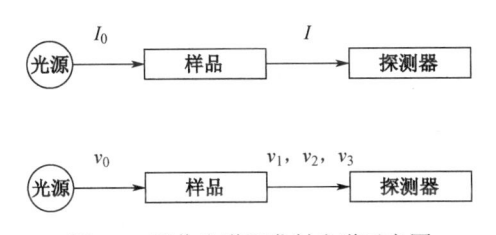

图 4-4　吸收光谱和发射光谱示意图

一般情况下，光谱测量系统都会包括光源、探测器、色散单元这三个部分。光源主要用于激发样品；探测器用于记录光信号；色散单元则是光谱系统中的核心部件，它的主要功能是把复色光分解为单色光,以便对特定频率的光信号进行记录,也可以称为单色器。实际的光谱系统还包括特定的样品池或样品室,以保证样品不受外界环境干扰。当然,实际情况下,光源和探测器等也会受到一定程度的干扰,所以一般情况下所接收到的光谱信号总是包含外部干扰信息。但是在已知外部干扰信息的情况下,所测得的光谱信号也可能包含待测样品更多的信息。图4-5为光谱检测系统结构示意图。

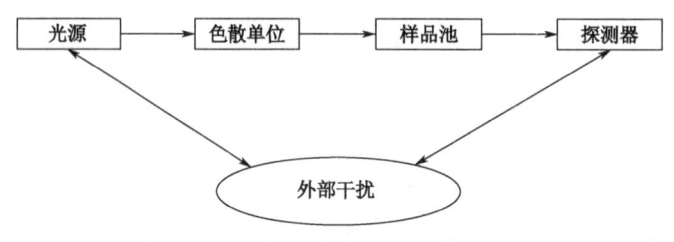

图 4-5　光谱检测系统结构示意图

例题 4.1.1　解释下列名词。
(1) 原子光谱与分子光谱。
(2) 发射光谱与吸收光谱。
答：(1) 原子光谱：由原子能级之间跃迁产生的光谱称为原子光谱。分子光谱：由分子能级之间跃迁产生的光谱称为分子光谱。
(2) 发射光谱：处于激发态的离子回到低能级或基态时,以光的形式释放能量产生的光谱称为发射光谱。吸收光谱：物质对光辐射选择性吸收而得到的光谱称为吸收光谱。

4.2　原子发射光谱

4.2.1　形成机理

原子发射光谱(Atomic Emission Spectrometry,AES)是由原子从高能态向低能态跃迁时,以光的形式向外释放能量所产生的。原子发射光谱通常用于元素分析,由于原子通常处于基态,因此要形成光子发射,首先需要通过外部激发把原子搬运到高能级上,之后才能向低能级跃迁以发射光子。

原子激发过程一般采用电火花放电、电感耦合等离子体放电、辉光放电等方式,首先激发原子到高能级,然后在激发态返回低能态或基态过程中以光的形式释放能量,形成原子发射谱线,不同的原子具有不同的原子结构,产生的光谱线具有特征性,也称为特征谱线,因此可以应用于元素分析。

实际在原子发射光谱中,待测物质首先获得能量,被蒸发为气体分子,气体分子进一步获得能量,被解离为原子,原子在获得能量被激发后,其外层电子也就从基态跃迁至激发态,如果再进一步获得能量,那么电子将脱离原子束缚成为自由电子,原子也被电离成离子(如图4-6所示)。待测物质经过上述过程后,将形成含有分子、原子、离子、电子等粒子的气态混合物。整个集合体宏观上呈电中性,处于类似等离子体的状态。

待测物 →蒸发→ 气体分子 →原子化→ 原子 →激发→ 激发原子 →电离→ 离子

图 4-6　待测物激发过程

在原子发射光谱中使用的光源主要有火焰、电弧、电火花、电感耦合等离子体、辉光放电等。以电弧和电火花光源为例,利用电极之间发生的电弧或者电火花所产生的能量使样品蒸发、原子化并激发,从而发射出元素的特征谱线。但是因为这两种光源存在不稳定性,而且光源本身背景光谱较大,对特征谱线辨别存在不利影响,所以难以用于定量分析。

不同元素因为原子结构不同,产生的光谱线具有特征性,所以称为特征谱线。在原子发射光谱分析中,还存在共振线、灵敏线、最后线和分析线等关键概念。

正常情况下原子处于稳定的能量最低状态称为基态。原子的外层电子获得能量后,从基态跃迁到高能级上,处于这种状态的原子称为激发态。激发态也有多个,能级由低到高,依次称为第一激发态、第二激发态等。处于激发态的原子很不稳定,在极短的时间内便能跃迁到基态或低能态而产生发射光谱线。通常把从激发态跃迁到基态的谱线称为共振线;把从第一(最低)激发态跃迁到基态产生的谱线称为第一共振线,简称第一共振线。一般情况下第一共振线具有最小的激发电位,因此最容易被激发,为该元素最强的谱线,也是波长最长的谱线,共振线多指第一共振线。

第一共振线的产生,是由于电子跃迁到低能级时,以一定波长的光的形式释放出能量。因为通常第一共振线最容易发生、能量最小,所以也称为灵敏线,例如,Mg 的共振线就是第一共振线,也是灵敏线。灵敏线是指一些元素激发电位低、强度较大的谱线,多为共振线。最后线是指当样品中待测元素的含量逐渐减少时,最后仍能观察到的几条谱线,它也是该元素的最灵敏线。进行分析时所使用的谱线称为分析线,因为共振线是最强的谱线,所以在没有其他谱线干扰的情况下,通常选择共振线作为分析线。

对于原子发射光谱,一般情况下原子由某一激发态 i 向基态或较低能级跃迁发射光谱线的强度,与激发态原子数成正比关系。在激发光源高温条件下,温度一定,处于热力学平衡状态时,单位体积基态原子数 N_0 与激发态原子数 N_i 之间遵守玻尔兹曼分布定律:

$$N_i = N_0 \frac{g_i}{g_0} e^{-\frac{E_i}{kT}}$$

式中:g_i、g_0 为激发态与基态的统计权重;E_i 为激发能;k 为玻尔兹曼常数;T 为激发温度。

原子的外层电子在 i、j 两个能级之间跃迁,其发射谱线强度 I_{ij} 为

$$I_{ij} = N_i A_{ij} h \nu_{ij}$$

式中:A_{ij} 为两个能级间的跃迁概率;h 为普朗克常数;ν_{ij} 为发射谱线的频率。代入可得

$$I_{ij} = \frac{g_i}{g_0} A_{ij} h \nu_{ij} N_0 e^{-\frac{E_i}{kT}}$$

可见,影响谱线强度的因素包括以下几点。

① 统计权重。谱线强度与激发态和基态的统计权重之比 $\frac{g_i}{g_0}$ 成正比关系。

② 跃迁概率。谱线强度与跃迁概率成正比关系，跃迁概率是一个原子于单位时间内在两个能级间跃迁的概率，可通过实验数据计算得出。

③ 激发能。谱线强度与激发能呈负指数关系。在温度一定时，激发能越高，处于激发状态的原子数越少。谱线强度就越小。

④ 激发温度。温度升高，谱线强度增大。但温度过高，电离的原子数目也会增多，而相应的原子数会减少，致使原子的谱线强度减弱，离子的谱线强度增大。不同谱线各有其最合适的激发温度，在最佳温度时，谱线强度最大，谱线强度与激发温度的关系如图 4-7 所示。

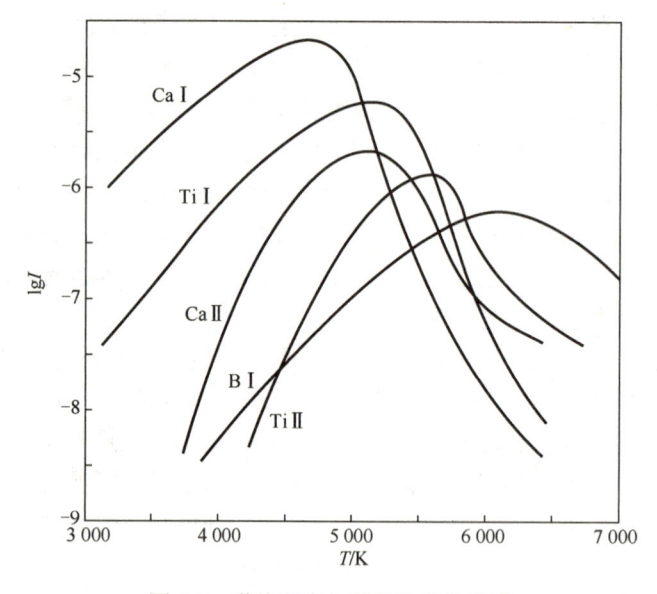

图 4-7 谱线强度与激发温度的关系

⑤ 基态原子数。谱线强度与基态原子数成正比关系。在一定条件下，基态原子数与试样中该元素浓度成正比关系。因此，在一定的实验条件下，谱线强度与被测元素浓度成正比关系，这是光谱定量分析的依据。

对某一谱线来说，$\dfrac{g_i}{g_0}$、跃迁概率、激发能是恒定值。当温度一定时，该谱线强度 I 与被测元素浓度 c 成正比关系，即

$$I = ac$$

式中：a 为比例常数。当考虑到谱线自吸时，上式可表达为

$$I = ac^b$$

式中：b 为自吸系数，随被测元素浓度增加而减小，当元素浓度很低时无自吸，则 $b=1$。这也是原子发射光谱定量分析的基本关系式。

这里提到的"自吸"，也就是等离子体存在的自吸自蚀现象，等离子体是以气态形式存在的包含分子、离子、电子等粒子的整体电中性集合体，也就是说等离子体内温度和原子浓度的分布可能不均匀，中间的温度、激发态原子浓度高，边缘反之。

自吸：中心发射的辐射被边缘的同种基态原子吸收，使辐射强度降低的现象。

自蚀：元素浓度低时，不出现自吸。随着浓度增加，自吸越来越严重，当达到一定值时，谱线中心被完全吸收，呈现两侧有峰、中间凹陷的"双线"结构，这种现象称为自蚀。

4.2.2 原子发射光谱的应用

原子发射光谱在钢铁、有色金属、稀土材料、岩石矿物、石油化工等行业的成分分析上具有广泛应用，甚至已经成为标准检测方法。比如，我国国家标准 GB/T 4336—2016《碳素钢和中低合金钢 多元素含量的测定 火花放电原子发射光谱法（常规法）》是常规钢铁产品及普通商品钢材检验的通用方法；行业标准 YS/T 482—2022《铜及铜合金分析方法 火花放电原子发射光谱法》规定了铜和铜合金的常规方法；GB/T 24234—2009《铸铁 多元素含量的测定 火花放电原子发射光谱法（常规法）》为铸铁中多种元素含量的常规检验方法。

原子发射光谱还可以对食品中的营养元素、有害元素、微量元素进行测定。在测量前需要将食品溶解成透明清亮的液体，该过程要求不能污染食品，也不能损失试样。典型的原子发射光谱如图 4-8 所示。

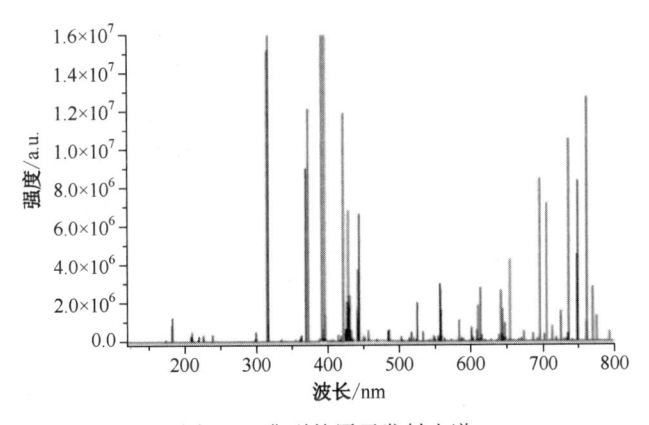

图 4-8 典型的原子发射光谱

以 GB/T 4336—2016《碳素钢和中低合金钢 多元素含量的测定 火花放电原子发射光谱法（常规法）》为例，其原理是将制备好的块状样品在火花光源的高压放电作用下与对电极间产生瞬时高温，在高温和惰性气氛中产生等离子体。被测元素的原子被激发时，电子在原子内不同能级间跃迁，当由高能级向低能级跃迁时产生特征谱线，测量选定的分析元素和内标元素特征谱线的光谱强度。根据样品中被测元素谱线强度（或强度比）与浓度的关系，通过校准曲线可以计算被测元素的含量。各元素的测定范围见表 4-1。

表 4-1 各元素的测量定范围

元素	测定范围（质量分数）/%
C	0.03～1.3
Si	0.17～1.2
Mn	0.07～2.2
P	0.01～0.07
S	0.008～0.05
Cr	0.1～3.0

续表

元素	测定范围（质量分数）/%
Ni	0.009~4.2
W	0.06~1.7
Mo	0.03~1.2
V	0.1~0.6
Al	0.03~0.16
Ti	0.015~0.5
Cu	0.02~1.0
Nb	0.02~0.12
Co	0.004~0.3
B	0.000 8~0.011
Zr	0.006~0.07
As	0.004~0.014
Sn	0.006~0.02

原子发射光谱分析法的特点如下。

① 可同时检测多种元素，各元素同时发射各自的特征光谱。

② 分析速度快，试样无需处理，可同时对几十种元素进行定量分析（光电直读仪）。

③ 选择性高，每种元素因其原子结构不同，发射各自不同的特征光谱。这种谱线的差异，对于分析一些化学性质极为相似的元素具有特别重要的意义。例如，铌和钽、锆和铪以及十几种稀土元素用其他方法分析都很困难，而使用原子发射光谱分析法可以毫无困难地将它们区分开来，并分别加以测定。

④ 检出限较低，一般光源可达 0.1~10 ug/mL，电感耦合等离子体（ICP）光源可达 ug/mL 级。

⑤ 准确度较高，一般光源的相对误差约为 5%~10%，而 ICP 的相对误差可达 1%以下。

⑥ 应用广泛，不论气体、固体和液体样品，都可以直接激发，试样消耗少。

⑦ 校准曲线线性范围宽。一般光源只有 1~2 个数量级，而 ICP 光源可达 4~6 个数量级。

原子发射光谱分析法的缺点，常见的非金属元素如氧、硫、氮等的谱线在远紫外区，目前一般的光谱仪无法检测；还有一些非金属元素如磷、硒、碲等，因为其激发能高，所以灵敏度较低。

例题 4.2.1 原子发射光谱是如何产生的？

答：原子的外层电子由高能级向低能级跃迁，以光辐射的形式释放能量称为原子发射光谱。

例题 4.2.2 请解释什么是谱线的自吸和自蚀。

答：自吸是指检测中心的元素发射的辐射被边缘的同种低能态原子吸收，使辐射强度降低的现象。自蚀是指元素浓度低时，不出现自吸，但随浓度增加，自吸现象越来越严重，当达到一定值时，谱线中心被完全吸收，呈现两侧有峰、中间有凹陷的"双线"结构，这种现象称为自蚀。

例题 4.2.3 原子发射光谱中，激发光源的作用是什么？

答：激发光源的作用是提供试样蒸发、解离和激发所需要的能量，并产生光辐射信号。

4.3 原子吸收光谱

4.3.1 形成机理

吸收光谱按照检测物质粒子对象可分为原子吸收光谱和分子吸收光谱，原子吸收光谱主要针对元素成分分析，分子吸收光谱主要用于分子结构解吸。原子吸收光谱是基于气态基态原子的外层电子对紫外光和可见光范围内特定原子共振辐射线的选择性吸收，通过测量吸光度来定量被测元素含量的分析方法。它是 20 世纪 50 年代中期出现并在以后逐渐发展起来的一种新型的仪器分析方法，在地质、冶金、机械、化工、农业、食品、轻工、生物医药、环境保护、材料科学等领域有广泛的应用，主要适用于样品中微量及痕量组分分析。

当处于基态的物质原子获得能量为 $h\nu$ 的光辐射，且恰好等于由基态跃迁到激发态所需能量时，基态原子吸收该光辐射，形成原子吸收光谱。其中，原子由基态直接跃迁至激发态所产生的谱线称为共振线，由基态跃迁至第一激发态所产生的谱线称为第一共振线或共振线。一般来说，原子吸收光谱的共振吸收线位于光谱的紫外区和可见光区。

原子能级是量子化的，因此在所有的情况下，原子对辐射的吸收都是有选择性的。因为各元素的原子结构和外层电子的排布不同，元素从基态跃迁至第一激发态时吸收的能量也不同，所以各元素的共振吸收线具有不同的特征。

通过原子发射光谱得知，每一种元素的原子可以发射一系列特征谱线，同样也可以吸收与发射线波长相同的特征谱线。当光源发射的某一特征波长的光通过原子蒸气时，即入射辐射的频率等于原子中的电子由基态跃迁到较高能态所需要的能量频率时，原子中的外层电子将选择性地吸收其同种元素所发射的特征谱线，使入射光减弱。特征谱线因吸收而减弱的程度称为吸光度（A），与被测元素的含量成正比。

当然，原子吸收光谱也符合吸收定律，当一束平行的单色光通过某一均匀的样品时，样品的吸光度 A 与浓度 c 和光程 b 的乘积成正比。

$$A = \lg \frac{I_0}{I} = -\lg T = \varepsilon bc$$

式中：I_0 为入射光强；I 为经过样品后的光强；T 为透射率；ε 为比例常数，与待测物质特性有关。

假设浓度 c 的单位为 cm^{-3}（一般表示气体浓度，即单位体积内的分子或原子数目），此时 ε 称为吸收截面，其单位为 cm^{-2}。根据计算可以得到所测试样的吸光度，对照已知浓度的标准系列曲线可以进行定量分析。

一束不同频率强度为 I_0 的平行光通过厚度为 l 的原子蒸气，一部分光被吸收，透过光的强度 I_ν 根据吸收定律可以得到

$$I_\nu = I_0 \cdot e^{-K_\nu l}$$

式中：K_ν 是基态原子对频率为 ν 的光的吸收系数而不是常数。由于原子吸收光谱线中的任何谱线并非都是没有宽度的几何线，而是有一定频率和波长宽度的，即有一定的宽度，也就是说，谱线是有轮廓的。

中心波长由原子能级决定。半宽度是指在吸收光谱轮廓的中心波长处，吸收系数降为最大值一半时的两点之间的频率差或波长差（如图 4-9 所示），半宽度受很多实验因素的影响。影响原子吸收谱线轮廓的因素有多种，这里主要介绍多普勒变宽和碰撞变宽两个因素。

（1）多普勒变宽

多普勒变宽是指由原子热运动引起的谱线变宽，也称热变宽，是谱线变宽的主要原因。从物理学中可知，从一个运动着的原子发出的光，如果运动方向离开观测者，那么在观测者看来，其频率较静止原子发出的光的频率低；如果原子向着观测者运动，那么其频率较静止原子发出的光的频率高。

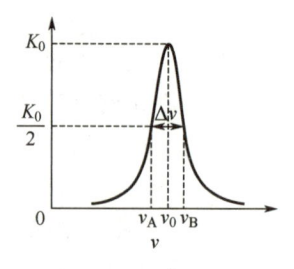

图 4-9 吸收光谱的轮廓图

在原子吸收光谱分析中，气态原子处于无序热运动中，相对于探测器而言，各发光原子有着不同的运动分量，即使每个原子发出的光是频率相同的单色光，但探测器所接收的光的频率也略有不同，具体表现为谱线变宽。

（2）碰撞变宽

当待测样品中的原子浓度足够高时，碰撞变宽是不可忽略的。因为基态原子是稳定的，其寿命可视为无限长，所以对原子吸收测定所常用的共振吸收线而言，谱线宽度仅与激发态原子的平均寿命有关，平均寿命越长，谱线宽度越窄。原子之间相互碰撞导致激发态原子平均寿命缩短，引起谱线变宽。碰撞变宽分为两种，即赫鲁兹马克变宽和洛伦兹变宽。

① 赫鲁兹马克变宽是指被测元素激发态原子与基态原子同种原子相互碰撞引起的谱线变宽，又称共振变宽或压力变宽。在通常的原子吸收测定条件下，共振变宽效应不是原子吸收线变宽的主要因素，可以不予考虑。

② 洛伦兹变宽是指被测元素的原子与其他元素的原子相互碰撞引起的变宽。洛伦兹变宽会随待测样品原子蒸气的压力增大和温度升高而增大，与多普勒变宽具有相同的数量级，这也是谱线变宽的主要因素。

除上述因素外，引起谱线变宽的还有其他一些因素，如场致变宽、自吸变宽等。但在一般的原子吸收光谱实验条件下，吸收线的轮廓主要受多普勒变宽和洛伦兹变宽的影响。在 2 000～3 000 K 的温度范围内，原子吸收光谱线的宽度为 10^{-3}～10^{-2} nm。

原子吸收光谱的测量一般有积分吸收法与峰值吸收法两种。

积分吸收：在吸收线轮廓内，吸收系数的积分称为积分吸收系数，简称为积分吸收，它表示吸收的全部能量。从理论上可以得出，积分吸收与原子蒸气中吸收辐射的原子数成正比。

峰值吸收：澳大利亚物理学家瓦尔什（Walsh）在 1955 年指出，在温度不太高的稳定火焰条件下，峰值吸收系数与火焰中被测元素的原子浓度成正比，用测量峰值吸收代替积分吸收。吸收线中心波长处的吸收系数 K_0 为峰值吸收系数，简称峰值吸收。峰值吸收的测定是至关重要的，在分子光谱中，光源都是使用连续光谱的，而连续光谱的光源很难测准峰值吸收。对此，瓦尔什还提出使用锐线光源测量峰值吸收，从而解决了原子吸收的实用测量问题。

锐线光源是指发射线半宽度远小于吸收线半宽度的光源，如空心阴极灯。在使用锐线光源时，光源发射线的半宽度很小，并且发射线与吸收线的中心频率一致。这时发射线的轮廓可看作一个很窄的矩形，即峰值吸收系数 K_v 在此轮廓内不随频率而改变，吸收只限于发射线轮廓内。这样，一定的 K_0 即可测出一定的原子浓度。

4.3.2 原子吸收光谱仪的典型结构

1. 结构

原子吸收光谱仪通常包括光源、原子化器、色散单元、探测器，其典型结构如图 4-10 所示。

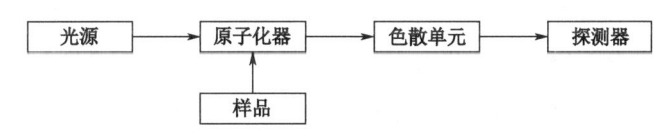

图 4-10 原子吸收光谱仪的典型结构

（1）光源

光源的功能是发射被测元素的特征共振辐射。对光源的基本要求如下。

① 发射的共振辐射的半宽度要明显小于吸收线的半宽度。

② 辐射强度大。

③ 背景低，低于特征共振辐射强度的 1%。

④ 稳定性好，30 分钟之内漂移不超过 1%。

⑤ 噪声小于 0.1%。

⑥ 使用寿命长于 5 A·h。

（2）原子化器

原子化器的功能是提供能量，使试样干燥、蒸发和原子化。在原子吸收光谱分析中，试样中被测元素的原子化是整个分析过程的关键环节。实现原子化的方法，常用的有以下两种。

① 火焰原子化法，使用火焰原子化器是原子光谱分析中最早的原子化方法，至今仍被广泛应用。

② 非火焰原子化法，非火焰原子化法中应用最广的是石墨炉电热原子化法。

（3）色散单元

色散单元由入射和出射狭缝、反射镜和色散元件组成，其作用是将所需要的共振吸收线分离出来。色散单元的关键部件是色散元件，商品仪器都是使用光栅。原子吸收光谱仪对分光器的分辨率要求不高，曾以能分辨镍三线 Ni230.003 nm、Ni231.603 nm、Ni231.096 nm 为标准，后采用 Mn279.5 nm 和 Mn279.8 nm 代替镍三线来检定分辨率。光栅放置在原子化器之后，可以阻止其他频率的光辐射进入探测器。

（4）探测器

目前原子吸收光谱仪中广泛使用的探测器是光电倍增管，一些仪器也采用CCD（Charge Coupled Device，电荷耦合器件）作为信号探测器。

2. 干扰

在实际工作中，原子吸收光谱也存在外部干扰，下面介绍几种原子吸收光谱中主要存在的外部干扰。

（1）物理干扰

物理干扰是指试样在转移、蒸发过程中的任何物理因素变化而引起的干扰效应。属于这类干扰的因素有试液的黏度、溶剂的蒸气压、雾化气体的压力等。物理干扰是非选择性干扰，对试样各元素的影响基本是相似的。

常用的消除物理干扰的方法是配制与被测试样相似的标准样品，在不知道试样组成或无法匹配试样时，可采用标准加入法或稀释法来减轻和消除物理干扰。

（2）化学干扰

化学干扰是指待测元素与其他组分之间发生化学作用所引起的干扰效应，主要影响待测元素的原子化效率，是原子吸收分光光度法中的主要干扰来源。它是由液相或气相中被测元素的原子与干扰物质组成之间形成的热力学更稳定的化合物，从而影响被测元素化合物的解离及其原子化。

消除化学干扰的方法有化学分离、使用高温火焰、加入释放剂和保护剂、使用基体改进剂等。

（3）电离干扰

电离干扰是指在高温下原子电离，使基态原子的浓度降低，引起原子吸收信号降低的干扰效应。电离干扰随温度升高、电离平衡常数增大而增大，随被测元素浓度增高而减小。若加入更易电离的碱金属元素，则可以有效地消除电离干扰。

（4）光谱干扰

光谱干扰包括谱线重叠、光谱通带内存在非吸收线、原子化池内的直流发射、分子吸收、光散射等。当使用锐线光源和交流调制技术时，前三种因素一般可以不予考虑，主要考虑分子吸收和光散射的影响，它们是形成光谱背景的主要因素。

（5）分子吸收干扰

分子吸收干扰是指在原子化过程中生成的气体分子、氧化物及盐类分子对辐射吸收引起的干扰。光散射是指在原子化过程中产生的固体微粒对光产生散射，使被散射的光偏离光路而不被检测器所检测到，导致吸光度值偏高。

在光谱定量分析的实际应用中，往往需要针对一种或几种元素，判定其含量是否超过一定标准。以GB/T 28021—2011《饰品 有害元素的测定 光谱法》为例，该方法将需要测试的锑、砷、钡、铬、铅、汞和硒的溶出量的样品浸入一定浓度的盐酸溶液中2 h，模拟样品在被吞咽后与胃酸持续接触一段时间的条件。使用火焰原子吸收光谱法、电感耦合等离子体光谱法测定溶入盐酸溶液中的锑、砷、钡、铬、铅、汞和硒离子的浓度。再用原子吸收光谱测定不同浓度的标准溶液来获得不同浓度的光谱曲线，建立模型。实际测试中给出光谱曲线再对照标准曲线模型，就能够得到需要测量元素的浓度。

例题 4.3.1 解释下列名词。

（1）谱线变宽；（2）自然变宽；（3）多普勒变宽；（4）碰撞变宽。

答：（1）谱线变宽：由仪器或辐射源性质引起的谱线宽度增加。

（2）自然变宽：在无外界影响的情况下，谱线具有一定宽度，称为自然变宽。

（3）多普勒变宽：由于辐射原子处于无规则热运动状态，辐射原子与检测器形成相对唯一运动，使谱线变宽，称为多普勒变宽。

（4）碰撞变宽：原子之间相互碰撞导致激发态原子平均寿命缩短，引起谱线变宽，称为碰撞变宽。

例题 4.3.2 原子吸收光谱的原理和特点。

答： 原子吸收光谱是利用待测元素的基态原子对光辐射的特征吸收继续分析的方法。特点是准确度高、灵敏度高、测定元素范围广，可对微量试样连续测定，操作简便，分析速度快。

例题 4.3.3 简述原子吸收光谱仪的主要结构及其作用。

答：（1）光源：发射待测元素的共振辐射。

（2）原子化器：提供足够的能量，使试样干燥、蒸发和原子化，产生待测元素的基态自由原子。

（3）色散单元：分离谱线，把共振线和其他谱线分离开并聚焦到探测器上。

（4）探测器：接收信号，并将光信号转化为电信号用于后续处理分析。

4.4 原子荧光光谱

4.4.1 形成机理

荧光是一种光致发光，早在16世纪人们就在矿物中发现了荧光，随着对荧光本质认识的逐步深入，荧光光谱技术也在科学研究和技术应用中得到了长足发展。目前，荧光光谱已经广泛应用于生物、医学、化学、环境等领域。

荧光的产生包括吸收和发射两个过程，首先物质粒子吸收光子跃迁到激发态，然后由激发态回到基态或低能态，同时向各个方向发射出光子，所以荧光光谱也属于发射光谱。

荧光光谱包括原子荧光光谱和分子荧光光谱，这里介绍的是原子荧光光谱，是介于原子发射光谱法和原子吸收光谱法之间的光谱分析技术，所用仪器及操作技术与原子吸收光谱法相近。

当物质粒子吸收特定波长的光辐射时，从基态跃迁到激发态，但是处于激发态的物质粒子并不稳定。在条件合适的情况下，处于激发态的物质粒子会向外发射光子而重新回到基态，这样的发光过程就称为光致发光。光致发光可以发生在许多波长范围内，包括紫外可见光区、红外光区和X射线区。光致发光有荧光和磷光两种形式，其物理机制不同，能级跃迁过程如图4-11所示。

无辐射跃迁（激发态—第一电子激发态的最低能级）：当物质粒子吸收辐射激发到高能态后，在很短的时间内，它们首先会因相互碰撞而以热的形式损失一部分能量，从当前的能级下降至第一电子激发态的最低能级。

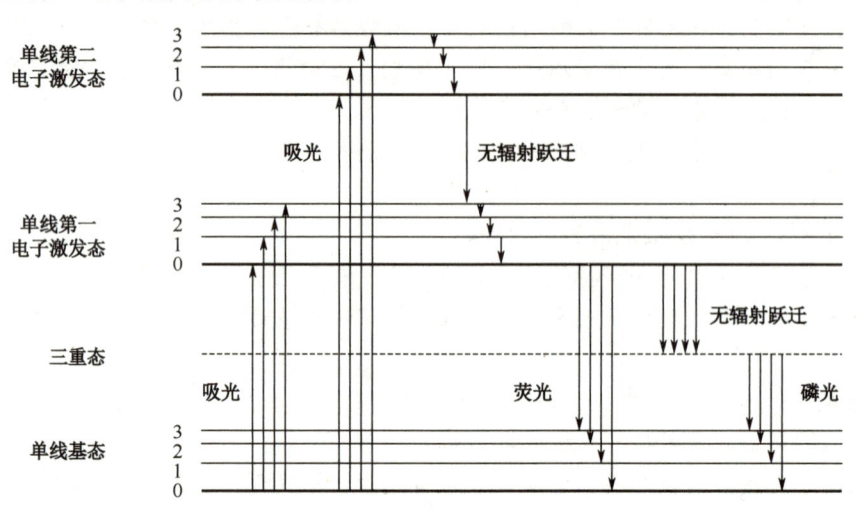

图 4-11 光致发光的能级跃迁示意图

荧光发射（第一电子激发态的最低能级—基态能级）：如果物质粒子从第一电子激发态的最低能级继续向下直接跃迁到基态能级，这时就会以光的形式释放能量，所发出的光就是荧光。

磷光发射（三重态—基态能级）：如果被激发的物质粒子不直接向下跃迁至基态能级，而是先无辐射跃迁至亚稳态的三重态，维持较长时间后再跃迁至基态能级，从三重态到基态能级的这个过程以光的形式所释放的能量就是磷光。

对于原子荧光光谱，可以简单地理解为当气态自由原子吸收了特征波长的辐射之后，原子的外层电子被激发到较高能态，接着又跃迁到基态或者较低能态，并以光辐射的形式释放能量就可以观察到原子荧光。具体的原子荧光一般可分为三类：共振原子荧光、非共振原子荧光与敏化原子荧光。

共振原子荧光：原子吸收能量受到激发后再发射相同波长的辐射，产生共振原子荧光，其原理如图 4-12 所示。若原子经热激发处于亚稳态，再吸收辐射被进一步激发，然后再发射相同波长的共振荧光，此种共振原子荧光就称为热助共振原子荧光，如 In451.13 nm。只有当基态是单一态且不存在中间能级，没有其他类型的荧光同时从同一激发态产生时，才能产生共振原子荧光。可以发现共振荧光的谱线

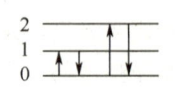

图 4-12 共振原子荧光原理示意图

与激发线波长相同，如锌原子吸收波长为 213.86 nm，它发射荧光波长也为 213.86 nm。

非共振原子荧光：当激发原子的辐射波长与受激原子发射的荧光波长不相同时，产生非共振原子荧光。非共振原子荧光包括直跃线荧光、阶跃线荧光与反斯托克斯荧光。

① 直跃线荧光是指激发态原子直跃迁到高于基态的亚稳低能态时所发射的荧光，如 Pb405.78 nm，其原理如图 4-13 所示。只有基态是多重态时，才能产生直跃线荧光。

② 阶跃线荧光是激发态原子先以非辐射形式去活化回到较低的激发态，再以辐射形式去活化回到基态而发射的荧光；或者是原子受辐射激发到中间能态，再经热激发到高能态，然后通过辐射形式去活化回到低能态而发射的荧光，其原理如图4-14所示。前一种阶跃线荧光称为正常阶跃线荧光，如 Na589.6 nm；后一种阶跃线荧光称为热助阶跃线荧光，如 Bi293.8 nm。

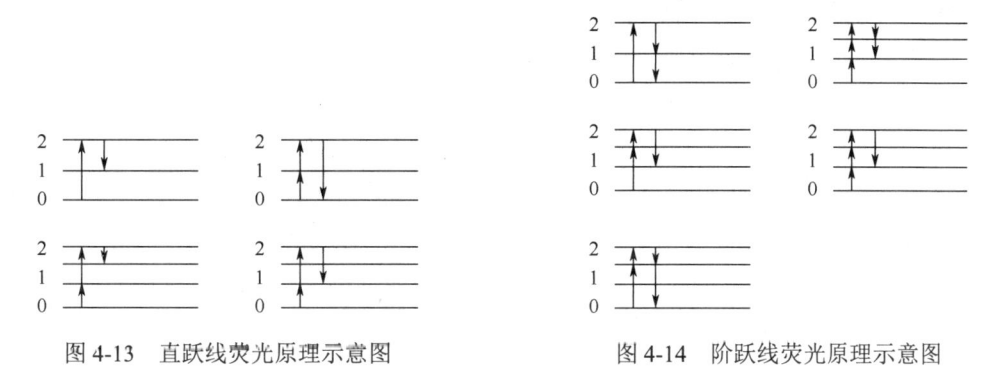

图 4-13　直跃线荧光原理示意图　　　图 4-14　阶跃线荧光原理示意图

③ 反斯托克斯荧光发射的荧光波长比激发辐射的波长短，如 In 410.18 nm。
敏化原子荧光：激发原子通过碰撞将其激发能转移给另一个原子使其激发，后者再以辐射形式去活化而发射荧光，此种荧光称为敏化原子荧光。火焰原子化器中的原子浓度很低，主要以非辐射形式去活化，因此观察不到敏化原子荧光。

4.4.2　原子荧光光谱仪的典型结构

原子荧光光谱仪通常包括光源、原子化器、色散单元、检测器这几个部分，与原子吸收光谱仪类似，其中光源是原子荧光光谱仪的重要组成部分，它的性能指标直接影响分析结果。

一般原子荧光光谱仪的激发光源要求有足够的辐射强度，在一定范围内，荧光的检出限与激发光源的强度成正比；发射线要求是同种元素的共振线，并且发射线带宽小于等于吸收线带宽；在光谱检测范围内无干扰谱线；辐射能量稳定性好，使用寿命长等。

从强度考虑，激光是荧光光谱仪中较为理想的激发光源，常用的荧光激光源包括氩离子激光器（488 nm，514.5 nm）、氦氖激光器（632.8 nm）等。常用的光源还有汞灯、氙灯、氘灯、碘灯和空心阴极灯。汞灯发射不连续光谱，根据外罩的材料吸收性可以选择性发射光，外罩为玻璃时主要发射谱线 365 nm，外罩为石英时主要发射谱线 253.7 nm。氙灯可以发射 250～700 nm 连续波段。可以发现荧光光谱仪的光源在保证物质粒子的激发下，可以是单色光，也可以是连续光。

例题 4.4.1　请解释原子荧光现象是原子吸收现象的逆过程。

答：原子吸收是基于基态原子对共振光的吸收，向激发态跃迁。原子荧光是处于激发态的原子向基态跃迁，并以光辐射形式失去能量而回到基态，而且这个激发态是基态原子对共振光吸收而跃迁得来的。

例题 4.4.2 简述原子荧光光谱仪的主要结构，以及其和原子吸收光谱仪的主要区别。

答：原子荧光光谱仪通常包括光源、原子化器、色散单元、检测器等，它和原子吸收光谱仪的主要区别在于光源不同。

4.5 紫外-可见光谱

4.5.1 基本概念

紫外-可见光谱也称为电子光谱，由物质分子外层电子的能级之间跃迁所产生，同时与不同电子能级下分子振动、分子转动等粒子内部运动所形成的能级相关，对分子结构解吸很有帮助。紫外-可见光谱是利用物质对紫外光和可见光的选择性吸收建立起来的一种分析方法，属于吸收光谱的一类。图 4-15 为紫外-可见光谱分子能级跃迁示意图。

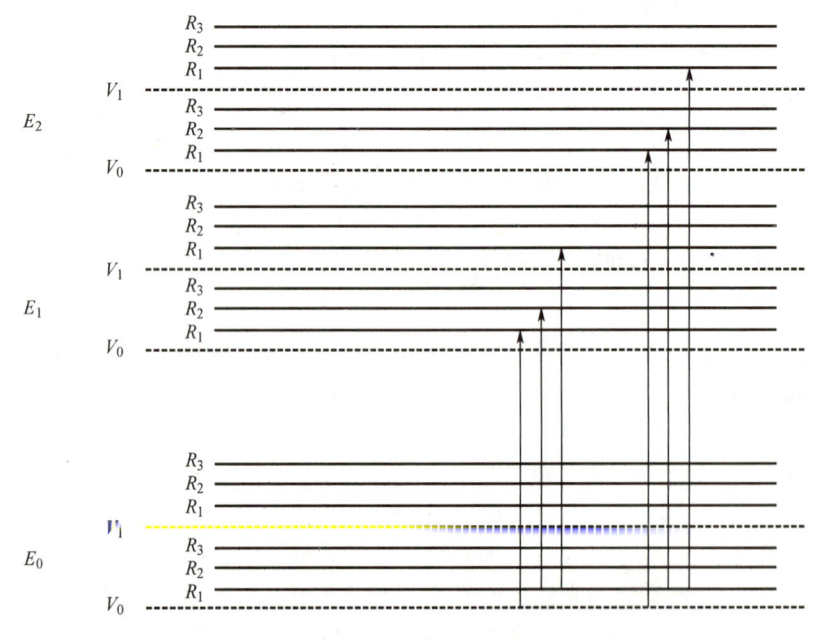

图 4-15 紫外-可见光谱分子能级跃迁示意图

紫外-可见光谱的光谱区域通常分为三个：10～200 nm 的远紫外光区、200～380 nm 的近紫外光区和 380～760 nm 的可见光区。远紫外光区的光信号探测相对较为困难，实际使用较少。

在紫外-可见光谱分析中，吸光度最大处对应的波长称为最大吸收波长 λ_{max}，最大吸收波长 λ_{max} 处的摩尔吸光系数表示为 ε_{max}，称为最大摩尔吸光系数。

不同物质的吸收曲线和最大吸收波长不同，因此可以利用吸收曲线进行物质鉴别。不同浓度的同一物质吸收光谱相似，最大吸收波长位置基本不变，但是吸光度会随浓度的增大而增大，所以利用吸收曲线也可以进行定量分析，最大吸收波长和吸光度随浓度变化的曲线如图 4-16 所示。一般而言，最大吸收波长位置的吸光度随浓度变化的灵敏度最高，所以在定量分析时通常选择最大吸收波长 λ_{max}。

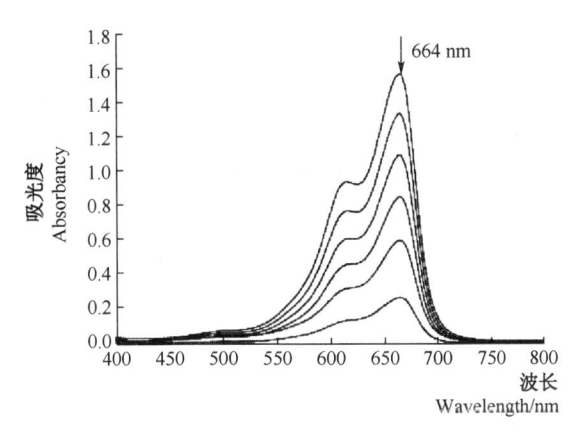

图 4-16 最大吸收波长和吸光度随浓度变化曲线

目前，紫外-可见光谱的应用场景十分广泛。医院常规化验中，95%的定量分析使用紫外-可见光谱；化学反应过程研究，如平衡常数测量也较多用到紫外-可见光谱；基于紫外-可见光谱技术的水质检测仪器目前也比较成熟。

4.5.2 形成机理

上面提到紫外-可见光谱由电子能级跃迁产生，电子能级轨道跃迁如图 4-17 所示，在有机和无机化合物中具体来源如下。

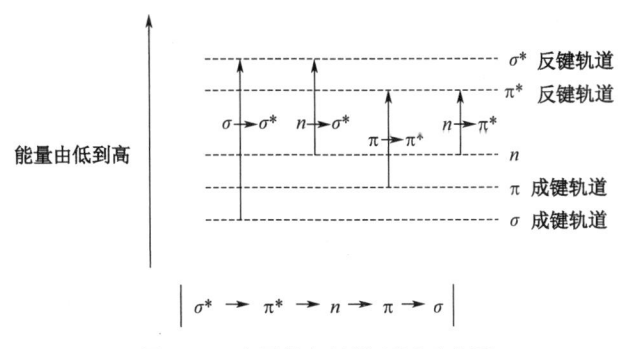

图 4-17 电子能级轨道跃迁示意图

1. 有机化合物的紫外-可见光谱

从化学键的角度考虑，与有机化合物的紫外-可见光谱相关的电子有：形成 π 单键的 σ 电子，形成双键的 π 电子和未成键的 n 电子，单键和双键的电子轨道又可以分为成键轨道和反键轨道。

成键轨道：波函数线性相加，核间电子概率密度大。

反键轨道：波函数线性相减，核间电子概率密度小，通常用"*"号表示该电子位于反键轨道。

各电子轨道能级能量的高低次序为：$\sigma^* > \pi^* > n > \pi > \sigma$，但并不是任意两个电子能级之间的跃迁都是允许的，只有 $\sigma \to \sigma^*$、$n \to \sigma^*$、$\pi \to \pi^*$、$n \to \pi^*$ 这四种电子能级跃迁是允许的（见表4-2）。

表4-2 四种电子能级跃迁的波长范围和化合物特征

跃迁类型	波长范围	化合物特征
$\sigma \to \sigma^*$	<170 nm，远紫外	饱和有机化合物 甲烷——125 nm
$n \to \sigma^*$	<200 nm，远紫外	含S、N、O等杂原子的饱和有机烃衍生物 一氯甲烷
$\pi \to \pi^*$	强吸收带 1个双键 150~200 nm 共轭会导致吸收增强、波长增大	不饱和有机化合物 乙烯——185 nm
$n \to \pi^*$	弱吸收带 近紫外至可见光	含有杂原子的不饱和烃衍生物

最有用的紫外-可见光吸收由上述跃迁类型中的 $\pi \to \pi^*$、$n \to \pi^*$ 产生，而它们都与不饱和键相关，所以通常把能够在紫外-可见光波段产生特征吸收的含有一个或多个不饱和键的基团称为生色团。常见生色团有：—C=C—、—C=O、—C=N、—N=N—等。

在有机化合物中还有另一种基团，它们本身不能在紫外-可见光波段产生特征吸收，但是能够使生色团的吸收峰向长波方向移动，并且提高吸收峰的吸收强度，它们被称为助色团。助色团一般为含有杂原子的饱和基团，常见助色团有：—OH—、—OR、—NH—、—NH$_2$—、—X 等。

除助色团外，引入其他取代基或者改变溶剂都有可能使最大吸收波长和吸收强度发生改变。最大吸收波长朝长波方向移动称为红移，反之为蓝移；吸收强度增强称为增色，反之为减色。红移、蓝移、增色、减色如图4-18所示。

2. 无机化合物的紫外-可见光谱的来源

某些无机化合物受到光辐射时，也会在紫外-可见光波段产生吸收，主要有电荷迁移跃迁、配位体场跃迁两种形式。

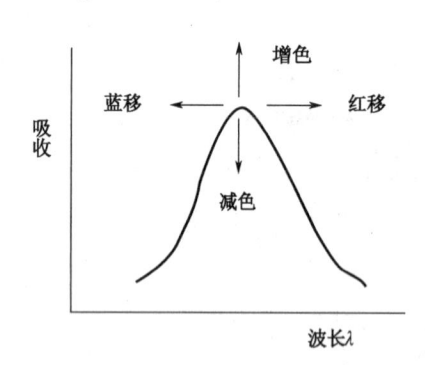

图4-18 红移、蓝移、增色、减色示意图

电荷迁移跃迁是指给体电子向受体电子轨道跃迁，导致一个电子能级跃迁到另一个电子能级，从而发生吸收或发射。通常在近紫外光区，吸收强度大，灵敏度高。配位体场跃迁是指过渡金属离子处在配位体形成的负电场中时，电子轨道会分裂成能量不同的轨道，在外来辐射的激发下电子会从低能量轨道跃迁到高能量轨道，通常在可见光区，吸收弱，对定量分析作用不大。

4.5.3 影响紫外-可见光谱的因素

1. 共轭效应

两个或两个以上的双键通过单键连接时会产生共轭效应。共轭效应会使分子更稳定，内能更小，光谱曲线会发生红移、增色。随着双键数目 n 的增加，吸收曲线的 λ_{max} 和 ε_{max} 逐渐增大。共轭多烯烃$(CH_2\!=\!CH)_n^-$的 $\pi\to\pi^*$ 跃迁见表 4-3。

表 4-3 共轭多烯烃$(CH_2\!=\!CH)_n^-$ 的 $\pi\to\pi^*$ 跃迁

n	1	2	3	4	5	6
λ_{max}/nm	180	217	268	304	334	364
ε_{max}	10 000	21 000	34 000	64 000	121 000	138 000

2. 空间阻碍效应

当取代基较大时，分子共面性会变差，从而形成空间阻碍，破坏共轭体系，这会导致蓝移和减色。有取代基的二苯乙烯化合物的 $\pi\to\pi^*$ 跃迁见表 4-4。

表 4-4 有取代基的二苯乙烯化合物的 $\pi\to\pi^*$ 跃迁

R	H	H	CH_3	CH_3	C_2H_5
R'	H	CH_3	CH_3	C_2H_5	C_2H_5
λ_{max}/nm	294	272	243.5	240	237.5
ε_{max}	27 600	21 000	12 300	12 000	11 000

3. 取代基

取代基分为给电子基和吸电子基，给电子基有未共用电子对，可以增加电子流动性，降低体系能量，造成吸收光谱红移。吸电子基能吸引电子，增加电子流动性，造成吸收光谱红移，增加吸收强度。

给电子基给电子能力由大到小：

$$—N(C_2H_5)_2 > —N(CH_3)_2 > —NH_2 > —ON > —OCH_3 > —NHCOCH_3 >$$
$$—OCOCH_3 > —CH_2CH_2COOH > —H$$

吸电子基吸电子能力由大到小：

$$—N^+(CH_3)_3 > —NO_2 > —SO_3H > —COH > —COO > —COOH >$$
$$—COOCH_3 > —CL > —Br — I$$

4. 溶剂

溶剂的极性（共价键电荷分布不均匀性）会导致吸收曲线形状和最大吸收波长偏移，溶剂对吸收曲线的影响如图 4-19 所示。极性会导致 $n\to\pi^*$ 跃迁蓝移，$\pi\to\pi^*$ 跃迁红移，在紫外-可见光谱图中一般需标记溶剂。典型的极性溶剂见表 4-5。

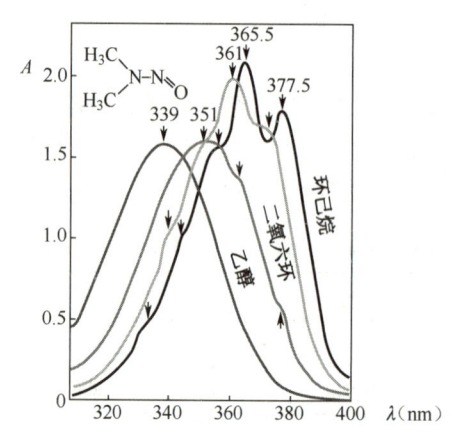

图 4-19 溶剂对吸收曲线的影响

表 4-5 典型的极性溶剂

溶剂	极性值	溶剂	极性值	溶剂	极性值	溶剂	极性值
异戊烷	0.00	四氯化碳	1.6	丁醇	3.9	氯仿	4.4
正戊烷	0.00	三氯三氟代乙烷	1.9	乙酸正丁酯	4.0	甲基乙基酮	4.5
石油醚	0.01	丙醚	2.4	丙醇	4.0	二氧六环	4.8
己烷	0.06	甲苯	2.4	甲基异丁基酮	4.2	吡啶	5.3
环己烷	0.1	对二甲苯	2.5	丙酮	5.4	苯胺	6.3
异辛烷	0.1	氯苯	2.7	四氢呋喃	4.2	二甲基甲酰胺	6.4
三氟乙酸	0.1	邻二氯苯	2.7	硝基甲烷	6	甲醇	6.6
三甲基戊烷	0.1	二乙醚	2.9	乙醇	4.3	乙二醇	6.910.2
环戊烷	0.2	苯	3.0	乙酸	6.2		
庚烷	0.2	异丁醇	3.0	乙酸乙酯	4.3		
丁酰氯	1.0	二氯甲烷	3.4	乙腈	6.2		
三氯乙烯	1.0	二氯乙烯	3.5	丙醇	4.3		

通常情况下,有机化合物的紫外-可见光谱分析存在基本规则:在200~750 nm无吸收峰,可推断为直链烷烃、环烷烃、饱和脂肪族化合物或仅含一个双键的烯烃;在270~350 nm有低强度吸收峰,可推断含有一个简单非共轭且含有 n 电子的生色团;250~300 nm有中等强度的吸收峰,可推断含有苯环;210~250 nm有强吸收峰,可推断含有两个共轭双键;260~300 nm有强吸收峰,可推断含有3个或3个以上共轭双键;吸收峰延伸至可见光区,可推断含有长链共轭或稠环化合物。

4.5.4 紫外-可见光谱仪的典型结构

紫外-可见光谱仪一般由光源、色散组件、样品池、探测器、显示和记录系统五个部分构成,其基本结构如图4-20所示。连续辐射光经色散组件分光后,通过样品池被样品吸收,吸收后的光信号再被探测器接收，最后以某种方式显示和记录光谱。在光路的安排上，样品池可以在色散组件之后，也可以在色散组件之前，即先色散后吸收或者先吸收后色散。

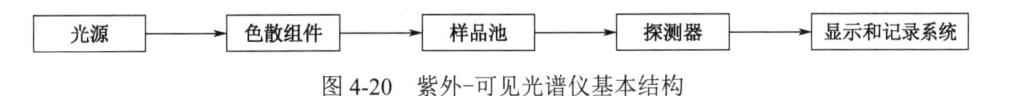

光源 → 色散组件 → 样品池 → 探测器 → 显示和记录系统

图 4-20　紫外-可见光谱仪基本结构

1. 光源

光源需要提供紫外-可见光波段（一般使用 200～760 nm）足够强度和稳定的连续光谱。紫外光区一般使用氘灯或者氢灯，可见光区一般使用卤钨灯。在仪器中为了避免光源切换，通常会将氘灯和卤钨灯串联成直线使用。

2. 色散组件

色散组件通常由入射狭缝、准直镜、色散元件、物镜和出射狭缝构成。色散元件是系统核心器件，一般选择棱镜或光栅。入射狭缝用于限制杂散光，并且入射狭缝越小光谱分辨率越高。出射狭缝用于限制光谱带宽，若使用阵列探测器接受光谱信号，则无须出射狭缝限制。

3. 样品池

样品池用于盛放待测样品，要求在所测光谱区域没有显著吸收。用于紫外-可见光谱测量的样品池主要有石英和一般玻璃两种，石英样品池可用于紫外-可见光区，一般玻璃样品池对紫外光有显著吸收，只能用于可见光区。

4. 探测器

探测器可使用单通道的光电倍增管或多通道的线阵光电探测管。使用单通道探测器时，仪器中需要有专门的机械扫描结构，以实现对波长的扫描；线阵或面阵探测器则可以并行检测不同波长位置的光强。

5. 显示及记录系统

早期的紫外-可见光谱仪显示及记录系统可以使用微安表、电位计、示波器等，而现在更多地使用计算机。基于计算机平台的光谱软件是显示和记录系统的核心，可以控制仪器的自检和光谱采集，在显示器上以图表或数据的形式输出光谱测量结果，此外还可以对测量结果进行分析。

例题 4.5.1　分子吸收光谱是如何产生的？它与原子光谱的主要区别是什么？

答：分子吸收光谱是由分子中电子能级、振动和转动能级的跃迁产生的，表现形式为带光谱。它与原子光谱的主要区别在于光谱形式，原子光谱是由原子电子能级跃迁产生的线光谱。

例题 4.5.2　有机化合物分子的电子跃迁有哪几种类型？哪些类型能在紫外-可见光谱中反映出来？

答：有机化合物电子跃迁类型有 $\sigma \to \sigma^*$、$n \to \sigma^*$、$\pi \to \pi^*$、$n \to \pi^*$，其中 $\pi \to \pi^*$、$n \to \pi^*$ 常见于紫外-可见光谱。

例题 4.5.3　请解释并列举生色团和助色团。

答：通常把能够在紫外-可见光波段产生特征吸收的、含有一个或多个不饱和键的基团称为生色团。常见生色团有：—C≡C—、—C=O—、—C=N—、—N=N—等。

在有机化合物中还有另一种基团，它们本身不能在紫外-可见光波段产生特征吸收，但是能够使生色团的吸收峰向长波方向移动，并且提高吸收峰的吸收强度，它们被称为助色团。助色团一般为含有杂原子的饱和基团，常见助色团有：—OH—、—OR、—NH—、—NH$_2$—、—X 等。

例题 4.5.4 紫外-可见光谱仪可获得的主要信息是什么？

答： 可获得的主要信息是最大吸收峰位置及最大吸收峰的摩尔吸光系数。

4.6 分子发光光谱

4.6.1 形成机理

处于基态的物质分子首先吸收能量跃迁到激发态，再从激发态跃迁回到基态，同时以光辐射的形式释放能量，所形成的光谱称为分子发光光谱。根据待测物质分子受激时所接受的能量来源及不同的辐射光机理可将分子发光光谱进行分类，一般可分为以光源激发物质的光致发光、以化学反应能激发物质的化学发光和生物发光。其中，光致发光的辐射光机理通常分为荧光与磷光两类，荧光与磷光的主要区别如下。

一是从激发态跃迁到基态的路径不同。

二是从激发到发光的时间长短不同，荧光发光时间为 $10^{-9} \sim 10^{-7}$ s，磷光发光时间为 $10^{-3} \sim 10$ s，比荧光的发光时间长得多。

三是发光的波长不同，荧光波长比对应的磷光波长短。

分子的激发主要包括单重激发态和三重激发态，对于大多数有机物分子，其电子数为偶数，在基态时，这些电子成对地存在于各个原子或分子轨道中，成对自旋，方向相反，电子净自旋等于零（$S=0$），即基态分子为单重态。其多重性 $M=2S+1=1$（M 为磁量子数），因此分子是抗（反）磁性的，其能级不受外界磁场影响而分裂，称"单线态"。当基态分子的一个成对电子吸收光辐射后，被激发跃迁到能量较高的轨道上，通常它的自旋方向不改变，即 $S=0$，则激发态仍是单重态，即"单重（线）激发态"。如果电子在跃迁过程中，还伴随着自旋方向的改变，即自旋平行，这时便具有两个自旋不配对的电子，电子净自旋不等于零，此时 $S=\dfrac{1}{2}+\dfrac{1}{2}=1$，其多重性：$M=2S+1=3$，即分子在磁场中受到影响而产生能级分裂，这种受激态称为"三重（线）激发态"，用 T 表示，因为自旋平行比自旋配对的状态更稳定，所以三重态能级比单重态略低。

对于分子磷光光谱，当激发单重态与激发三重态振动能级重叠时，发生系间跨越，从激发单重态转到能量较低的三重态，迅速振动弛豫到三重态最低振动能级，在 $10^{-3} \sim 10$ s 发射磷光回到基态。当激发光强度一定和被测物质浓度很低时，发射光的磷光强度与浓度成正比。

4.6.2 分子发光光谱仪的典型结构

分子发光光谱仪一般由光源、单色器、样品池、探测器、显示及记录系统五个部分构成，其基本结构如图4-21所示。

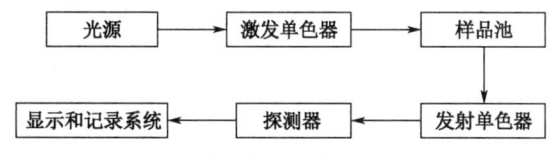

图 4-21 分子发光光谱仪基本结构

光源一般使用氙灯和高压汞灯或者激光器。单色器包括激发单色器和发射单色器，样品池需要保证在检测波段内透明且无明显吸收。检测一般使用光电倍增管，电荷耦合元件检测器可一次获得二维荧光光谱。

4.7 红外光谱

4.7.1 形成机理

红外光谱产生于分子振动能级间的跃迁，所以也称为分子振动光谱，可以用于分子结构解析。振动能级跃迁实际上是一个振动能级下的转动能级向另一个振动能级下的转动能级的跃迁，所以实际上红外光谱反映了分子振动和转动的加合，因此将红外光谱称为分子振转光谱。红外光谱分子能级跃迁示意图如图4-22所示。

红外光波段按照频率范围通常可以分为三个区域：$0.78 \sim 2.5\ \mu m$ 的近红外区（也称为泛频区，来源于分子振动基频的倍频或合频），$2.5 \sim 50\ \mu m$ 的中红外区（也称为基频振动区，主要来源于分子振动）和 $50 \sim 1\,000\ \mu m$ 的远红外区（也称为转动区，主要来源于分子转动）。通常意义上的"红外光谱"指的是中红外波段，近红外波段一般会特指"近红外光谱"，并且与常规意义上的红外光谱在分析方法上有很大不同。

在红外光谱中，横坐标一般为波数或者波长，纵坐标为透射率，图4-23为典型的红外光谱（聚苯乙烯薄膜），其波长坐标标记在光谱曲线上面，波数坐标标记在光谱曲线下面，光谱按波数等间隔记录。

与分子能级有关的分子振动方式包括伸缩振动与弯曲振动等，更复杂的还有骨架振动等，都可以产生特征吸收。由于不同的官能团具有自己的特征红外吸收频率，利用特征频率推断分子中所含有的官能团，就可以实现分子结构分析，下面介绍一些官能团的红外特征吸收频率。

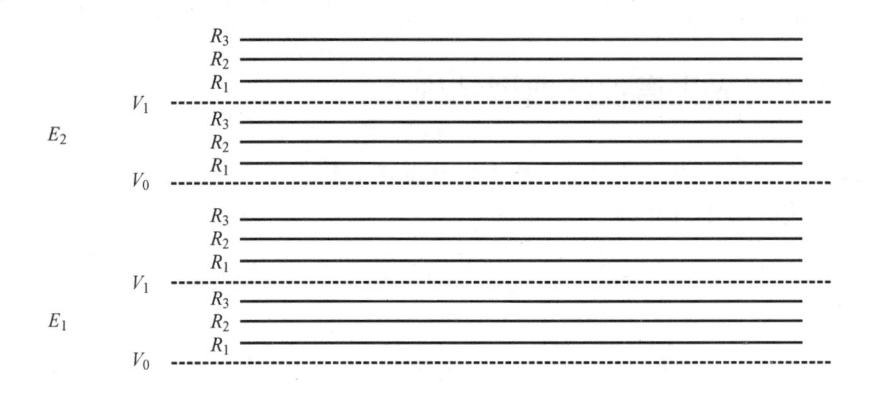

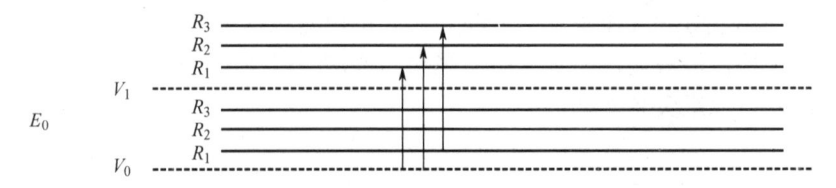

图 4-22　红外光谱分子能级跃迁示意图

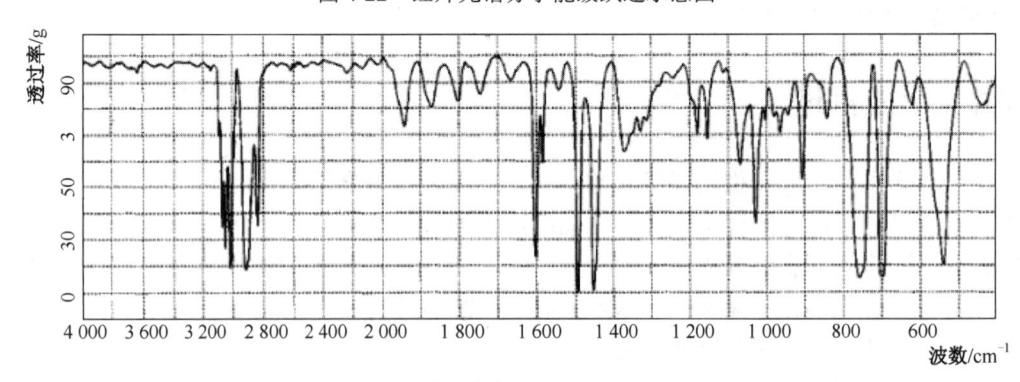

图 4-23　典型的红外光谱（聚苯乙烯薄膜）

X—H（X 为 C、N、O、S 等）伸缩振动区为 4 000~2 500 cm^{-1}。

① OH 键伸缩振动出现在 3 600~2 500 cm^{-1} 范围内。

游离羟基，3 600 cm^{-1} 附近，中等强度尖峰，形成氢键后会移向低波数，吸收峰变得宽且强。

羧酸羟基，3 600~2 500 cm^{-1}，宽而强的峰，水分子 OH 键伸缩振动出现在 3 300 cm^{-1} 附近。

② CH 键伸缩振动出现在 3 000 cm^{-1} 附近。

饱和 CH（环除外）在小于 3 000 cm^{-1} 处出峰，不饱和 CH 在大于 3 000 cm^{-1} 处出峰，三键的 CH 峰在约 3 300 cm^{-1} 处，双键和苯环的 CH 峰在 3 100~3 010 cm^{-1}。

甲基 CH_3，特征吸收峰出现在 2 962 cm^{-1} 和 2 872 cm^{-1} 附近。

亚甲基 CH_2，特征吸收峰出现在 2 926 cm^{-1} 和 2 853 cm^{-1} 附近。

③ NH 键伸缩振动出现在 3 500～3 300 cm^{-1} 附近，中等强度的尖峰。

伯氨基（2 个 NH 键），2 个吸收峰。

仲氨基（1 个 NH 键），1 个吸收峰。

叔氨基，无。

④ 三键和累积双键伸缩振动区为 2 500～2 000 cm^{-1}。

C≡C，2 280～2 100 cm^{-1}，强度较弱。

C≡N，2 260～2 240 cm^{-1}，强度中等。

累积双键有丙二烯类（—C=C=C—）、烯酮类（—C=C=O）、异氰酸脂类（—N=C=O）等。二氧化碳（O=C=O），2 350 cm^{-1} 附近，弱吸收带。

一些 X—H 伸缩振动，当 X 的原子质量较大时，如 B、P、Si 等，也会出现在该区。

⑤ 双键伸缩振动区为 2 000～1 500 cm^{-1}。

羰基 C=O 伸缩振动，1 760～1 690 cm^{-1}，强吸收峰。

芳香族化合物的 C=C 伸缩振动（环的骨架振动），1 600～1 585 cm^{-1} 和 1 500～1 400 cm^{-1}。

烯烃化合物 C=C 伸缩振动，1 667～1 640 cm^{-1}，中等强度或弱吸收峰。

⑥ CH 弯曲振动区为 1 500～1 300 cm^{-1}。

甲基 CH_3，在 1 375 cm^{-1} 和 1 450 cm^{-1} 附近同时存在吸收，后者一般会与亚甲基 CH_2 的剪式弯曲振动峰（1 465 cm^{-1}）重合在一起。

连在同一个碳原子上的多个甲基：

异丙基$(CH_3)_2CH—$，1 385～1 380 cm^{-1} 和 1 370～1 365 cm^{-1}，强度接近的峰。

叔丁基$(CH_3)_3C—$，1 395～1 385 cm^{-1} 和 1 370 cm^{-1}，后者强度大于前者。

⑦ 单键伸缩振动区为 1 300～910 cm^{-1}。

C—O 单键伸缩振动，1 300～1 050 cm^{-1}。

醇、酚、醚、羧酸、酯等均具有 C—O 伸缩振动，强吸收峰。

醇，1 100～1 050 cm^{-1}。

酚，1 250～1 100 cm^{-1}。

酯，1 240～1 160 cm^{-1} 和 1 160～1 050 cm^{-1}。

C—C 和 C—X（卤素）伸缩振动也在该区有峰。

⑧ 小于 910 cm^{-1} 苯环面外弯曲振动，强吸收峰，可判断有无芳香族化合物。

亚甲基（CH_2）的面内摇摆振动，780～720 cm^{-1}，4 个以上的亚甲基连成直线，吸收在 722 cm^{-1}，随着相连的甲基数目减少，吸收峰会向高波数移动，据此可以推测分子链的长短。

烯烃 CH 面外弯曲振动也会出现在该区域，也存在部分吸收高于 910 cm^{-1}。

4.7.2 红外光谱仪的典型结构

与紫外-可见光谱仪类似，红外光谱仪通常也包括光源、色散组件、样品池、探测器、显示和记录系统五个部分，其中显示及记录系统现在通常使用计算机，不再赘述。

1. 红外光源

红外光谱的常用光源是能斯特灯和硅碳棒,各有优缺点。能斯特灯的稳定性好,不需水冷,可以提供小于 10～15 μm 的短波红外辐射,但是需要专门的预热装置,价格昂贵。硅碳棒价格低廉,不需要专门的预热装置,可提供大于 10～15 μm 的长波红外辐射,但是需水冷。此外,能斯特灯和硅碳棒均易折断,会给使用带来不便。

2. 样品池

样品池要求为红外透明材料,由于红外波段范围较宽(从近红外到远红外),目前没有找到一种材料可以用于整个红外光区,需要根据检测对象选择样品池材料。样品池材料见表 4-6。

表 4-6　样品池材料

材料名称	透明光谱范围	抛光	溶解性	其他
氯化钠(NaCl)	5 000～625 cm^{-1}	易	易溶于水和潮解	—
溴化钾(KBr)	5 000～400 cm^{-1}	难	易溶于水和潮解	质软
碘化铯(CsI)	～165 cm^{-1}	难	极易溶于水和潮解	—
溴化铊-碘化铊(KRS-5)	～250 cm^{-1}	难	具有耐潮性	质软,化学稳定性好,有毒
溴化铯(CsBr)	～250 cm^{-1}	难	易溶于水和潮解	质软,不易破裂
氟化钡(BaF$_2$)	～830 cm^{-1}	难	稍溶于水,溶于酸和氯化铵,硫酸盐和磷酸盐侵蚀后形成沉淀	热膨胀系数高,热导性差
氟化锂(LiF)	～1 500 cm^{-1}	难	难溶于水,能溶于酸	不能经受热和力的突然变化
氟化钙(CaF$_2$)	～1 110 cm^{-1}	难	很难溶于水	不能经受热和力的突然变化,化学稳定性好
氯化银(AgCl)	～435 cm^{-1}	难	具有耐潮性和耐腐蚀性	质软,不易破裂,强光照射容易变暗而使透过率下降
锗(Ge)	～2 000 cm^{-1}(SiO$_2$膜)	难	不溶于水和有机溶剂	化学惰性,当温度为 120 ℃以上时变为不透明
硅(Si)	～460 cm^{-1}	易	不溶于水、有机溶剂和酸	能耐热和力的作用,透射率不受湿度影响

3. 探测器

热探测器和光电探测器均可用于探测红外辐射。

热探测器依据的是辐射热反应,吸收辐射引起温度升高,温度升高导致相关物理量发生变化,通过测量这些物理量的变化来探测红外光辐射。常用于红外辐射探测的热探测器有热电偶、热(释)电探测器等。

红外光谱仪器发展经历了棱镜、光栅和傅里叶变换光谱仪三代。

棱镜和光栅光谱仪都属于色散型光谱仪,它们直接将不同波长的光分离到空间的不同位置。棱镜光谱仪以棱镜为色散元件,其缺点是:要求干燥恒温,扫描速度慢,分辨率低,测量范围受棱镜材料限制,一般不超过中红外区。光栅光谱仪以光栅为色散元件,对湿度和温度的要求没有棱镜光谱仪高,且分辨率更高,能够测量的红外光频率范围更宽。

目前傅里叶变换光谱仪在研究领域使用得越来越多,它具有扫描速度快、灵敏度高、分辨高等优点。傅里叶变换光谱仪的核心器件是迈克尔逊干涉仪，除干涉仪外，计算机也是傅里叶光谱仪不可缺少的部分。此外，傅里叶变换光谱仪的探测器一般使用 TGS（硫酸三甘肽，Triglycine Sulfate）、DTGS（Deuterated Triglycine Sulfate，氘化硫酸三甘肽）和 MCT（碲镉汞，Mercury Cadmium Telluride）检测器。傅里叶变换光谱仪的典型结构如图 4-24 所示。

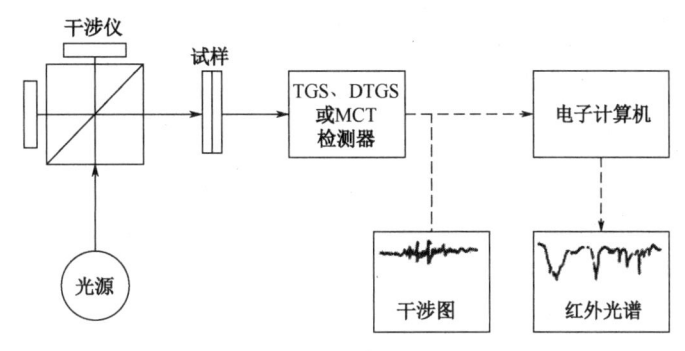

图 4-24 傅里叶变换光谱仪的典型结构

通过探测器我们能够获得数字信号形式的光谱信息，接下来就可以使用合适的数学方法对光谱进行分析和处理。常规的光谱分析方法包括对光谱曲线进行基线校正、平滑、导数等操作。另外，还有基于统计学的化学计量学法，在近红外光谱技术中应用较为广泛，通过建立分析模型预测样品，这里我们主要介绍近红外光谱分析中的化学计量方法，如图 4-25 所示。

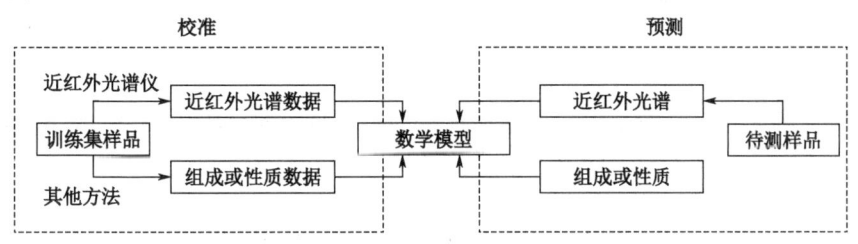

图 4-25 化学计量方法

近红外光谱分析的核心是基于化学计量学的数学模型，主要包括校准和预测两个过程。

校准是数学模型建立的过程。通常选择一定数量的训练样本，首先使用近红外光谱仪测量近红外光谱，再利用其他标准方法测量需要分析的样品的组成或性质，如水分含量、浓度等。然后将训练样品的近红外光谱数据和组成或性质数据输入计算机中，利用数学方法进行关联，确立两者之间的定量或者定性关系。

预测是利用数学模型测量样品的组成或性质，测量待测样品的光谱，将获得的数据输入数学模型中，通过数学方法分析样品的组成或性质。

实际上，这个过程更为复杂，用于建立模型的样本数量不能太少，定性分析样本数量通常为 20 个左右，定量分析则需要更多，农作物需要的样本数量可以是非天然产物的 3～5 倍。同时样品要具有代表性，其性质参数需要涵盖所期望的变化范围，而且参数分布要均匀。

另外，各种干扰因素对光谱分析也存在影响，它们对结果的影响甚至可能超过样品本身所带来的变化。将这些干扰元素考虑进数学模型，转变为可以测量的一个对象，要做到这一点需要更多的测量样本和更复杂的数学模型。

数学模型建立后，还需要对其有效性进行确认，选择一组或多组成分或性质已知但未参与模型建立的合格样本，用于数学模型的有效性测试，只有当误差稳定且在可接受范围内时，才认为该模型是有效的。否则需要修改模型参数，更多的情况下可以引入新的训练样本使数学模型更完善。所以要建立一个更稳定且适用范围更广的模型，就需要不断扩充模型的数据库，在检测过程中发现未知样品或者超出了模型的预测范围，就需要对模型进行重建或者扩充完善。

在光谱的定量分析中，常用的算法还有偏最小二乘法、非线性最小二乘法、局部回归法、人工神经网络的 BP 算法等，感兴趣的同学可以参考相关方面的书籍。

例题 4.7.1 简述红外光谱产生的条件。

答：只有在照射光的能量等于两个振动能级之间的能量差时，分子才能从低振动能级跃迁到高振动能级，产生红外吸收光谱。分子振动过程中能引起偶极矩变化的红外活性振动才能产生红外光谱。

例题 4.7.2 大气中的 O_2、N_2 等气体对物质的红外光谱测定是否有影响？

答：没有影响，因为在测定物质的红外光谱时，只有能产生红外吸收峰的物质才会有影响。按照红外光谱吸收峰的产生条件，具有偶极矩变化的分子振动是红外活性振动，而 O_2、N_2 等气体在分子振动时并不产生偶极矩变化，所以无红外吸收峰。因此大气中的 O_2、N_2 等气体对测定物质的红外光谱没有影响。

例题 4.7.3 什么是基团振动频率？请辨别下列振动范围是哪一类基团。

（1）3 600～2 500 cm^{-1}　（2）2 280～2 100 cm^{-1}

答：不同分子中同一类型的化学基团，在红外光谱中的吸收频率总是出现在一个较窄的范围内，这种特征吸收谱带的频率称为基团振动频率。

（1）OH 键的伸缩振动。

（2）C≡C 的伸缩振动。

4.8　拉曼光谱

4.8.1　基本原理

1928 年，印度科学家拉曼（Raman）和苏联科学家曼杰斯塔姆（Mandelstam）分别在液体和晶体的散射中发现，散射光中除了有与入射光频率相同的瑞利散射光，还有频率为 $v\pm v_1$、$v\pm v_2$ 等的非弹性散射光，拉曼散射光就是非弹性散射光的一种。印度科学家拉曼也因首次观察到拉曼散射现象而在 1930 年获得诺贝尔物理学奖。

拉曼光谱是基于拉曼散射效应的一种光谱技术，属于发射光谱范畴，它是另一种形式的分子振动光谱，也能够用于分子结构分析。拉曼光谱的产生机理和光谱特征等各方面与红外吸收光谱均存在差异，在实际的光谱分析中可与红外光谱互为补充。

拉曼光谱的基本原理可用分子振动能级跃迁解释，引入"虚态"这个概念，它并不是一个实际存在的能级，但有助于理解拉曼光谱的概念。拉曼光谱形成的能级跃迁如图4-26所示。

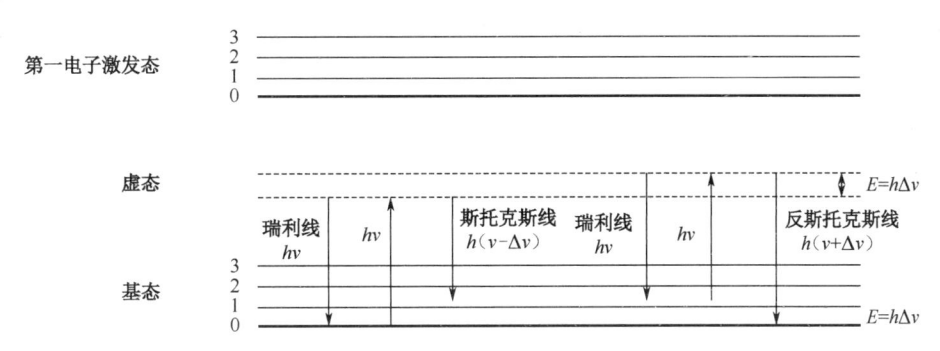

图 4-26 拉曼光谱形成的能级跃迁示意图

当物质分子吸收外部光辐射 $h\nu$ 后，它被激发从基态振动能级跃迁到虚态，如果它再次跃迁回起始的基态振动能级，会发射出频率为 ν 的光，这就是瑞利散射。但是如果它向下跃迁到比起始基态振动能级更高或更低的振动能级，则发射光频率将不同于 ν，这就是拉曼散射。若向下跃迁到比起始基态振动能级更高的振动能级，会发射频率为 $\nu-\Delta\nu$ 的光，$\Delta\nu$ 为振动能级的频率差，这就是斯托克斯线；若向下跃迁到比起始基态振动能级更低的振动能级，会发射出频率为 $\nu+\Delta\nu$ 的光，这就是反斯托克斯线。

拉曼光谱还有一些需要说明的地方。首先，散射光强度由大到小分别是瑞利散射、斯托克斯线、反斯托克斯线。其次，拉曼散射光非常弱，仅为瑞利散射光强的千分之一。从能级图上还能够发现，斯托克斯线与反斯托克斯线对称分布于入射光频率 ν，它们都反映了分子振动能级情况。因为斯托克斯线强度高于反斯托克斯线，所以通常拉曼光谱会利用斯托克斯线。

另外，拉曼位移是相对于入射光频率 ν 的频率位移 $\Delta\nu$，由能级跃迁图可以看出该频率位移与振动能级之间的能量差有关，所以拉曼光谱的横坐标一般是拉曼位移 $\Delta\nu$。

拉曼散射光信号通常还会受到荧光信号干扰，而荧光是粒子从第一激发态的最低能级向基态能级跃迁的过程中产生的。要避免荧光信号的产生最好做到不把粒子从基态激发到激发态，这样就要求激发光的光子能量小于粒子的电子能级间隔。另外，为了能够探测振动能级结构，要求激发光的光子能量大于粒子的振动能级间隔。所以在选择激发光频率时可以考虑激发光的光子能量大于振动能级间隔而小于电子能级间隔，在该范围内光子能量越大越好。

当然事实上并不是所有的振动模式都能够产生拉曼散射，只有引起分子极化率变化的能级跃迁才是允许的，这就是拉曼活性。所谓极化就是让正负电荷分开的过程，在分子中，分子是具有电荷分布的粒子，分子形状变化时，正、负电荷间距也会随之改变，因此分子极化率实际上也反映了分子变形的大小。对于双原子分子，当两个原子间距最大时极化率最大，间距最小时极化率最小。

拉曼光谱与红外光谱都属于分子振动光谱，但是它们在物理机制、探测方法等方面存在很多差别。

① 物理机理不同。引起分子电偶极矩变化的能级跃迁才能产生红外吸收，而引起分子极化率变化的能级跃迁才能产生拉曼散射线。

② 光源不同。红外光谱的入射光和检测光均为红外光，而拉曼光谱的入射光和散射光可以都是可见光（便于探测），或者说拉曼光谱可以把光谱测量区域从红外波段移到可见光波段。

③ 光谱坐标不同。红外光谱的纵坐标是透射度或吸收度，拉曼光谱的纵坐标则是散射光强度，红外光谱的横坐标一般用波数代表绝对频率，拉曼光谱的横坐标则是拉曼位移（相对于入射光频率的差值）。

④ 峰的特征不同。一般情况下，拉曼光谱峰陡且分辨率高，红外光谱峰重叠严重。

⑤ 水的影响。水的拉曼光谱很简单，其红外光谱吸收峰则很多。所以拉曼光谱更适合用于水溶液中成分的分析，如检测水溶液中的特定蛋白质分子。如果使用红外光谱还需要去除水的背景光谱影响。

⑥ 灵敏度。拉曼光谱激发光波长越短灵敏度越高，相比红外光谱，拉曼光谱的灵敏度更高，消耗样品更少，并且检测固体样品时不需要做任何处理。

在仪器结构上，拉曼光谱仪通常可分为色散型光谱仪和干涉型光谱仪两类。色散型光谱仪多将光栅作为色散组件，干涉型光谱仪则将迈克尔逊干涉仪作为色散组件。拉曼光谱仪的典型结构如图 4-27 所示。

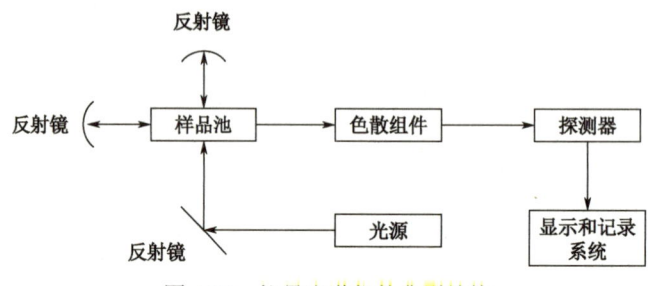

图 4-27　拉曼光谱仪的典型结构

拉曼光谱仪的信号探测方向一般与入射光束传播方向垂直，与荧光信号收集的方式类似。图 4-27 中反射镜的作用是让光束多次通过样品，提高信号强度。为了减小瑞利散射光的影响，可以在检测光进入色散组件前加一块滤波器，这样能够拦截入射光中心频率附近的窄谱带以消除入射光对拉曼光谱的影响。

目前拉曼光谱仪一般选择激光作为光源，激光光源具有强度高的优点，有利于提高拉曼散射信号的强度。

4.8.2　拉曼光谱的应用

拉曼光谱的原理是分子振动能级的跃迁，因而可以用于测定物质结构，在生物、医学、食品安全、化工等领域已经有了广泛应用，下面简单介绍拉曼光谱的一些应用。

1. 有机化合物

拉曼光谱在不饱和碳氢化合物、杂环化合物、染料及有机化合物的结构表征等方面均有应用，并且相比于红外光谱，对部分官能团的检测效果更优。

2. 无机化合物

拉曼光谱可用于对各种矿化物如碳酸盐、硫酸盐和硫化物等的分析，也能鉴定红外光谱难以鉴定的高岭土、偏水高岭土及陶土等。在对过渡金属配合物、生物无机化合物及稀土类化合物等的研究中也都取得了良好的效果。拉曼光谱还可测定硫酸、硝酸等强酸的解离常数。

3. 其他方面

拉曼光谱可用于高聚物的硫化、风化、降解、结晶度和取向性等方面的研究。在生物体系研究方面，拉曼光谱可以直接对生物环境中（水溶液体系、pH 接近中性等）的酶、蛋白质、核酸等具有生物活性的物质的结构进行研究。人们还尝试利用拉曼光谱技术研究各种疾病和药物的作用机理。

实际应用中，翡翠抛光时会使用到石蜡，因此填充有石蜡的翡翠仍是 A 货，但是填充有环氧树脂、AB 胶等的则是以次充好的翡翠 B 货。石蜡与环氧树脂、AB 胶的分子结构不同，其拉曼特征峰也不同，因此可以利用拉曼光谱检测翡翠是否含有环氧树脂等填充材料来鉴定样品品质。

例题 4.8.1 拉曼光谱中为什么常用斯托克斯线很少用反斯托克斯线？

答： 由于在常温下，处于基态的分子占绝大多数，处于激发态的分子数较少，反斯托克斯线的强度比斯托克斯线弱得多。

例题 4.8.2 简述拉曼光谱与红外光谱的区别。

答： ① 物理机理不同。引起分子电偶极矩变化的能级跃迁才能产生红外吸收，而引起分子极化率变化的能级跃迁才能产生拉曼散射线。

② 光源不同。红外光谱的入射光和检测光均为红外光，而拉曼光谱的入射光和散射光可以都是可见光（便于探测），或者说拉曼光谱可以把光谱测量区域从红外波段移到可见光波段。

③ 光谱坐标不同。红外光谱的纵坐标是透射度或吸收度，拉曼光谱的纵坐标则是散射光强度，红外光谱的横坐标一般用波数代表绝对频率，拉曼光谱的横坐标则是拉曼位移（相对于入射光频率的差值）。

④ 峰的特征不同。一般情况下，拉曼光谱峰陡且分辨率高，红外光谱峰重叠严重。

⑤ 水的影响。水的拉曼光谱很简单，其红外光谱吸收峰则很多。所以拉曼光谱更适合用于水溶液中成分的分析，如检测水溶液中的特定蛋白质分子。如果使用红外光谱还需要去除水的背景光谱影响。

⑥ 灵敏度。拉曼光谱激发光波长越短灵敏度越高，相比红外光谱，拉曼光谱的灵敏度更高，消耗样品更少，并且检测固体样品时不需要做任何处理。

例题 4.8.3 说明拉曼光谱的激发光波长如何选择?

答：①激发光的光子能量小于粒子的电子能级间隔。②激发光的光子能量大于振动能级间隔而小于电子能级间隔，在该范围内光子能量越大越好。

4.9 光学计量

光学计量是计量学的一个分支，在计量学领域，不同专业之间的划分主要是根据七个 SI 基本单位以及辅助单位、导出单位的关系，光学计量的基本单位是坎德拉（cd）。光学计量测试包括的范围相当广泛，其主要内容是关于光辐射能量从发射、经媒介的传输，以及被接收器探测这一过程中的测量，这个测量包含纯物理的测量，以及采用模拟人眼感觉的心理、生理、物理的测量，目前一般包括光度、辐射度、色度、光谱光度和材料光学特性、激光辐射度和光电子等计量测试。

4.9.1 光度学

光度学是限于人眼能够见到的部分辐射量，模拟人眼对光强弱的感受进行测量的光学计量的分支。光度测量与人们的生活密切相关。1967 年，法国第十三届国际计量大会规定了将坎德拉、坎德拉/平方米、流明、勒克斯分别作为发光强度、光亮度、光通量和光照度等的单位。发光强度的单位为坎德拉（cd），是国际单位制的七个基本单位之一，国际计量大会对其有明确规定："一个光源发出频率为 540×10^{12} Hz 的单色光，在一定方向的辐射强度为 (1/683) W/sr，则此光源在该方向上的发光强度为 1 坎德拉。"其他单位（如光通量、光亮度和光照度等的单位）都是由这一基本单位导出的。

光通量 Φ_V：光源在单位时间内发出并被人眼接收的光量的总和，通常以字符 Φ_V 表示。光通量的单位为流明（lm）。从发光强度的单位坎德拉可以导出光通量的单位流明为发光强度为 1 cd 的匀强点光源，在单位立体角发出的光通量为 1 lm。

发光强度 I_V：点光源向各个方向发出可见光，在某一方向，元立体角 $d\Omega$ 内发出的光通量为 $d\Phi_V$，则点光源在该方向上的发光强度 I_V 可表示为

$$I_V = \frac{d\Phi_V}{d\Omega}$$

光出射度 M_V：光源单位发光面积发出的光通量，定义为光源的光出射度，以字符 M_V 表示。假定光源的元发光面积 dA 发出的光通量为 $d\Phi_V$，则光出射度 M_V 可表示为

$$M_V = \frac{d\Phi_V}{dA}$$

光出射度的单位为流明/平方米（lm/m²）。

光照度 E_V：单位受照面积接受的光通量，定义为光照面的光照度，通常以字符 E_V 表示。假定光照面元面积 dA 发出的光通量为 $d\Phi_V$，则光照度 E_V 可表示为

$$E_V = \frac{\mathrm{d}\Phi_V}{\mathrm{d}A}$$

光照度的单位为勒克斯（lx，$1\,\mathrm{lx} = 1\,\mathrm{lm/m^2}$）。

光亮度 L_V：为了描述具有有限尺寸的发光体发出的可见光在空间分布的情况，采用了光亮度 L_V 这样一个光学量，发光面的元面积 $\mathrm{d}A$，在和发光表面法线 N 成 θ 角的方向，在元立体角 $\mathrm{d}\Omega$ 内发出的光通量为 $\mathrm{d}\Phi_V$，则光亮度 L_V 可表示为

$$L_V = \frac{\mathrm{d}\Phi_V}{\cos\theta \mathrm{d}A \mathrm{d}\Omega}$$

$I_V = \dfrac{\mathrm{d}\Phi_V}{\mathrm{d}\Omega}$，相当于发光面在 θ 方向的发光强度

$$L_V = \frac{I_V}{\cos\theta \mathrm{d}A}$$

即元发光面 $\mathrm{d}A$ 在 θ 方向的光亮度 L_V 等于元发光面 $\mathrm{d}A$ 在 θ 方向的发光强度 I_V 与该面元面积在垂直于该方向平面的投影 $\cos\theta \mathrm{d}A$ 之比。光亮度的单位是坎德拉每平方米（$\mathrm{cd/m^2}$）。

4.9.2 辐射度学

辐射度学从物理的角度对光辐射进行测量，主要测量在光谱范围内的辐射能量和辐射功率。在光辐射计量中，不再包含人的视觉因素影响，而是把光作为一种电磁辐射进行测量。在把光作为纯物理量来研究时，应采用辐射量量值系统，而研究与人的视觉有关的问题时，采用光度学量值系统更方便。

辐射能 Q_e：光与其他电磁辐射一样，也是一种能量传播形式，以电磁辐射形式发射、传输或接收的能量称作辐射能，通常用 Q_e 表示。度量辐射能的单位为焦耳（J）。

辐射能通量 Φ_e：单位时间内发射、传输或接受的辐射能称为辐射能通量，简称辐通量，通常用 Φ_e 表示。若在 $\mathrm{d}t$ 时间内发射、传输或接受的辐射能为 $\mathrm{d}Q_e$，则相应的辐通量 Φ_e 为

$$\Phi_e = \frac{\mathrm{d}Q_e}{\mathrm{d}t}$$

辐通量与功率有相同的单位，为瓦特（W）。

辐射出射度 M_e：简称辐出度，是指辐射源单位发射面积发射出的辐通量，用 M_e 表示。假定辐射源的元面积 $\mathrm{d}A$ 发出的辐通量为 $\mathrm{d}\Phi_e$，则辐出度 M_e 为

$$M_e = \frac{\mathrm{d}Q_e}{\mathrm{d}A}$$

辐出度的单位名称为瓦特/平方米（$\mathrm{W/m^2}$）。

辐射照度 E_e：简称辐照度，是指辐射照射面单位受照面积上接受的辐射量，用 E_e 表示。假定受照面的元面积 $\mathrm{d}A$ 接受的辐通量为 $\mathrm{d}\Phi_e$，则辐照度 E_e 为

$$E_e = \frac{\mathrm{d}\Phi_e}{\mathrm{d}A}$$

辐照度与辐出度单位相同，为瓦特/平方米（W/m²）。

辐射强度 I_e，简称辐强度。点辐射源向各方向发出辐射，在某一方向，在元立体角 $d\Omega$ 内发出的辐通量为 $d\Phi_e$，则辐射强度 I_e 为

$$I_e = \frac{d\Phi_e}{d\Omega}$$

辐强度的单位为瓦特/球面度（W/sr）。

辐射亮度 L_e：简称辐亮度。为了表征具有有限尺寸辐射源辐通量的空间分布，采用了辐射亮度这样一个辐射量。元面积为 dA 的辐射面，在和表面法线 n 成 θ 角的方向，在元立体角 $d\Omega$ 内发出的辐通量为 $d\Phi_e$，则辐亮度 L_e 可表示为

$$L_e = \frac{d\Phi_e}{\cos\theta dA d\Omega}$$

根据定义可以认为元面积 dA 在 θ 方向的辐亮度 L_e 就是该辐射面在垂直于该方向平面上的单位投影面积在单位立体角内发出的辐通量。辐亮度的单位是瓦特/球面度平方米 [W/(sr·m²)]。

辐射计量的标准有两种形式，一种是基于黑体辐射理论的标准辐射源，另一种是标准探测器。

在基于辐射源的辐射测量方面，我国建立了基于高温黑体辐射源的光谱辐射亮度和光谱辐射照度的量值传递体系，光谱范围已覆盖 250～2 500 nm。另外，建立了大气紫外辐射的光谱和积分辐射照度、真空紫外光谱辐射亮度、基于常温和中温黑体的积分辐射度量传递体系。在首次进行的紫外辐射计响应度国际比对中，我国也取得了很好的结果。

在基于探测器的辐射测量方面，针对光辐射计量中准确度最高的低温辐射计建立了若干激光波长上的探测器绝对响应度标准装置，并通过实现探测器外量子效率模型，将基于低温辐射计的高准确度测量从激光波长拓展到硅探测器 488～950 nm 的光谱范围，实现了高准确度光谱响应度标准。在此之外，基于热电型探测器建立了紫外 200 nm 到红外 1 600 nm 的探测器光谱响应度标准。

4.9.3 色度学

色度学计量测试是指对颜色量值的计量测试，以三原色为基础，测出颜色的三刺激值，经计算可得到颜色的量值。三原色是指能够匹配所有颜色的三种颜色，并不唯一，通常使用红（R）绿（G）蓝（B）作为三原色。匹配某种颜色所需三原色的量称为该颜色的三刺激值，颜色方程中的 RGB 值就是三刺激值。对于既定的三原色，每种颜色的三刺激值是唯一的，因此可以用三刺激值来表示颜色。

对于各种波长的光谱色同样可以用红绿蓝三种颜色进行匹配。匹配等能光谱色所需的三原色的量称为光谱三刺激值，等能光谱是指各波长辐射能量相等，在此条件下的光谱色三刺激值才是可比较和有意义的。对于不同波长的光谱色，其三刺激值为波长的函数，也称为颜色匹配函数，一般用 $\bar{r}(\lambda)$、$\bar{g}(\lambda)$、$\bar{b}(\lambda)$ 表示。光谱色的颜色方程为

$$C(\lambda) = \bar{r}(\lambda)(R) + \bar{g}(\lambda)(G) + \bar{b}(\lambda)(B)$$

色度计量分为光源色和物体色两种，对光源色的计量实际上就是对光源的相对光谱功率分布的计量，光源色的颜色刺激函数为 $\varphi(\lambda) = S(\lambda)$，$S(\lambda)$ 为光源的光谱功率分布。

对不发光的物体的透射样品或反射样品的色度计量，则是对样品的光谱透射比和光谱反射比的计量。在颜色刺激函数 $\varphi(\lambda) = S(\lambda)\tau(\lambda)$ 中，$S(\lambda)$ 为照明光的光谱功率分布，$\tau(\lambda)$ 为物体的光谱透射比。

光谱透射比 $\tau(\lambda)$ 为物体透过的光辐射通量 $\Phi_\lambda dA$ 与入射光谱辐射通量 $\Phi_{0\lambda} dA$ 之比，光谱投射比一般是波长的函数。

$$\tau(\lambda) = \frac{\Phi_\lambda dA}{\Phi_{0\lambda} dA}$$

光谱反射比 $\rho(\lambda)$ 是物体反射的光谱辐射通量 $\Phi_\lambda dA$ 与入射光谱辐射通量 $\Phi_{0\lambda} dA$ 之比。

$$\rho(\lambda) = \frac{\Phi_\lambda dA}{\Phi_{0\lambda} dA}$$

国际照明委员会（CIE）规定的颜色测量原理、基本数据和计算方法，称为 CIE 标准色度学系统。CIE 标准色度学的核心内容是用三刺激值及其派生参数来表示颜色，CIE1931 标准色度学系统是 1931 年在 CIE 第八次会议上提出的，包括 CIE1931-RGB 和 CIE1931-XYZ 两个系统。

通常使用的色度计量器具主要有标准色板、色度计、色差及光谱光度计等。

光谱光度和材料光学特性方面，建立了光谱透射比、光谱反射比、光学视觉密度、彩色密度、逆（回溯）反射、雾度、光泽度、折射率、成像光学，以及椭偏光测量的基标准体系和计量能力。

激光辐射度方面，建立了激光功率、激光能量的基标准体系，建立了激光空域参数、激光波前、超短激光脉冲时域、脉冲宽度等的计量能力。

光电子方面，建立了光纤功率、光纤功率探测器非线性度、回波损耗、光纤的折射率分布、模场直径、截止波长、光学时域反射、探测器时间响应等标准和计量能力。

例题 4.9.1 一个 40 W 钨丝灯发出的总的光通量为 $\Phi_V = 500$ lm，设各向发光强度相等，求以灯为中心，半径为 1 m 的球面光照度是多少？

解：
$$E_V = \frac{\Phi_V}{A}$$
$$A = 4\pi r^2 = 4\pi$$
$$E_V = \frac{\Phi_V}{A} = 40 \text{lx}$$

例题 4.9.2 一个 100 W 钨丝灯，总的光通量为 $\Phi_V = 1400$ lm，发光效率为多少？

解：
$$\eta = \frac{\Phi_V}{P} = 14 \text{ lm/W}$$

例题 4.9.3 一个房间的长、宽、高分别为 5 m、3 m、2 m，一个发光强度 $I = 60$ cd 的灯挂在天花板中心，离地面 2.5 m，求灯正下方地板光照度和房间角落地板光照度。

解：

正下方地板光照度 $E = \dfrac{I\cos\theta_0}{r^2} = 9.6 \text{ lx}$

房间角落地板光照度 $E = \dfrac{I\cos\theta_1}{r^2} = 2.65 \text{ lx}$

4.10 光学测量

4.10.1 基本概念

光学测量是指对光学材料、零件及系统的参数和性能的测量，目前一般包括光度、辐射度、色度、光谱光度和材料光学特性、激光辐射度和光电子等方面的测量。光学测量涉及的方法和技术相当多，但都有其计量标准，计量是使测量结果真正具有价值的基础，促进了测量的发展，保证了测量统一和量值准确。

光学测量根据检测原理通常可以分为相位测量（干涉法）、时间探测、谱探测、衍射法、图像探测和各种物理效应探测等基本方法。相位测量通常是指对两个同频率光信号之间相位差的测量，具体技术包括激光干涉技术、光全息技术、光散斑技术、莫尔技术等。其中，激光干涉技术目前应用较为广泛，是利用光波干涉原理进行测量的一门技术，可以方便地测量角度、弯曲度等几何量，在精密测量方面较为突出。时间探测方法一般应用于光扫描技术，如激光扫描、扫描定位测距、三维扫描等。谱探测主要应用于光谱技术，如原子发射光谱、原子吸收光谱等。衍射法是指利用光波衍射原理进行测量的方法，具体包括条纹间隙法、反射衍射法等。图像探测较为典型的就是 CCD 成像技术，主要包括对数字图像或光信息进行测量的方法。各种物理效应探测中应用较为广泛的如多普勒测速、扫描激光显微技术、原子力显微技术等。

通常来说，光学测量技术相对于其他测量技术的主要特点有：①非接触性，例如利用干涉法可以测量柔性或弹性表面、液体或气体内部变化；②高灵敏度，测量灵敏度可以达到 0.1 nm～10 μm，甚至更高，适用于测量微形变、微振动、微位移等极小变化量；③三维性，例如光学人脸识别可以对人脸进行三维测量，在空间测量领域已经得到极大应用；④快速性与实时性，可应用于工业故障诊断、在线监测质量监控、生产自动化等方面。

光学面型检测是光学零件检测中最基本、最重要的检测项目，直接影响零件的质量，并且也是光学检验水平的重要标志。在面型偏差检测方面，多光束干涉法是常用的方法，如多光束斐索干涉仪和多光束球面斐索干涉仪，适用于镀有反射膜的平面或球面的面型检测。

在 GB/T 2831—2009《光学零件的面形偏差》中就规定了光学零件面型偏差的检测方法，适用于以等厚干涉原理检验球面与平面的面型偏差。面型偏差应包括：半径偏差（待检光学表面的曲率半径相对于参考光学表面曲率半径的偏差），以光圈数表示；像散差（待检光学表面与参考光学表面在两个相互垂直方向上的光圈数不等所对应的偏差）；局部偏差（待检光学表面与参考光学表面在任意方向上产生的干涉条纹的局部不规则程度）。

半径偏差常使光学系统的像面位置、放大倍率等产生微量变化，像散差与局部偏差直接影响成像质量，所以必须进行检测并控制其基差范围。通常采用斐索干涉仪对球面面型偏差进行检测，为提高检测精度，可用多通道或多光束干涉法。另外，随着非球面的应用，对其面型偏差的检测方法也日趋成熟。

斐索球面干涉仪是在斐索平面干涉仪的基础上发展起来的。它是以一球面波同心地射到标准球面，并在待检球面产生共心干涉，再通过对干涉图的判读得知待检球面的面型偏差。仪器光路通常由干涉系统与投影系统两大部分组成。干涉系统采用了带标准面的重合光路的斐索干涉方式，一般要求标准面的模型误差小于 $\lambda/20$，并严格与出射光束同心。

以斐索干涉仪测平板不平行度为例，光线经平板上下表面反射后形成干涉，产生等厚干涉条纹。若待测件的玻璃均匀性、面型质量较好，将形成平行等距的直条纹。若 Δh 表示平板两端厚度差，则

$$2n\Delta h = 2nb\theta = m\lambda$$

平板不平行度 θ 为

$$\theta = \frac{m\lambda}{2nb}$$

式中：n 为玻璃平板折射率；m 为长度 b 范围内干涉条纹数。

玻璃平板角度方向应垂直于干涉条纹方向，当沿垂直条纹方向对平板边缘进行加热时，干涉条纹凸向玻璃平板的薄端。

在色度测量中，颜色测量普遍遵循 CIE1931 标准色度系统和 CIE1964 补充标准色度系统两个标准色度学系统。根据色度学原理，颜色可以用三刺激值及相应的色品坐标定量表示。因此，颜色测量的任务就是采用 CIE 标准照明体或标准光源，在满足 CIE 标准照明和观测条件下获得三刺激值或色品坐标，并由此计算得到各种色度参数，如色调、明度和饱和度。

最传统的颜色测量方法是目视测量方法。这种方法通过人眼的观察，对颜色样品与标准颜色的差别进行直接的视觉比较，要求操作人员具有丰富的颜色观察经验和敏锐的判断力。目视测量方法有一定的主观性，属于定性测量方法。由于人眼及人心理因素的影响，在高精度颜色测量中，目测法目前已逐渐被淘汰，但在实际生产应用中，因其操作的便捷性，应用仍相当广泛。

更客观的方法是使用仪器对试样颜色具体的参数进行测定，得出具有可比性的评价，其结果是客观的，属于定量测量方法。根据仪器测量原理的不同，又分为光谱光度测量法或分光光度法和光电积分法，所对应的仪器分别称为分光光度计和光电积分测色仪（光电色度仪）。测色仪器是一种相对测量仪器，无论是分光光度计还是光电色度仪，都只能比较待测样品相对于标准样品的光谱反射比或三刺激值。例如，分光光度计通过分光器件把色源光谱在空间上分开，通过测量光谱功率来计算它的三刺激值，进而导出各种颜色

参数。

　　光谱测量方面，通常来说，原子光谱由于属于线光谱，每种原子都有其独特的光谱且各不相同，并按一定规律形成光谱线系，其性质与原子结构密切相关。每一种元素都有特征光谱线，把样品所生成的线光谱和已知元素的特征谱线进行比较就可以知道这些物质是由哪些元素组成的。因此，原子光谱通常可直接依据其特征谱线来定性，如原子发射光谱即可依据某元素的特征波长判断是否为该元素。

　　分子光谱属于连续光谱，一般根据其光谱的形状及某些特征峰来定性，前面已经提到红外光谱也称为分子振动光谱，可以用于分子结构解吸，能够检测特定的分子是否存在。在药物分析方面，红外光谱可以用于检测药物成分，鉴别药物真假和品质，在各国药典中红外光谱都被列为药物鉴别的主要方法。近年来，我国已经开始应用红外光谱技术鉴别中药材的真假和品质，区分不同品种的中药，甚至同品种但不同产地的中药可能含有的特定成分，也能够根据特征分子光谱进行区分。在孙素琴等人出版的《中药二维相关红外光谱鉴定图集》中，就收集了多种中药材的红外光谱图，为中药材的鉴别提供了依据。

　　在生物医学领域，红外光谱同样能够检测具有特征峰的生物大分子，比如蛋白质的酰胺Ⅱ和酰胺Ⅰ谱带主要分布在 1 539 cm^{-1} 和 1 655 cm^{-1} 附近，酰胺Ⅰ谱带又由多个子谱带组成，分别对应蛋白质的不同二级结构。利用红外光谱的这些特征吸收峰，还可以对肿瘤进行早期诊断，因为肿瘤组织和正常组织在核酸含量、糖原或胶原含量等方面存在差异，而这些差异都会反映到红外光谱的谱型、吸收频率、峰强度等方面，利用红外光谱对食管癌、胃癌、结肠癌等多种肿瘤的研究一直在进行。

　　在食品安全领域，利用红外光谱或拉曼光谱等光谱技术对特定分子进行定性分析也变得越来越普遍。例如，检测奶粉中是否存在三聚氰胺等。三聚氰胺红外图谱如图4-28所示。

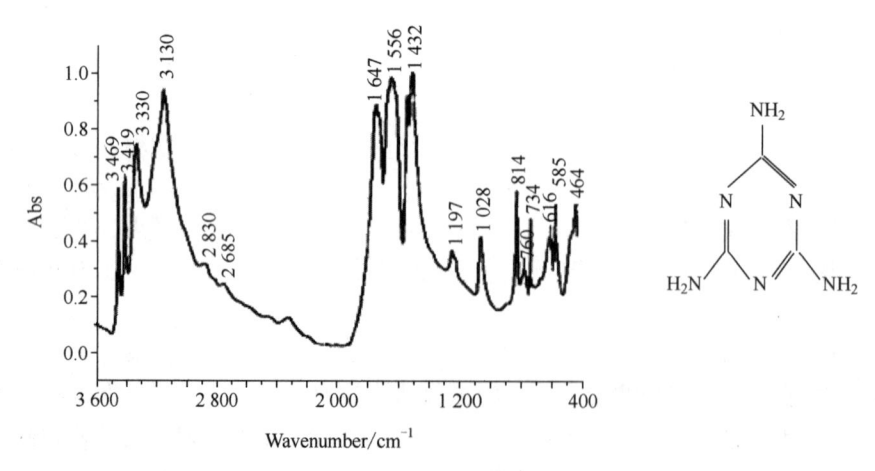

图4-28　三聚氰胺红外图谱

4.10.2 光谱测量方法

首先介绍吸收光谱,吸收在光谱中有两种表达方式,透射率和吸光度,假设入射光强为 I_0,经过样品后的光强为 I,那么透射率 T 和吸光度 A 可分别表示如下:

$$T = \frac{I}{I_0}$$

$$A = \lg\frac{I_0}{I} = -\lg T$$

通常 I 小于 I_0,所以透射率 T 的取值范围为 0~1。

吸收光谱的定量分析建立在吸收定律基础上,也称为朗伯-比尔定律(Lambert-Beer Law),适用于所有电磁辐射波段,包括紫外-可见、近红外、红外波段等,也适用于不同形态的被测物质,包括气体、液体、固体等。

吸收定律是指,当一束平行的单色光通过某一均匀的溶液时,溶液的吸光度 A 与溶液的浓度 c 和光程 b 的乘积成正比。

$$A = \lg\frac{I_0}{I} = -\lg T = \varepsilon b c$$

式中:T 为透射率;ε 为比例常数,与待测物质特性有关。假设浓度 c 单位为 mol/L,光程 b 单位为 cm,ε 称为摩尔吸光系数,单位为 L/(mol·cm)。ε 越大说明该物质对此波长的吸收能力越强,在紫外-可见波段中 $\varepsilon \in 10 \sim 10^5$,$\varepsilon > 10^4$ 说明物质的吸光能力强,$\varepsilon < 10^3$ 说明物质的吸光能力弱。假设浓度 c 单位为 cm^{-3}(一般表示气体浓度,即单位体积内的分子或原子数目),ε 称为吸收截面,其单位为 cm^{-2}。

使用吸收定律时需要注意以下几个方面。

① 吸收定律具有叠加性。

② 吸收定律要求入射光为单色平行光,入射光为非单色光时,不同波长处 ε 比例常数不同,会导致测量吸光度和理论吸光度有差别,从而导致吸收定律偏移。当然,实际入射光总是具有一定波长半宽,这样在该波长范围内如果 ε 变化越大则吸收定律偏移越大。如果入射光不平行,导致光程不同,那么同样会导致吸收定律偏移。

③ 溶液浓度对吸收定律同样具有影响,浓度测量的相对误差与透射率 T 有关。

对 $A = -\lg T = \lg\frac{I_0}{I} = \varepsilon b c$ 进行微分,得到

$$-0.434\Delta T / T = \varepsilon b \Delta c$$

得到浓度测量的相对误差为

$$\frac{\Delta c}{c} = \frac{0.434}{T \lg T}\Delta T$$

图 4-29 为浓度相对误差随透射率的变化曲线。可以看出当透射率过大或者过小时,都会导致浓度相对误差很大,而透射率 T 在 20%~65% 之间(吸光度 A 在 0.2~0.7 之间)时浓度测量相对误差较小。所以在实际光谱测量时应将透射率或吸光度控制在该范围内。例如,假设某浓度溶液的吸光度过大,可以先把溶液稀释,然后再测定吸光度,计算出稀释

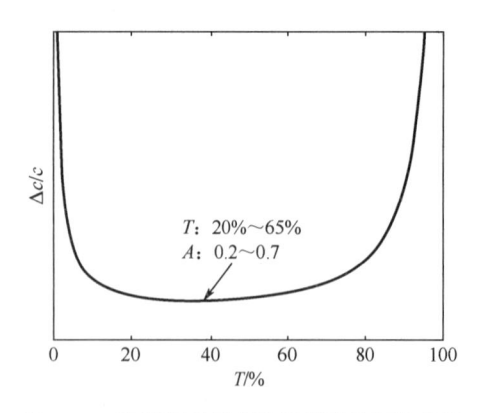

图 4-29 浓度相对误差随透射率的变化曲线

溶液的浓度，最后按稀释比例计算出原溶液的浓度。

接下来介绍几种吸光度的测量方法。

① 差示分光光度法。在处理高浓度溶液时，直接测量会带来较大误差，差示分光光度法可以选择稍低于待测溶液浓度的已知浓度溶液作为参比。假设待测未知溶液的浓度、吸光度和透射率分别是 c_x、A_x、T_x，参比溶液的浓度、吸光度和透射率分别是 c_s、A_s、T_s，那么未知溶液的透射率 T_r 为

$$T_r = \frac{T_x}{T_s} = \frac{(I_x/I_0)}{(I_s/I_0)} = \frac{I_x}{I_s}$$

由吸收定律也可得到，未知溶液与参考溶液的吸光度差与它们的浓度差 A_r 成正比

$$A_r = -\lg T_r = -\lg \frac{T_x}{T_s} = A_x - A_s = \varepsilon b(c_x - c_s)$$

因此测出吸光度差，根据上式就可以计算出浓度差，再加上参比溶液的浓度值 c_s，可以得到待测溶液的浓度 c_x。

② 双波长分光光度法。双波长分光光度法以一个波长的吸光度作为另一个波长的参比，假设两个波长分别为 λ_1 和 λ_2，它们对样品溶液的摩尔吸光系数为 $\varepsilon_{\lambda 1}$ 和 $\varepsilon_{\lambda 2}$，根据吸收定律，两个波长处的吸光度可分别表示为

$$A_{\lambda 1} = \varepsilon_{\lambda 1} bc + A_{s1}$$
$$A_{\lambda 2} = \varepsilon_{\lambda 2} bc + A_{s2}$$

其中 A_{s1} 和 A_{s2} 为背景吸收，与波长关系不大，可以得到两个波长处的吸光度差与浓度也成正比

$$\Delta A = A_{\lambda 2} - A_{\lambda 1} \approx (\varepsilon_{\lambda 2} - \varepsilon_{\lambda 1})bc$$

③ 导数分光光度法。将吸光度对波长求导，可以得出吸光度对波长的导数仍与浓度成正比，这也是导数分光光度法的浓度测量原理。

导数光谱同样适用吸收定律，将两个邻近波长处的吸光度相减，对波长扫描，可直接得到一阶导数光谱，同时借助计算机可从原始光谱数据中计算获得任意阶的导数光谱，导数光谱具有更高的光谱分辨率，能够很好地分辨重叠谱带。

④ 单组分的定量分析方法。这里主要介绍 3 种方法。绝对法：摩尔吸光系数 ε 查表得到，实验测定吸光度 A，再利用吸收定律直接计算浓度 $A = \varepsilon bc$；标准对照法：根据浓度与吸光度成正比，配制标准溶液，将待测溶液与标准溶液的吸光度进行比较；标准曲线法：首先配制一系列已知浓度的溶液，测定其吸光度，获得吸光度-浓度曲线，然后在相同条件下测量未知浓度溶液吸光度，从曲线中查出样品浓度。

⑤ 混合物分析。针对混合物，如果各个组分的吸收曲线在最大吸收波长位置没有重叠，则与单组分的测量一样。如果有重合，则在测得多个波长下的吸光度后，通过解联立方程

可以得到各个组分的浓度。

上面主要介绍了吸收光谱的一些分析方法，而对于发射光谱，其典型特征就是光谱信号中包含入射光频率以外的特征光信号，也就是样品在外部激发下会产生新的光频率或波长。从能量转移的角度来说，吸收光谱是入射光的能量转移到物质粒子上，使得原本处于基态或低能态的物质粒子跃迁到更高能级而形成的。发射光谱则相反，其是由物质粒子从高能级向低能级跃迁时以光的形式释放能量而形成的。例如：白炽灯通过电加热的方式使钨灯丝达到很高的温度从而发光；日光灯的管壁涂有荧光材料，在高压汞灯的照射下可以向外发射荧光，这种发光方式就是光致发光；其他还有荧光棒，内部含有过氧化物和酯类化合物，将化合物混合过程中释放的化学能传递给荧光染料也会发光。

从以上分析可以发现，对于发射光谱，在探测器检测到的特征光信号中只要找到入射光频率中不存在的光频率，并分析新产生的频率来源即可对样品进行定性或定量分析。

例题 4.10.1 维生素 B_{12} 的水溶液在 361 nm 处的百分吸光系数为 207。精密称取 B_{12} 样品 25.0 mg，用水配成 100 mL；溶液精密吸取 10 mL，置于 100 mL 容量瓶中，加水至满刻度。然后取此溶液在 1 cm 的样品池中，在 361 nm 处测定吸光度为 0.507。求维生素 B_{12} 的百分含量（或纯度）。（注：百分吸光系数是吸光系数的另一种表示方法，它等于浓度为 1 g/100 mL 的样品溶液在 1 cm 的光程下的吸光度大小。）

解：所配的溶液浓度为 $C=0.025/100/10=0.002\ 5$(g/100 mL)，所以在 100% 纯度的情况下所测吸光度应该为 $A=207×1×0.002\ 5=0.517\ 5$，但是实际测得 $A'=0.507$，所以维生素 B_{12} 的纯度为 $Q=A'/A×100\%=98\%$。

例题 4.10.2 如果未知溶液的透射率 $T_x=5\%$，参比溶液的透射率 $T_s=10\%$，透射率测量误差 $\Delta T=1\%$，试估计普通法和差示法测得的浓度测量误差。

解：

普通法 透射率 5%　　$\dfrac{\Delta c}{c}=\dfrac{0.434}{0.05\lg 0.05}0.01≈-6.67\%$

差示法 透射率 50%　　$\dfrac{\Delta c}{c}=\dfrac{0.434}{0.5\lg 0.5}0.01≈-2.88\%$

4.10.3 光谱不确定度

在计量和测量领域，我国在 1999 年就正式颁布了 JJF 1059—1999《测量不确定度评定与表示》，由于测量结果总会有误差的存在，合理表征被测量值的分散性与测量结果相联系的参数，就是测量不确定度。此规范表明了不确定度在计量与测量领域中的重要性，在使用光谱法进行检测工作时，同样需要进行测量结果不确定度的评定，相关标准如 GB/T 7999—2015《铝及铝合金光电直读发射光谱分析方法》。

以原子吸收光谱法为例，其工作原理为将含有待测元素的化合物原子化，使其解离为基态原子。以光源发射出的光辐射穿过一定厚度的原子蒸气时，其中待测元素的基态原子会吸收特征光辐射。根据吸收定律，可由吸光度值求得待测元素的含量。根据原子吸收光谱法的原理，所测样品中所测元素的含量（X）与待测样品中所测元素浓度（c_0）、消化

液定容体积（v）、待测样品质量（m）有关，通常建立数学模型

$$X = \frac{c_0 \times v}{m}$$

由于三个变量彼此相互独立，根据不确定度传播定律得到所测元素的相对合成标准不确定度为

$$Ur(X) = \frac{U(X)}{X} = \sqrt{\left(\frac{u(c_0)}{c_0}\right)^2 + \left(\frac{u(v)}{v}\right)^2 + \left(\frac{u(m)}{m}\right)^2}$$

试样浓度的合成相对标准不确定度 $u(c_0)$ 由两部分合成，由标准曲线校准所得浓度产生的不确定度 $u(c_1)$，由标准储备液配置标准曲线系列稀释所产生的不确定度 $u(c_2)$。

通常利用最小二乘法对标准系列测定的数据进行线性拟合可得到曲线方程 $y = ax + b$，根据曲线方程可求出所测元素的浓度 c_0。由标准曲线校准所得浓度产生的不确定度 $u(c_1)$ 可由校准曲线斜率 B_1、试样溶液测定的次数 P、标准溶液测定的次数 n、试样溶液中待测元素浓度 c_0、校准曲线中待测元素的平均浓度 $\bar{c}$（mg/L）、校准曲线中待测元素的标准浓度 C_j（mg/L）、校准曲线溶液中吸光度的测定值 A_j 等得到

$$u(c_1) = \frac{S_R}{B_1} \sqrt{\frac{1}{p} + \frac{1}{n} + \frac{(c_0 - \bar{c})^2}{\sum (c_j - \bar{c})^2}}$$

$$S_R = \sqrt{\sum_{j=1}^{n} \frac{\left[A_j - (B_1 C_j + B_0)\right]^2}{n-2}}$$

由标准储备液配置标准曲线系列所产生的不确定度 $u(c_2)$ 由以下三部分构成：标准储备液浓度（p，假设 $p = 1\,000$ mg/L）、移液管移取储备液体积（v_1）、标准系列的定容体积（v_2）。标准储备液浓度（p）的不确定度通常由供应商提供的不确定度按照均匀分布转化为标准偏差来计算而求得。其余两部分的不确定度包括：将移液管和容量瓶允许的误差按照均匀分布转化为标准偏差；将溶液温度与校准温度的差异引起的容积变化按照均匀分布转化为标准偏差；重复测量容积的大小，利用贝塞尔公式统计出其标准偏差。将这三项相对标准偏差合成转化为由移液管和容量瓶所带来的 $Ur(v_1)$ 和 $Ur(v_2)$。因此标准储备液在配制标准系列时产生的合成相对标准不确定度 $Ur(c_2)$ 为

$$\frac{u(c_2)}{c_{1\,000}} = \sqrt{Ur(p)^2 + Ur(v_1)^2 + Ur(v_2)^2}$$

得到样品消化液待测元素的浓度不确定度 $Ur(c_0)$ 为

$$Ur(c_0) = \frac{u(c_0)}{c_0} = \sqrt{\left[\frac{u(c_1)}{c_0}\right]^2 + \left[\frac{u(c_2)}{c_{1\,000}}\right]^2}$$

样品消化液定容体积产生的不确定度 $Ur(v)$ 与样品 $Ur(v_2)$ 计算方法相同。称量样品产生的不确定度 $Ur(m)$，以使用天平线性分量 0.001 g 为例，按照均方分布转化标准偏差为 $0.001/\sqrt{3} = 0.000\,58$，称量产生的相对标准不确定度为

$$Ur(m) = 2\sqrt{2 \times (0.000\,58)^2}\,/\,m$$

代入公式可计算得到合成标准不确定度$Ur(X)$，继而得到$U(X) = Ur(X) \cdot X$。

参考文献

[1] 袁波，杨青. 光谱技术及应用[M]. 杭州：浙江大学出版社，2019.

[2] 冯其波. 光学测量技术与应用[M]. 北京：清华大学出版社，2008.

[3] 郁道银，谈恒英. 工程光学[M]. 北京：机械工业出版社，2016.

[4] 多纳特. 光电仪器：激光传感与测量[M]. 赵宏，王昭，杨玉孝，等译. 西安：西安交通大学出版社，2006.

第 5 章

电化学计量与测量

电作为一种神秘的能源与其他能源不同,它并不是自然界随处可见的,而是通过一定的条件触发的。那么,人类是如何发现电的呢?1733 年,法国物理学家杜菲(Du Fay)通过实验区分出两种电荷,并指出电荷间相互作用表现为同种电荷互相排斥,异种电荷互相吸引。1786 年,意大利动物学家伽伐尼(Galvani)在一次偶然的实验中发现用两种不同的金属器械接触青蛙腿,青蛙腿会抽搐。他设想这是由神经传到肌肉的一种特殊电流引起的,金属起着传导作用,于是把这种电称为"动物电"。他于 1791 年发表了研究成果。意大利物理学家伏打(Volta)受到伽伐尼研究的启发,经过一系列大胆假设与严谨验证后,利用不同金属片夹湿纸制成了世界上第一个化学电源——伏打堆。虽然此电源不能被用于生产上,但是它为人类开启了一扇门,让人类可以看到化学和电并不是完全割裂开的两种物质。电是通过化学物质的反应实现的,并非只能通过物理接触或者天然采集。随着人们对于电的理解愈加深入,人类发现了电的越来越多的用途,同时电与化学反应的联系也愈发紧密起来。人类发现电和化学物质可以通过电化学反应互相转化,而电化学就是研究这些过程的。

电化学是物理化学的一个重要组成部分,它不仅与无机化学、分析化学、有机化学及化学工程等多个学科相关,还渗透到环境科学、能源科学、生物学及金属工业等领域。本章首先通过对电化学的发展历程进行梳理,介绍电化学进展中的里程碑的发现,明确现在的电化学科学是如何建立的。接着分小节介绍电化学中的基本的理论研究方法,并简要介绍了近年来基于电化学设计的一些研究领域。最后重点对电化学计量、测量学进行介绍。

5.1 电化学起源和发展

1. 早期电化学发展的四大事件

① 1786 年,伽伐尼在青蛙解剖实验中发现当青蛙的腿剧烈地痉挛时,会出现电火花,

由于这个意外的发现，伽伐尼在 1791 年发表了《论肌肉中的电力》一文，这篇论文的发表标志着电化学和电生物学的诞生。

② 1833 年，天才实验家法拉第（Faraday）在经过大量实验后提出了"电解定律"。"电解定律"作为电化学的基础为电化学的发展指明了方向。

③ 1839 年，格罗夫（Grove）发明燃料电池，利用铂黑作为电极的氢氧燃料电池点燃了演讲厅的照明灯，从此燃料电池进入了历史的舞台。燃料电池发展到现在已经有了实质性的飞跃。

④ 1905 年，塔菲尔（Tafel）通过实验获得了塔菲尔经验公式。

2. 电化学发展史上的其他重要事件

① 1799 年，伏打在银和锌的圆板之间放入了被食盐水浸湿的抹布，发明出了最早的电池。

② 1876 年，吉布斯（Gibbs）发表了《论非均相物体的平衡》的第一部分，1878 年，他完成了第二部分。此篇论文在电化学的发展过程中有着无可替代的地位，在论文中电动势第一次被赋予了热力学定义。

③ 1889 年，25 岁的能斯特（Nernst）成了第一个对电池产生电动势做出合理解释的人，由能斯特提出的能斯特方程是原电势的基本方程。能斯特表示一定温度下可逆电池的电动势与参加电池反应各组分的活度之间的关系，反映了各组分活动对电动势的影响。

④ 1923 年，德拜（Debye）和休克尔（Hückel）提出了强电解质离子相互吸引理论，并在此基础上提出了德拜-休克尔极限定律，使电化学的理论计算体系在实验数据处理方面进一步完善。

5.2 电位分析法

5.2.1 基本术语

1. 电极电势解释

电极电势是电化学领域中一个极为重要的概念。18 世纪，吉布斯指出介质中化学组成不同的两点之间的电位差不可测量。因此，金属/溶液两相之间的电位差（绝对电极电势）是不能直接测量的。德国化学家能斯特提出了双电层理论解释电极电势产生的原因。将金属放入溶液中，一方面，金属晶体中处于热运动的金属离子在极性水分子的作用下，离开金属表面进入溶液。金属性质越活泼，这种趋势越大。另一方面，溶液中的金属离子由于受到金属表面电子的吸引在金属表面沉积，溶液中金属离子的浓度越大，这种趋势也越大。在一定浓度的溶液中产生平衡后，在金属和溶液两相界面上形成了一个带相反电荷的双电层，双电层的厚度虽然很薄（10^{-10} 米数量级），却能在金属和溶液之间形成电势差。通常人们将产生在金属和盐溶液之间的双电层的电势差称为金属的电极电势，并以此来描述金属得失电子能力的相对强弱。电极电势用符号 $E(M^{n+}/M)$ 表示，单位为伏。例如，铜的电极电势为 $E(Cu^{2+}/Cu)$。

2. 电位分析法解释

电位分析法是通过测试平衡电极电位，进而检测溶液中物质的种类和浓度的电化学分析方法。这种方法主要用来定性定量地检测物质。图 5-1 为电位分析法的基本装置示意图。电位分析法的装置通常包含两种电极，分别是参比电极和指示电极。

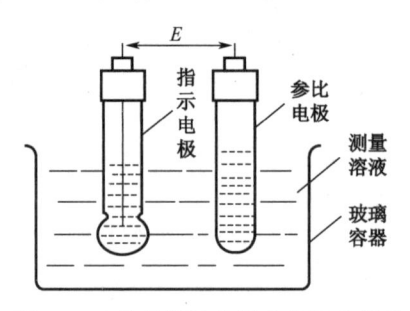

图 5-1 电位分析法的基本装置示意图

3. 参比电极解释

参比电极，测量各种电极电势时作为参照比较的电极。用被测定的电极与精确已知电极电势数值的参比电极构成电池，测定电池电动势数值，就可计算出被测定电极的电极电势。在参比电极上进行的电极反应必须是单一的可逆反应，电极电势稳定和重现性好。通常多用微溶盐电极作为参比电极，氢电极只是一个理想的但不易实现的参比电极。常用的参比电极有三种，包括标准氢电极、甘汞电极及银-氯化银电极。

（1）标准氢电极

标准氢电极只是一种假定的理想状态，通常是将镀有一层海绵状铂黑的铂片浸入氢离子浓度为 1.0 mol/L 的酸溶液中，不断通入压力为 100 kPa 的纯氢气，使铂黑吸附 H_2 至饱和，这时铂片就好像是用氢制成的电极一样。标准氢电极的制备如图 5-2 所示。

由于单个电极的电势无法确定，故规定任何温度下标准状态的氢电极的电势皆为零，任何电极的电势就是该电极与标准氢电极组成的电池的电势，这样就得到了"氢标"的电极电势。标准状态是指氢电极的电解液中的氢离子活度为 1，氢气的压强为 0.1MPa（约 1 大气压）的状态（标准状态时温度为 298.15 K）。氢标电极的温度系数也因此为零。实际测量时需用电势已知的参比电极替代标准氢电极，如甘汞电极、氯化银电极等。它们的电极势是通过与氢电极组成无液体接界的电池，通过精确测量用外推法求得的。

图 5-2 标准氢电极的制备

（2）甘汞电极

甘汞电极是常用的一种参比电极。由汞和氯化亚汞在氯化钾水溶液的饱和溶液中相接触而成。常用的甘汞电极有三种：饱和甘汞电极中氯化钾溶液为饱和溶液，当量甘汞电极中氯化钾溶液浓度为 1 mol/L，0.1 mol/L 甘汞电极中氯化钾溶液浓度为 0.1 mol/L。在

298.15 K 时，当量甘汞电极的电极电位是 0.280 1 V。甘汞电极的制备和保存都很方便，电极电位也很稳定，所以用途很广。

以下是甘汞电极的电极反应式和电极符号。

电极反应式：$Hg_2Cl_2+2e \rightleftharpoons 2Hg+2Cl^-$

电极符号：Pt|Hg（l）|Hg_2Cl_2（s）|KCl（饱和）

（3）银-氯化银电极

电极的种类一般分为四种：金属-金属离子电极、气体-离子电极、金属-金属难溶盐电极及氧化还原电极。甘汞电极在电极的分类中属于金属-金属难溶盐电极。甘汞电极在 70 ℃以上时电位值不稳定，在 100℃以上时电极只有 9 小时的寿命，因此甘汞电极应在 70 ℃以下使用，超过 70 ℃时应改用银-氯化银电极。目前国内外关于银-氯化银固体参比电极制备的研究不少。其中一种制备方法是按一定的比例将制好的 AgCl 和粒度为 200 目纯度为 99.97%的银粉均匀混合、造粒，并在单轴压力下于圆柱体模具内压制成电极坯体，在 400～600 ℃下烧结得到初始电极，经打磨和盐酸活化后与银棒进行螺纹连接、封装，制成海洋电场测量电极。银-氯化银电极的电极反应式和电极符号分别如下。

电极反应式：$AgCl+e \rightleftharpoons Ag+Cl^-$

电极符号：Ag（s）|AgCl（s）|Cl^-（c）

5.2.2 电位分析法的基本应用

1. pH 计

电位分析法测定溶液的 pH 是目前应用最为广泛且最早应用的电位测定法。其中玻璃电极和饱和甘汞电极作为化学电池的两极。玻璃电极作为测量溶液中氢离子活度的指示电极，饱和甘汞电极作为参比电极。玻璃电极主要由一个玻璃泡构成，玻璃泡的下半部分是一个玻璃薄膜，在玻璃泡中装有 pH 一定的溶液，其中插入银-氯化银电极作为参比电极。电位分析法测定溶液的 pH 灵敏度和准确度都很高，操作简单方便。20 世纪 60 年代以来，由于离子选择性电极的迅速发展，电位测定法的应用性及重要性更是有了重要突破。

2. 电位滴定法

电位滴定法是一种利用电位分析法确定终点的滴定方法。进行电位滴定时，在待测溶液中加入一个指示电极，并与一个参比电极组成一个工作电池。随着滴定剂的加入，由于发生化学反应，待测离子或与之有关的离子浓度不断变化，指示电极电位也发生相应的变化，在化学计量点附近发生电位的突跃，因此测量电池电动势的变化就能确定滴定的终点。由此可见，电位滴定法与电位测定法不同，它是以测量电位的变化情况为基础的。电位滴定法比电位测定法更准确，但费时较多。

5.3 伏安法

伏安法是一种电化学分析方法，根据指示电极电位与通过电解池的电流之间的关系而获得分析结果,是一种较为普遍的测量电阻的方法。因为是用电压除以电流,所以叫伏安法。伏安法电化学实验装置如图 5-3 所示。

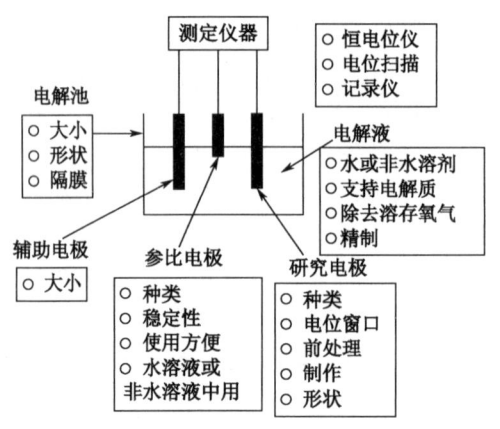

图 5-3 伏安法电化学实验装置

5.3.1 线性扫描伏安法

线性伏安技术即通过线性改变工作电极的电位。同时测量电流响应,得到伏安曲线。一般把线性伏安技术分为两类:当扫速足够慢时,电极表面基本处于稳态,这时把电流随电压响应成为的稳态极化曲线,简称为极化曲线,此时的电流为法拉第电流;当扫速较快时,电极表面处于暂态,称其为伏安曲线,此时的电流包括法拉第电流和非法拉第电流。这两者的响应是不同的,在电化学测试过程中有着不同的应用。

5.3.2 循环伏安法

循环伏安法是一种很有用的电化学研究方法,可用于电极反应的性质、机理及电极过程动力学的参数研究。对于一个新的电化学体系,首选的研究方法往往是循环伏安法。由于受因素影响较多,该方法一般用于定性研究,很少用于定量研究。

5.3.3 其他伏安法

1. 脉冲伏安法

脉冲伏安技术旨在降低伏安测量的检测极限,通过大幅度增加法拉第电流和非法拉第电流的比率,这种技术可允许浓度数值降至 10^{-8} mol/L。由于技术上的改进,现代脉冲技术已逐步取代了经典的直流极谱法。各种脉冲技术都是以取样电流的电势阶跃(计时电流法)实验为基础的。在工作电极上应用的电势阶跃序列,每个阶跃持续时间超过 50 ms。当电压阶跃后,充电电流就以指数形式很快衰减,而法拉第电流下降的速度慢得多。因此,通过采取在脉冲后期取样电流就可以有效地避开充电电流的影响。各种脉冲伏安技术的区别在于激励的波形和电流取样范围。常规脉冲和微分脉冲伏安法,当使用滴汞电极时,在每一个汞滴上都可加一个电压脉冲（两种技术也都能用于固体电极）控制汞滴滴落的时间，调节脉冲周期与汞滴的滴落周期同步。在汞滴的生长末期，法拉第电流达到最大值，而充电电流的影响最小。

2. 方波伏安法

方波伏安法又称现代方波伏安法，是一种多功能、快速、高灵敏度和高效能的电化学分析法。方波伏安法是一种大振幅的差分技术，应用于工作电极的激励信号由对称方波和阶梯状电势叠加而成。另外，在液相色谱洗脱峰相近和毛细管电泳中迁移率接近的物质的分辨上，方波伏安法有其独特的优势和应用价值。方波伏安法的快速扫描能力和可逆性也有利于动力学研究。

5.3.4 伏安法的应用

盐酸洛美沙星属于第三代喹诺酮类抗菌药，临床主要用于治疗各种革兰氏阳性菌和阴性菌引起的急、慢性感染性疾病。义献报道测定该类药品含量的方法主要有毛细管电泳法、分光光度法、高效液相色谱法、荧光光谱法、微量透析法、酶联免疫法、分子印迹法、化学发光法、离子色谱法等。这些方法有的成本太高，有的分析步骤烦琐，有的需要用到较多有毒的有机试剂，因此有必要研究快速、无毒、操作简便、灵敏的测定抗生素的方法。

与其他方法相比，差分脉冲溶出伏安法不仅能同时测定多种重金属离子，而且具有灵敏度高、选择性好、速度快、操作简便、成本低等优点，适合于痕量金属离子的检测。另外，化学修饰电极具有高选择性，该法广泛应用于药物检测。基于盐酸洛美沙星可与$Zn(SCN)_4^{2-}$形成离子缔合物沉淀的特点，用Nafion（全氟磺酸）-石墨烯复合膜制备成电化学传感器，在KSCN-HSCN介质中用差分脉冲溶出伏安法测定离子缔合物沉淀中锌（Ⅱ）的含量，间接测定盐酸洛美沙星的含量。对酸化的样品离子缔合物进行沉淀、离心分离，在支持电解质0.7 mol/L HSCN-KSCN中于-3.50 V下搅拌富集3 min，然后进行阳极极化扫描，可获得灵敏的阳极溶出峰，利用此法测定盐酸洛美沙星质量浓度线性范围为1.5×10^{-2}～5.5×10^{-2} mg/mL，检出限为6.16×10^{-2} μg/mL，相关系数为0.998，样品测定值的相对标准偏差为1.92%（n=11），加标回收率为96.00%～100.89%。

1. 标准溶液加入法

在仪器最优化的条件下做空白试验。以2.5×10^{-2} mg/mL的盐酸洛美沙星标准溶液和0.7 mol/L KSCN溶液的混合溶液进行空白试验，溶液的峰电流基本没有响应；当在2.5×10^{-2} mg/mL盐酸洛美沙星标准溶液和0.7 mol/L KSCN溶液的混合溶液中加入0.02 mol/L锌标准溶液时，溶液的峰电流值较大，且溶出伏安图峰形较好，表明修饰电极对锌的选择性高。

2. 标准曲线法

分别准确移取盐酸洛美沙星标准溶液0.30 mL、0.40 mL、0.50 mL、0.60 mL、0.70 mL、0.80 mL、0.9 mL、1.0 mL、1.1 mL、1.2 mL、1.3 mL于离心管中。以盐酸洛美沙星溶液的质量浓度（ρ，mg/mL）为自变量、峰电流强度（i，mA）为因变量进行线性回归，得线性

方程 $i=0.0318\rho+0.6199$，相关系数（r）为 0.998，表明盐酸洛美沙星溶液的质量浓度在 $1.5\times10^{-2}\sim5.5\times10^{-2}$ mg/mL 范围内与峰电流线性关系良好。用 2.5×10^{-2} mg/mL 盐酸洛美沙星标准溶液和 0.7 mol/L KSCN 溶液的混合溶液进行空白试验，进行 20 次重复测定，计算得标准偏差，并据此计算得此方法的检出限为 6.16×10^{-2} μg/mL。

取盐酸洛美沙星胶囊样品 100 mg，按本方法平行测定 11 次，精密度测定结果见表 5-1。由表 5-1 可知，测定结果的相对标准偏差为 1.92 %，表明本方法精密度较高。按本方法测定盐酸洛美沙星样品溶液，并进行加标回收试验，加标回收试验结果见表 5-2。由表 5-2 可知，样品加标回收率为 96.00%～100.89%，表明本方法测量准确度较高。

表 5-1　精密度试验结果

峰电流值/mA	峰电流平均值/mA	RSD/%
0.786 5，0.753 8，0.767 6，0.786 7，0.774 9， 0.788 3，0.759 8，0.765 3，0.747 7，0.756 1，0.783 1	0.765 6	1.92

表 5-2　加标回收试验结果

盐酸洛美沙星的质量/mg			回收率/%
本底值	加入量	测定值	
2.05	1.00	3.01	96.00
	2.25	4.32	100.89

采用 Nafion-石墨烯修饰玻碳电极，在 KSCN-HSCN 介质中利用差分脉冲溶出伏安法测定沉淀离子缔合物中的锌(Ⅱ)含量来间接测定盐酸洛美沙星的含量，该方法线性关系良好，操作简单，灵敏度高。与传统的汞膜电极相比，Nafion-石墨烯修饰玻碳电极具有对环境无害、选择性好、灵敏度高等优点。

5.4　电解与库伦分析法

5.4.1　电解池的原理

电解池的基本原理是将电能转化为化学能的电化学过程。整个过程是通过外加电源对电解质溶液通电，从而使离子通过电化学过程消耗。电解池的构成条件如下。

① 有阴阳两极连接在直流电源上。
② 可以导电的两个电极，其中与电源正极相连的为阳极，与负极相连的为阴极。
③ 阴阳两极放置在电解质溶液中。
④ 形成闭合回路。

上述 4 个条件中，既有构成完整电路的必要条件，也有发生氧化还原反应的必要条件。电解池的反应机理是阳极上失电子，发生氧化反应。阳极如果是由活泼金属构成的，则是活泼金属失电子变成金属离子进入电解质溶液。如果是由非活泼金属如铂或者是非金属如碳等物质构成的，则是电解质溶液的阴离子反应。而此时阴极溶液中的阳离子发生还原反应，得到电子，反应平衡。电解池的好处是可以使得两极的产物分离，并且可以完成一些正常条件下不能完成的反应。

5.4.2 电解工业

氯碱工业是化工行业的重要组成部分，氯碱工业中的烧碱被广泛应用于石油化工行业、纺织行业、冶金行业、造纸行业中；氯碱工业中的氯气不仅可以用于各种化学材料的生产，还可以用于水处理，尤其在 PVC 生产、环氧氯丙烷生产及聚碳酸酯生产方面占据很大的比重。氯碱技术最初源自英国，自 1981 年首个电解食盐水专利技术的出现，氯碱技术也开始逐步走向工业化。随着氯碱产业化的发展，市场中形成了两大类方法，即水银法和隔膜法。虽然这两类方法对氯碱市场的发展有很大的推动作用，但是同时也引发了一系列环境问题。随着环境保护问题越来越受到社会的重视，水银法逐渐淡出了市场。自此隔膜法飞快发展，随着离子交换技术的发展，这一技术与隔膜法充分结合形成了更加高效的氯碱生产工艺，被市场广泛接受并得到快速的普及应用。电解的基本装置如图 5-4 所示。

目前氯碱工业主要是采用电解饱和盐水来制取烧碱、氯气和氢气，在工业历史过程中经历了苛化法、水银法、隔膜法和离子膜法等制氯工艺。电解法用于氯碱工业的反应原理是

阳极反应：$2Cl^- - 2e^- = Cl_2\uparrow$（氧化反应）

H^+ 比 Na^+ 容易得到电子，因而 H^+ 不断地从阴极获得电子被还原为氢原子，并结合成氢分子从阴极放出。

阴极反应：$2H^+ + 2e^- = H_2\uparrow$（还原反应）

H^+ 是由水的电离生成的，由于 H^+ 在阴极上不断得到电子而生成 H_2 放出，破坏了附近的水的电离平衡，水分子继续电离出 H^+ 和 OH^-，H^+ 又不断得到电子变成 H_2，结果在阴极区溶液里 OH^- 的浓度相对增大，使酚酞试液变红。因此，电解饱和食盐水的总反应可以表示为：

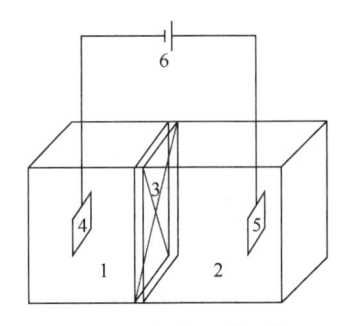

$$2NaCl + 2H_2O = 2NaOH + H_2\uparrow + Cl_2\uparrow$$

1、2 均为电解液，3 为隔膜，
4、5 为电极，6 为电解电源

图 5-4 电解的基本装置

工业上利用这一反应原理制取烧碱、氯气和氢气。

在上面的电解饱和食盐水的实验中，电解产物之间能够发生化学反应，如 NaOH 溶液和 Cl_2 能反应生成 NaClO，H_2 和 Cl_2 混合遇火能发生爆炸。在工业生产中，要避免这几种产物混合，常使反应在特殊的电解槽中进行。

5.4.3 库仑分析法

库仑分析法又称电量分析法，是一种电化学分析方法。在电解过程中，电极上起反应的物质的量与通过电解池的电量成正比。在适当的条件下，测量通过电解池的电量（库仑数），可以算出在电极上起了反应的物质的量。由于电流和时间均可精确测量，本法是最准

确的常量分析方法，也是一个灵敏度很高的痕量分析方法。它不需要制备标准溶液和原始基准物质。一些不稳定的物质如 Mn（Ⅲ）、Ag（Ⅱ）、$CuBr_2$ 和 Cl_2 等都可作为库仑滴定剂，从而扩大了分析的范围。此外，它容易实现自动化，可以进行动态的流程控制分析。因此，它是一个很有发展前景的分析方法。

库仑分析法一般分为两类：控制电位库仑分析法（原级库仑分析法）和控制电流库仑法（次级库仑分析法）或恒电流库仑滴定分析法。①控制电位库仑分析法通常将物质全部电解，依据法拉第定律从消耗的库仑数直接求出被测物质的含量。可用于测定金属，如铅镉共存时测定镉、镍钴共存时测定镍，以及测定矿石中的铊等，也可用于 Cl^- 和 Br^- 共存时分别测定两离子。突出的应用是测定某些电极反应，特别是有机化合物的电极反应的电子数。缺点是分析耗时较长。②恒电流库仑滴定分析法的基本原理与滴定分析相同，只不过滴定剂是用恒电流通过电解池在试液内部产生的，因而可以说库仑滴定是一种以电子作为"滴定剂"的滴定分析法。

库仑分析法的优点：①灵敏度高，准确度好。测定 $10^{-10}\sim10^{-12}$ mol/L 的物质，误差约为 1%。②不需要标准物质和配制标准溶液，可以用作标定的基准分析方法。③对一些易挥发不稳定的物质如卤素、Cu（Ⅰ）、Ti（Ⅲ）等也可作为电生滴定剂用于容量分析，扩大了容量分析的范围。④易于实现自动化。此法已广泛用于有机物测定、钢铁快速分析和环境监测，也可用于准确测量参与电极反应的电子数。

5.5　电化学的重要应用

5.5.1　电化学能源

近年来，国际能源格局正在发生重大变革，能源系统从化石能源绝对主导向低碳多能融合方向转变的趋势已经不可逆转。为应对这一变化发展新趋势，世界各主要经济体均密集出台相关政策，以抢占能源资源和技术竞争的战略制高点。中国也坚定不移地启动了能源革命的重大战略，对延续数十年的能源生产、能源消费和能源管理体制进行变革，对能源生产和消费技术进行创新。其中，储能技术创新是践行和落实能源革命的关键环节，其目的在于解决风能和太阳能等可再生能源大规模接入、多能互补耦合利用、终端用能深度电气化、智慧能源网络建设等重大战略问题。这些战略问题的突破，需要实现跨时间、跨地域管理，以及调配各种形式的能源，也需要各种规模的储能（电）技术作为支撑。

储能（电）技术可分为物理储能技术和电化学储能技术。其中，电化学储能技术不受地理地形环境的限制，可以直接对电能进行存储和释放，且从乡村到城市均可使用，因而引起新兴市场和科研领域的广泛关注。电化学储能技术在未来能源格局中的具体功能如下：①在发电侧，解决风能、太阳能等可再生能源发电不连续、不可控的问题，保障其可控并网和按需输配；②在输配电侧，解决电网的调峰调频、削峰填谷、智能化供电、分布式供能问题，提高多能耦合效率，实现节能减排；③在用电侧，支撑汽车等用能终端的电气化，进一步实现其低碳化、智能化等目标。以储能技术为先导，在发电侧、输配电侧和用电侧实现能源的可控调度，保障可再生能源大规模应用，提高常规电力系统和区域能源系统效率，驱动电动汽车等终端用电技术发展，建立"安全、经济、高效、低碳、共享"的能源体系，成为未来 20 年我国落实"能源革命"战略的必由之路。电化学储能技术尽管已有 200 多年历史，但从来没有一个历史时期比 21 世纪更引人注目。电化学储能技术共有上百种，根据其技术特点，适用的场合也不尽相同。其中，锂离子电池一经问世，就以其高能量密度的优势席卷整个消费类电子市场，并迅速进入交通领域，成为支撑新能源汽车发展的支柱技术。与此同时，全钒液流电池、铅炭电池等技术经过多年的发展，正以其突出的安全性能和成本优势，在大规模固定式储能领域快速拓展应用。此外，钠离子电池、锌基液流电池、固态锂电池等新兴电化学储能技术也如雨后春笋般涌现，并以越来越快的速度实现从基础研究到工程应用的跨越。目前，电化学储能技术水平不断提高、市场模式日渐成熟、应用规模快速扩大，以储能技术为支撑的能源革命的时代已经悄然到来。

1. 国内外电化学储能技术的发展趋势

在能源革命的黄金时代，各类电化学储能技术需针对其细分市场进行差异化发展。然而无论哪一种储能技术，都必须满足三个基本要求：安全性高、全生命周期的性价比高，以及全生命周期的环境负荷低。目前，技术成熟度较高的锂离子电池、全钒液流电池和铅炭电池等电化学储能技术都基本实现市场化，在不断发展的能源格局中迭代发展。在未来，这些技术有望占领绝大部分电化学储能市场。

（1）锂离子电池

锂离子电池的种类很多，比较有代表性的是以锰酸锂、钴酸锂、磷酸铁锂、镍钴锰三元材料、镍钴铝三元材料为正极的商品化电池体系。其中，锰酸锂成本低、循环稳定性差，可用于低端电动汽车、储能电站及电动工具等。钴酸锂成本高、能量密度高，主要应用领域为消费类电子产品。镍钴锰三元材料与钴酸锂结构类似，但较之具有更长的循环寿命、更高的稳定性、更低的成本，适用于电动工具、电动汽车及大规模储能领域。磷酸铁锂具有相对较长的循环寿命、相对较好的安全性、相对较低的成本，已大规模应用于电动汽车、规模储能、备用电源等领域。国际上研发锂离子电池储能系统的公司主要包括美国特斯拉公司、日本三菱重工公司、韩国三星集团；国内的代表厂商有比亚迪集团、中创新航、力神等公司。特别是美国特斯拉公司，其依托日本松下公司的电池技术和独有的电池管理技术，在电动汽车领域和储能领域迅速崛起。2017 年，其在澳大利亚的南澳州建成了世界最大规模的 100 MW/129 MWh 的储能电站，并成功运行。尽管如此，锂离子电池由于能量密度很高、大量使用有机电解液，其燃爆事故层出不穷，需要选择合适的应用模式，并在大规模应用场合严格监控。而且，随着新能源汽车电池逐渐退役，因而亟待发展退役动力电池的梯次利用回收技术，使能源的使用形成闭环。经过多年的发展，中、日、韩三国的锂离子电池电芯产值已占据全球市场的 90%以上，锂离子电池行业三国鼎立的竞争格局已经形成。未来，锂离子电池需要在降低成本的基础上继续大幅提高安全性，以实现在大规模储能领域的普及使用。

（2）钠基电池

钠基电池主要包括高温钠硫电池、Zebra 电池和室温钠离子电池。钠硫电池是一种适用于大规模固定式储能的技术。日本 NGK 公司是世界上最大的钠硫电池生产企业。自 1983 年开始，NGK 公司和东京电力公司合作开发钠基电池。1992 年实现第一个钠硫电池示范储能电站至今，已有 30 余年的应用历程，其中包括全球规模最大的 34 MW 风力发电储能应用示范，保证了风力发电平稳输出。在我国，中国科学院上海市硅酸盐研究所和上海市电力公司于 2014 年合作实施了国内首个 1.2 MWh 钠硫储能电站工程化应用示范项目。Zebra 电池的主要研发企业为美国 GE 公司，2011 年斥资建造了年产能 1 GWh 的 Zebra 电池制造工厂，所生产的 Durathon 电池自 2012 年开始实现了商业应用。高温钠基电池存在短路燃烧的风险，其运行安全性仍需进一步验证。室温钠离子电池的工作原理与锂离子电池类似，但具有原材料来源丰富、成本低廉、无过放电、安全性好等优点，2010 年以来受到国内外学术界和产业界的广泛关注。目前国内外有 10 余家企业（英国法拉第公司，美国 Natron Energy 公司，法国 TIAMAT 公司，日本岸田、丰田、松下、三菱等公司，以及我国中科海钠、钠创新能源、辽宁星空钠电电池等公司）正在进行相关中试技术研发，并取得了重要进展。其中，依托中国科学院物理研究所技术的中科海钠公司已经研制出 120 Wh/kg 的软包装钠离子电池，循环 2 000 周后的容量保持率高达 80%。2019 年 3 月，中科海钠与中国科学院物理研究所联合推出 30 kW/100 kWh 钠离子电池储能电站，实现用户侧的示范应用。钠离子电池技术的开发成功有望在一定程度上缓解由于锂资源短缺引发的储能电池发展受限问题。

（3）铅炭电池

铅炭电池（或先进铅酸电池）是传统铅酸电池的升级产品，通过在负极加入特种炭材料，弥补了铅酸电池循环寿命短的缺陷，其循环寿命可达到铅酸电池的 4 倍以上，是目前成本最低的电化学储能技术。并且，由于铅炭电池适合在部分荷电工况下工作、安全性好，因而适合在各种规模的储能领域应用。在国际上，美国桑迪亚国家实验室、美国 Axion Power 公司、国际先进铅酸电池联合会、澳大利亚联邦科学与工业研究组织、澳大利亚 Ecoult 公司等机构均开展了铅炭电池的研发工作，并成功将该技术应用在数兆瓦的储能系统中，可满足中小规模储能和大规模储能市场的需求。中国在铅炭电池研究、开发、生产与示范应用方面也取得了长足的进步。比较有代表性的是南都电源、双登电源等铅酸电池企业，它们通过与解放军防化研究院、哈尔滨工业大学等单位合作，开发出自己的铅炭电池技术，并在国内成功实施了多个风光储应用示范项目。例如，浙江鹿西岛 6.8 MWh 并网新型能源微网项目、珠海万山海岛 8.4 MWh 离网型新能源微网项目、无锡新加坡工业园 20 MW 智能配网储能电站等。2018 年，中国科学院大连化学物理研究所与中船重工风帆有限责任公司合作，开发出拥有自主知识产权的高性能、低成本储能用铅炭电池，开展了光伏储能应用示范项目。目前，尽管铅炭电池的循环寿命比铅酸电池有大幅提高，但是相比锂离子电池还有明显不足。如何进一步延长铅炭电池寿命，以及如何进一步降低铅炭电池成本，成为其后续发展亟待解决的关键问题。

（4）液流电池

液流电池是一类较独特的电化学储能技术，通过电解液内离子的价态变化实现电能存储和释放。自 1974 年液流储能电池概念被提出以来，中国、澳大利亚、日本、美国等国家相继开始研究开发，并研制出多种体系的液流电池。这些液流电池根据正负极活性物质不同，可分为铁铬液流电池、多硫化钠溴液流电池、全钒液流电池、锌溴液流电池等体系。其中，全钒液流电池技术最为成熟，已经进入了产业化阶段。全钒液流电池使用水溶液作为电解质且充放电过程为均相反应，因此具有优异的安全性和循环寿命（>1万次），在大规模储能领域极具应用优势。在国际上，日本住友电工的技术最具代表性，其2016年在日本北海道建成了 15 MW/60 MWh 的全钒液流电池储能电站，主要在风电并网中应用。在中国，中国科学院大连化学物理研究所的技术最具代表性，其在2008年将该技术转入大连融科储能技术发展有限公司（以下简称融科储能）进行产业化推广。融科储能于2012年完成了当时全球最大规模的 5 MW/10 MWh 商业化全钒液流电池储能系统，已经在辽宁法库50 MW 风电场成功并网并安全可靠稳定运行，该成果奠定了我国在液流储能电池领域的世界领军地位。2014年，融科储能开发的全钒液流储能电池储能系统成功进军欧美市场，开始全球战略布局。2016年，国家能源局批复融科储能建设规模为 200 MW/800 MWh 的全钒液流储能电池调峰电站，用于商业化运行示范。目前，全钒液流储能电池依然存在能量密度较低、初次投资成本高的问题，正在通过市场模式和技术创新予以完善。在未来，还需要开发成本更低的长寿命液流电池技术，以实现技术的迭代发展。

2. 我国电化学储能技术的发展战略

当前，我国的能源革命还处于初期阶段，相应的储能市场体系还不完善，有必要通过补贴的方式迅速培养出完整的市场和产业链。在推动能源生产革命和消费革命的过程中，要充分发挥市场对资源的调配作用，使各类电化学储能技术依据其技术特点统筹发展。在关键技术攻关方面，仍应继续加大对研发的投入力度，并充分调动国内产学研优势力量进行联合攻关。对于液流电池技术，需要进一步支持全钒液流电池降低成本，开展百兆瓦级系统的应用示范并推广应用；同时，加强高能量密度、低成本的锌基液流储能电池的研究，突破其规模放大技术，开展示范应用，推进其产业化。对于铅炭电池技术，战略发展的重点在于实现炭材料的国产化，进一步提高铅炭电池的性价比，并在器件量产的基础上，推动储能系统集成技术的发展和应用领域的拓展。对于锂离子技术，未来需要发展不易燃的电解液和固态电解质以提高其安全性，结合退役动力电池梯次利用以大幅降低其成本，并实现废旧锂离子电池的无害化处理。与此同时，需要重点开发耐低温的锂离子电池，以实现在我国北方地区的普及应用。除此之外，需要布局新兴钠离子电池技术的应用示范。虽然钠离子电池能量密度不及锂离子电池，但钠离子电池的原材料储量丰富、成本低廉，在大规模储能领域的优势明显。未来需要进一步降低成本，提升循环寿命，全面评测钠离子电池的电化学及安全性能，尽快建立钠离子电池正极材料、负极材料、电解质盐的产业链，开展兆瓦级系统的应用示范，推进其产业化。

5.5.2 电化学生物传感器

最初商业化的生物传感器均是用于血糖和尿糖检测的电化学传感器，20世纪80年代新型的生物传感器在实验室取得了科研进展，商家对生物传感器种类进一步扩展，相继出现了离子选择电极血气分析和血电介质传感器、有毒气体和易燃气体传感器、ISFET-pH 计，其中电化学传感器占多数。20世纪90年代以来，微机电系统（MEMS）加工技术使该类传感器及其生化分析仪器进一步向小型化、数字化和高可靠性发展。如 MiniMed、Lifescan、Medisense 公司采用 MEMS 技术生产的血糖微型检测仪比信用卡还小,且具有连续监测数据存储、与医院联网等功能。电化学传感器在生化传感器研发及其商业化领域中处于重要地位,该传感器种类繁多,可广泛应用于医疗保健、食品工业、农业、环境等领域。

1. 测试原理

电化学传感器主要由识别待测物的敏感膜和将生物量转化为电信号的电化学转换器两部分组成。根据产生的电信号类别,可将其分为电流型和电位型两大类。电流型传感器主要基于探测生物识别或化学反应中的电活性物质,通过固定工作电极的电位给电活性的电子转移反应提供驱动力,探测电流随时间的变化。该电流直接测量了电子转移反应的速度,反映了生物分子识别的速度,即该电流与待测物质的浓度成正比。电位型传感器将生物识别反应转换为电信号,该信号与生物识别反应过程中产生或消耗的活性物质浓度对数成正比,从而与待测物质浓度的对数成正比。电位型离子选择电极的选择性渗透离子导电膜可设计成与待测离子相关的产生电位信号的敏感膜,测试在电流为零的条件下进行。

2. 生物传感器定性/定量测量

由各种生物分子(DNA、酶、抗体、受体、微生物或全细胞)与电化学转换器(电流型、电位型、电容型和电导型)组合可构成多种类型的电化学生物传感器。其中生物分子识别的专一性决定了该传感器具有高度选择性。酶电极是最早研发的生物传感器,将酶固定在电极表面,探测电流型或电位型催化反应信号。酶的固定化是决定酶电极特性的关键技术。电流型酶电极基于探测生物催化反应中生成或消耗的电活性物质,大量的氧化还原酶、NAD^+辅酶及脱氢酶可用于多种底物(葡萄糖、乳酸、乙醇、有机磷等)的检测,产生的过氧化氢和 NADH 在 0.5~0.8 V vs Ag/AgCl 工作电压下很容易被检测到。另外,加入电介质可进一步降低工作电位,以减少样品中其他电活性物质的干扰。电位型酶电极利用离子敏电极、气敏电极、离子敏场效应晶体管(ISFET)或光寻址电位传感器(LAPS),通过检测生物催化反应导致的 pH 变化/氧化还原电位产生或消耗的离子(如 NH_4^+)浓度或气体(O_2 或 CO_2)浓度来检测底物产生的电位信号与底物浓度的对数成正比。除检测底物外,利用酶电极中酶活性受各种有毒物质的抑制作用来检测有毒物质,如氰化物、有毒金属、农药等。通过固定全细胞可增强传感器的稳定性和易活化特性,生化耗氧量 BOD 传感器就是一种全细胞生物传感器,它可对 BOD 进行快速检测,而传统的生化分析检测需要 5 天时间。免疫电化学生物传感器利用电活性分子或酶标记抗原进行免疫检测。电流型和电位型电极均可用于该类免疫检测。电化学生物传感器科技发展趋势是微型化和集成化,其微型化和集成化技术,将主要依托于微机电系统(MEMS)的微米/纳米制造技术和微电子 IC 制造技术,具有体积小、重量轻、成本低、功耗低、性能稳定等优点。基于 MEMS 技术成功研制的微型电极,通过进行酶固定化可对多种物质进行快速检测。I-STAT 公司生产的便携式血气分析仪,采用一次性集成生物传感器芯片可对血液中血气(CO_2、PO_2、pH、Na^+、K^+、Cl^- 等)进行检测,取样量为 100 μL 全血,由于价格昂贵,其市场仅限于医院的生化实验室。

3. 生物传感器研究展望

今后,与人类生活/健康有关的各类生物传感器有望得到较大的发展,运用 MEMS 技术进行各类新型生物传感器及其便携式测试系统的研制,使保健、疾病诊断、食品检测、环境监测不仅在生化分析实验室进行,还能向个人、家庭和现场检测拓展。电化学生物传感器将是一类极有前途和亟待研发的生物传感器。

5.6 电化学测量

电极电势、通过电极的电流是表征总的、复杂的微观电极过程特点的宏观物理量。复杂电极过程包含的许多步骤,随着条件的变化或增强、或减弱、或成为决定总过程的控制步骤、或降为不影响总过程的次要步骤,它们的变化都会引起电极电势、电流或两者同时变化。在经典电化学测量中,基本上就是通过测量电极过程中各种微观信息的宏观物理量(电流、电势)来研究电极过程的各个步骤。电化学测量步骤如图5-5所示。

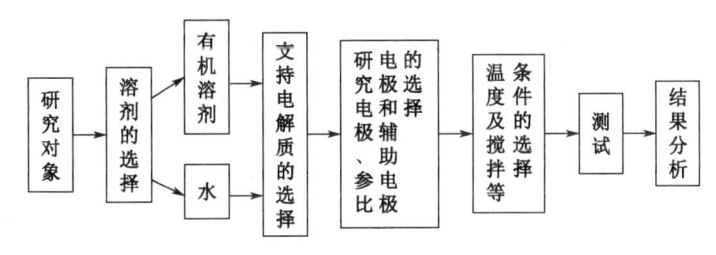

图 5-5 电化学测量步骤

大多数研究工作遵照一定的程序进行,大致如下:电化学测量是应用电化学仪器研究给体系(电解池)施加一定的激励信号,对实验数据进行分析,从而达到研究体系的动力学规律的目的。在此过程中,电解池设计和装置电极及其准备、溶液和除氧以及电化学测量技术的基础知识是所有电化学实验者必须熟悉和掌握的。本节将着重在实验应用和实验技能方面对上述有关问题进行介绍。

5.6.1 测量体系

1. 电解质溶液

电解质溶液简称电解液,电解液大致可以分为三类,即水溶液、有机溶剂液和熔融盐。盐水是最常用的溶剂,尽管有时也用非水溶剂,如乙腈和二甲基亚砜等,在某些特定场合也可采用混合溶剂。若采取适当的预防措施,则电化学试验几乎有可能在任何介质中进行,甚至在混凝土、玻璃、活体生物中进行。

溶剂的选择主要取决于待分析物的溶解度及其活性。此外,还要考虑溶剂的性质,如导电性、电化学活性。溶剂应不与待分析物反应,也应在较宽电势的范围内不参与电化学反应。溶剂的介电常数是一个重要的参量,介电常数越大,盐在该介质中离解越好,电解质溶液的导电性也越强。水的介电常数为80,0.5 mol/L 盐水溶液的电导率可达 10^2 S·cm^{-1} 量级。对于乙腈和二甲基亚砜等介电常数(20~50)的溶剂,则需要大于 1 mol/L 的盐水溶液才能达到相当的电导率。若用低介电常数的溶剂如四氢呋喃，就要更高浓度的溶液才能获得合适的电导率。

2. 盐桥

在测量电极电势时，往往参比电极内的溶液和被研究体系内的溶液组成不一样，这时在两种溶液间存在一个接界面。在接界面的两侧由于溶液浓度的不同，所含的离子的种类不同，在液界面上产生液接电势。为了尽量减小液接电势通常采用盐桥。常见的盐桥是一种充满盐溶液的管，管的两端分别与两种溶液相连。通常盐桥做成 U 形，充满盐溶液后，把它置于两溶液间，使两溶液导通。盐桥内充满凝胶状电解液，可以抑制两边溶液的流动。所用的凝胶物质有琼脂、硅胶等，一般常用琼脂。但浓度高的酸、氨都对琼脂有破坏作用，从而破坏盐桥，污染溶液。若遇到这种情况，不能采用琼脂盐桥。由于琼脂微溶于水，也不能用于吸附研究试验中。选择盐桥溶液应注意下述几点。

① 盐桥溶液内阴阳离子扩散的速度应尽量相近，且溶液浓度要大。这样在溶液界面上主要是盐桥溶液向对方扩散，在盐桥两端产生的两个液接电势的方向相反，串联后总的液接电势大减，甚至小到可忽略不计。

② 盐桥溶液内的离子，必须不与两端的溶液相互作用。如研究在金属腐蚀电化学的过程中，微量的 Cl^- 对某些金属阳极的过程会有明显的影响，这时应避免用 KCl 溶液的盐桥，或尽量设法避免 Cl^- 扩散到研究体系中。在长期使用盐桥时，微量的盐桥溶液往往能扩散到被测体系中，因此在选择盐桥溶液时，必须考虑盐桥溶液中离子扩散到被测系统后对测量结果的影响。如果体系离子选择电极测定 Cl^- 的浓度，若采用饱和 KCl 溶液作为盐桥溶液，那么微量 Cl^- 扩散到被测系统将影响 Cl^- 选择电极性的电势。

为了尽量减轻被测溶液、盐桥溶液及参比电极溶液间的彼此污染，应减慢盐桥内溶液的流动速度和离子扩散速度。有的盐桥用玻璃磨口活塞（不要将凡士林用作润滑，以避免污染溶液），有的盐桥两端用多孔烧结玻璃或多孔陶瓷封口。这些多孔材料的孔径要很小，如 $10^{-2} \sim 10\ \mu m$。连接时可直接在喷灯火焰上熔接，也可用聚四氟乙烯或聚乙烯管套接，也可用石棉绳封结盐桥管。如图 5-6 所示是几种常见的盐桥形式。

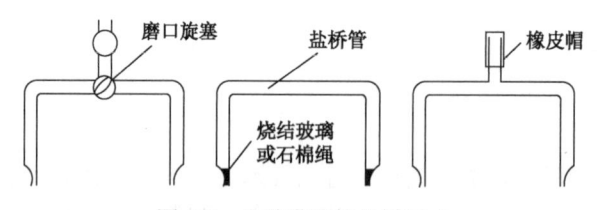

图 5-6 几种常见的盐桥形式

③ 利用液位差使电解液朝一定方向流动，可以减少盐桥溶液向研究体系溶液或参比电极溶液中的扩散。如图 5-7 所示，中间溶液为饱和 KCl 或与参比电极内的溶液相同，其液面比研究体系的液面低。因此，通过虹吸现象，研究体系的溶液会通过盐桥向中间容器流动，如果取下了参比电极上的橡皮帽，参比电极内的液面比中间容器的液面高，参比体系的溶液将流向中间溶液，这样就可以有效地防止参比电极与研究体系之间的相互污染。

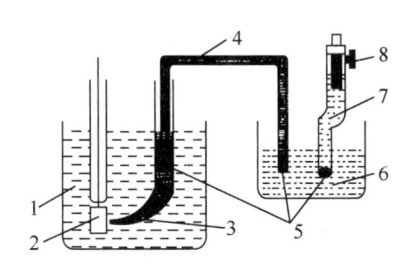

1—研究体系；2—研究电极；3—鲁金毛细管；4—盐桥；
5—多孔烧结玻璃或石棉绳；6—中间溶液；7—参比电极溶液；8—橡皮帽。

图 5-7 利用液位差防止参比电极与研究体系之间的相互污染

5.6.2　测量仪器

电化学仪器通常包括执行控制电极电势的恒电势仪、用于控制电流的恒电流仪、产生所需扰动信号的发生器，以及测量和记录体系响应的记录仪等。下面简单介绍恒电势仪和恒电流仪。

1. 恒电势仪

在三电极体系中，虽然从一开始就把相对于参比电极的研究电极电势设定为某值，但是随着电极反应的进行，电极表面反应物浓度不断降低，生成物浓度不断升高，电极电势将偏离初始设定电势。所以，为了使设定的电势保持一定，就应随着研究电极和参比电极之间的电势变化，不断地调节施加于两电极之间的电压。但这样的操作在很短的时间内是无法做到的，它只能借助于恒电势仪来实现。三电极体系测定电流-电势曲线如图 5-8 所示。

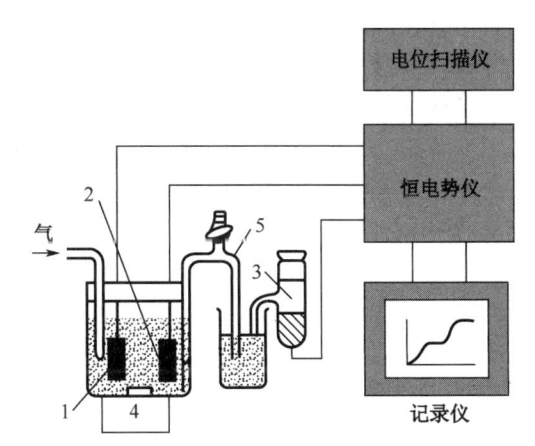

1—研究电极；2—辅助电极；3—参比电极；4—搅拌器；5—盐桥。

图 5-8 三电极体系测定电流-电势曲线

恒电势仪是电化学研究工作中的重要仪器。它不仅可用于控制电极电势为指定值以达到恒电势极化［包括电解、电镀、阴（阳）极保护］和研究恒电势暂态等目的，还可用于控制电极电流为指定值（实际上就是控制电流取样电阻上的电势降），以达到恒电流极化和研究恒电流暂态等目的。配以信号发生器后，可以使电极电势（或电流）自动跟踪信号发生器给出的指令信号而变化。例如，将恒电势仪配以方波、三角波和正弦波发生器，可以研究电化学系统各种暂态行为。配以慢的线性扫描信号或阶梯波信号，则可以自动进行稳态（或接近稳态）极化曲线测量。恒电势仪实质上利用运算放大器使得参比电极（若为二电极系统，则为辅助电极）与研究电极之间的电势差严格地等于输入的指令信号电压。用运算放大器构成的恒电势仪，在连接电解池、电流取样电阻及指令信号的方式上有很大的灵活性。可以根据测试的要求来选择适当的电路。图 5-9 为 DHZ-1 型恒电势仪的基本原理图。

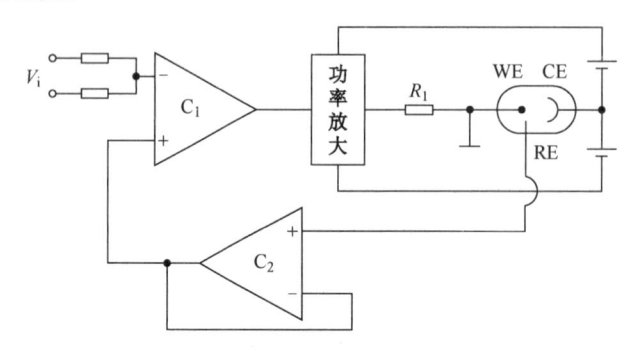

C_1—比较放大器；C_2—电压跟随器；R_1—电流测量取样电阻；V_i—信号和发生器的指令；
WE—研究电极；CE—辅助电极；RE—参比电极。

图 5-9 DHZ-1 型恒电势仪的基本原理图

现在，已有各种型号的恒电势仪问世。理想的恒电势仪应具有如下特性：①电压放大倍数无限大，即电压误差为 0；②在电压控制模式下输出阻抗为 0，即输出特性不因负载而变化；③在电流控制模式下输出阻抗无限大，即不影响电化学体系；④响应速度无限快；⑤输出功率高；⑥温度漂移和时间漂移均为 0，不产生噪声。不同的实验对恒电势仪的性能的要求不同。以上列出的这些性能指标间设有制约，很难同时达到各种高指标。比如，稳定性和响应速度就是相互矛盾的。一般情况下，响应速度越快，意味着恒电势仪设定能力的稳定性越不好。可根据实验要求选择不同性能的恒电势仪。

2. 恒电流仪

简单的恒电流仪可以直接由运算放大器构成，其电路原理如图 5-10 所示。节点 S 处于虚地。只要输入电流足够小，则通道电解池电流可以按照指令信号的变化规律而变化。研究电极处于虚地，便于电极电势测量。在低电流的情况下，使用这种电路有电路简单而性能良好的优点。除单独专用恒电流仪外，一般电势控制与恒电流控制可设计为统一的系统。电流取样电阻和研究电极都接地的恒电势仪，很容易从恒电势仪变成恒电流仪。只要利用开关将反馈到控制放大器的电势信号，由参比电极电势改为标准电阻电势，并注意相位关系，恒电势仪便由控制电势变成控制电流。比较放大器两个输入端分别为极化电流在取样电阻上产生的电势降及指令信号，所以极化电流就按照指令信号的变化规律变化。

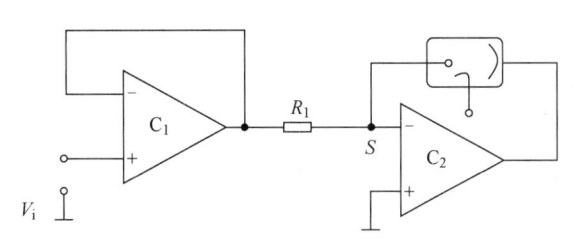

C_1—比较放大器；C_2—电压跟随器；R_1—电流测量取样电阻；V_i—信号发生器的指令。

图 5-10　简单的恒电流仪的电路原理图

5.6.3　电化学工作站

尽管大多数电化学仪器本质上是模拟性质的，但计算机在电化学数据的采集和分析中还是起着很重要的作用。随着计算机及相关的接口技术的发展，计算机在电化学仪器中得到了广泛的应用。利用计算机可以方便地得到各种复杂的激励波形。这些波形以数字阵列的方式产生并存于储存器中，然后这些数字通过数模转换器（DAC）转变为模拟电压施加在恒电势仪上。在数据获取及记录方面，电化学响应，诸如电流或电势，基本上是连续的，可通过模数转换器（ADC）在固定时间间隔内将它们数字化后进行记录。由计算机控制的电化学测试仪通常称为电化学工作站（electrochemical work station），其原理如图 5-11 所示。

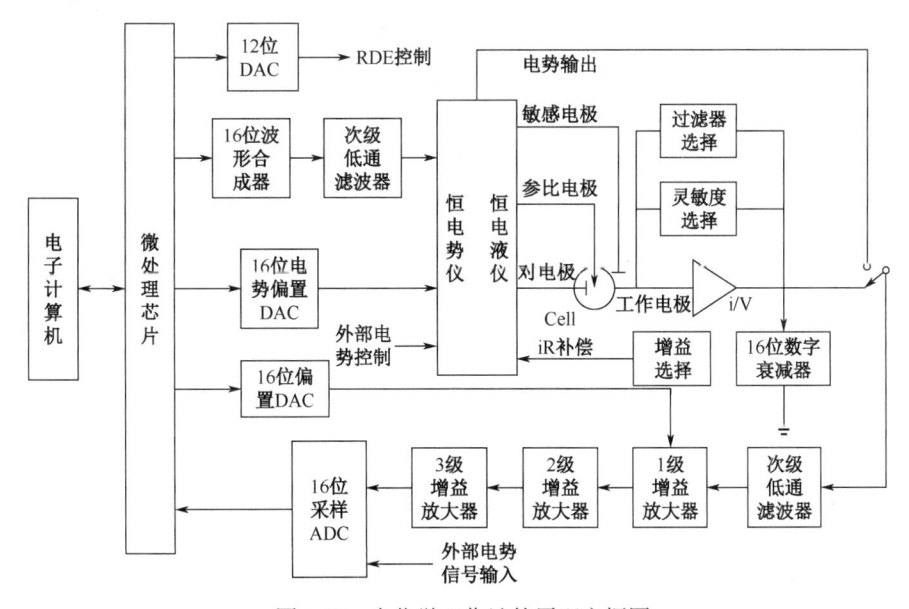

图 5-11　电化学工作站的原理方框图

电化学工作站的主要优点是实验的智能化，可以储存大量的数据，以复杂的自动化的方式操作数据，并将数据以更加方便的方式进行展示。更重要的是，几乎所有商品化的电化学工作站都具备一系列数据分析功能，如数字过滤、重叠峰的数值分辨、卷积、背景电流的扣除、未补偿电阻的数字校正等，对于一些特定的分析方法，不少仪器制造公司都设计了专门的软件对数据进行复杂的分析和拟合。

5.6.4 电化学实验操作

在实验科学中总有些时候实验不符合预期，电化学也不例外。实际上许多实践工作者，特别是初学者，认为电化学尤其容易产生这种类型的困难，但测量仪器的不断智能化使这一问题得到了改善。我们试图将这些问题分为两类。

① 观察到的行为基本正确，但电池的响应有噪声。

② 没有任何响应，或者响应是不正确的或不稳定的。

当问题出现时，首先要设法确定产生问题的根源。在电化学中，这通常意味着在模拟电解池上检验仪器。最简单的模拟电解池含有一个连接到恒电势仪的工作与参比终端间的 100 Ω 电阻器和一个在参比与辅助终端间的 1 kΩ 电阻器。然后将施加电压都设置为零。接通模拟电解池，应该没有电流流过，但一旦施加电压后，就应该观察到电流（由应用于 100 Ω 的电阻器上的欧姆定律决定）。比较常见的仪器的明显故障在连接电缆方面。

假设仪器运转正常，就必须检查电池和接线。电极的接头经常产生问题，特别是那些使用鳄鱼夹连接的电极。鳄鱼夹很容易腐蚀，造成高电阻接触从而导致性能不良。电极的内部接头，如焊接到铂上的铜线也经常断裂（通过用数字式电压表测量体系那一部分的电阻很容易检查所有接头）。如果所有接头都接触良好，就要考虑到参比电极/Luggin 毛细管。电池室或参比电极的多孔性封口被堵塞，Luggin 毛细管中的空气泡、Luggin 毛细管过分靠近工作电极或电极没有完全封入其套管内等均有可能造成电极响应的不正确。在电化学实验中，噪声是一个普遍的问题，它通常产生于 50 Hz 电源频率的干扰，可以通过滤波（用一个合适的带阻滤波器或者在 X-Y 记录仪终端间的电容器）来减小它的影响，但最好是设法排除这一问题。为了尽量减小噪声，电解池和恒电势仪间的所有接线都应该尽可能短，而参比电极/Luggin 毛细管的电阻应尽可能小。将电池放入屏蔽箱（一种打孔的顺磁性材料的接地屏蔽网）中，可以大大减小噪声。实际上，将电池放入任何接地金属箱中都会显著改善噪声性能。

5.6.5 定性测量

电化学的测量体系主要是电能和化学能之间的转换。电解池可以将电能转换为化学能，会有新的物质产生。因此，对电解过程中产生的新物质的鉴定，是电化学测量中的一个重要部分。其中，对于未知化合物种类和结构的研究为电化学中的定性测量。前面介绍的循环伏安法就是常用的一种电化学定性测量的方法。通常来说，电化学传感器定性分析某种物质，将会在反应电极上显示与此物质有特定的反应，引起电信号的变化。通过电信号的变化将会得知此物质存在于体系内。例如，以检测生物体内小分子过氧化氢（H_2O_2）为例，有学者构建了基于黑磷烯/生物酶（葡萄糖氧化酶，GOx；辣根过氧化物酶，HRP）复合物和二茂铁甲醇（FcMeOH）氧化还原介体的电化学传感器（见图 5-12），并考察了黑磷作为电化学传感器平台的电活性与稳定性。层状黑磷在此为生物酶的载体材料并参与电流的传导。在氧化传感体系（BP/Gox）体系中，葡萄糖还原 GOx 生成还原态的 GOx(R)，GOx(R) 进一步与 Fc+MeOH 介体反应生成 GOx 和 FcMeOH，在电极表面 FcMeOH 可得到电子转化为 Fc+MeOH，产生一个与葡萄糖浓度有关的氧化电流信号。在还原传感（BP/HRP）体系中，HRP 能催化 H_2O_2 氧化 FcMeOH 生成 Fc+MeOH，而后在磷烯修饰电极表面 Fc+MeOH 能快速被还原，产生还原电流信号。循环伏安与计时电流法测试表明，在 BP/GOx 中，黑磷不能提高检测的电流信号且其自身容易被氧化；而在 BP/HRP 中，黑磷能明显提高检测的电流信号且结构保持完整。BP/HRP 玻璃碳电极能实现对 H_2O_2 的高灵敏检测。此外，电化学传感器通常与质谱等其他分析手段联用，用来探测物质的结构。

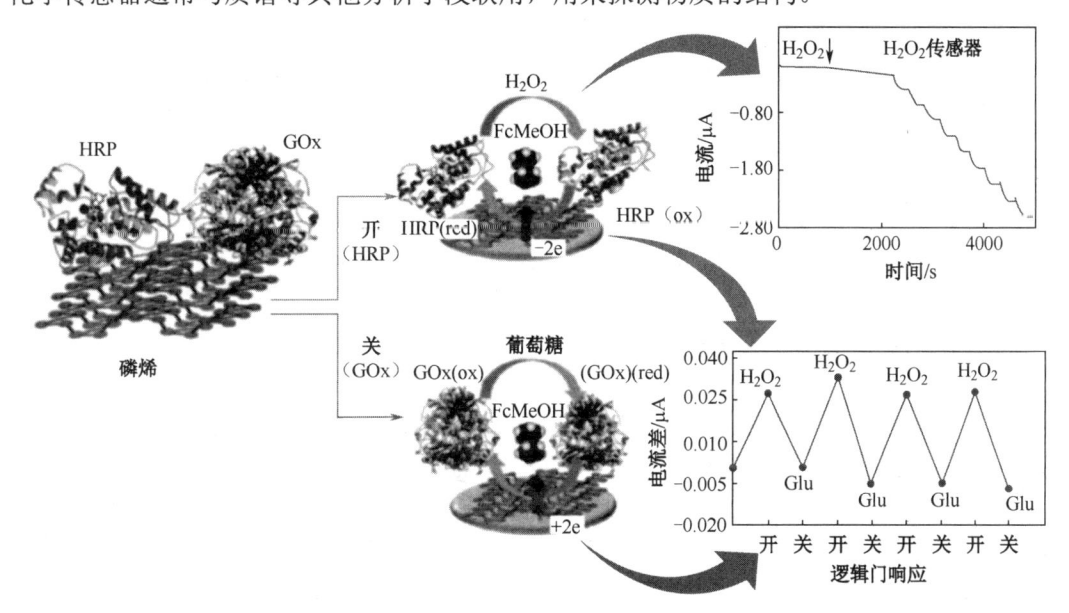

图 5-12　电化学传感器对过氧化氢的检测

5.6.6　定量测量

法拉第定律是描述电极上通过的电量与电极反应物重量之间的关系的，又称为电解定律。法拉第定律是电化学上最早的定量的基本定律，揭示了通入的电量与析出物质之间的定量关系。法拉第的研究表明，对单个电解池而言，在电解过程中，阴极上还原物质析出的量与所通过的电流强度和通电时间成正比。当我们讨论的是金属的电沉积时，用公式可以表示为

$$m = KQ = KIt$$

式中：m 为析出金属的质量；K 为比例常数（电化当量）；Q 为通过的电量；I 为电流强度；t 为通电时间。

该定律在任何温度、任何压力下均可以使用，没有限制条件。

目前基于电化学的定量检测已广泛应用于生物医药、生活安全及工业生产等领域。例如，以尿酸为测定模型物，设计了对尿酸有选择性响应的柔性薄膜电极，以及包埋了四电

极的柔性一体化电化学传感器,将其直接贴敷于皮肤表面汗液处,可以测定汗液中尿酸的浓度。据此,有学者考察了不同浓度的尿酸在 pH 5.0 的 PBS 中的方波伏安响应。尿酸呈现一个氧化峰,峰电流随尿酸浓度的增大而增大,在 $5.00\times10^{-6}\sim1.30\times10^{-4}$ mol/L 范围内呈线性关系,线性回归方程为 $i_{pa}(\mu A)=1.21\times10^6 c(mol/L)+56.2$(r=0.994),检出限为 2.00×10^{-7} mol/L(3σ)。电流强度与不同浓度的尿酸之间的关系如图 5-13 所示。

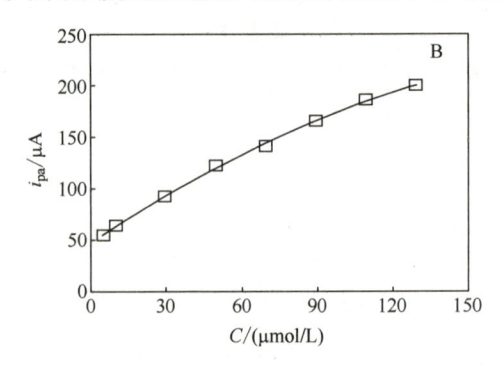

图 5-13 电流强度与不同浓度的尿酸之间的关系

5.6.7 电化学测量不确定度

测量不确定度是评定测量水平的指标。测量结果的不确定度越小,其可疑程度就越小,测量结果的质量越高,即测量水平越高。它是"表征合理赋予被测量之值的分散性,与测量结果相联系的参数"。随着国家实验室认可工作的大面积推广,人们对测量不确定度评定的认识也在不断加深。因评定过程比较复杂,要在短期内给出评定结果很难。随着经济的发展,越来越多的行业需要对氧含量进行测量,如医疗卫生、环境监测、冶金工业、矿产开发、隧道挖掘、电子工业、材料老化,以及航空航天等领域。电化学氧测定仪正是用于测量常规氧含量的重要仪器,其量值溯源和准确性也日益受到重视。

下面以电化学氧测定仪为例,进行其标准不确定度的分析和评定。

1. 测量方法

依据 JJG 365—2008《电化学氧测定仪检定规程》。

2. 测量对象

电化学氧测定仪(型号 XP-3180)。仪器参数:O_2(0~25)vol%(数显仪器,分度值为 0.1 vol%)。

3. 使用的标准物质

浓度分别为 4.9 vol%、12.4 vol%、19.9 vol%的空气中的氧气标准物质。

4. 测量原理

电化学氧测定仪通常由电化学氧传感器、气路单元和电子显示单元组成。由电化学氧气检测元件将环境中氧气浓度转换成电信号,然后通过电路处理,并以浓度显示出来。

5. 测量模型

$$\Delta A = \overline{A_i} - A_s = (\overline{A_i} - A_s)/FS \times 100\%FS$$

式中：ΔA 为被检仪器的示值误差，vol%；$\overline{A_i}$ 为被检仪器的测量值的平均值，vol%，i 为检定点序号；A_s 为标准气体的氧含量，vol%；FS 为被检仪器的满量程，vol%。

6. 标准不确定度分量的来源分析

由测量模型可以得到，被检仪器示值误差不确定度的来源主要包括：被检仪器浓度测量值引入的不确定度分量和标准气体氧含量标准值引入的不确定度分量。被检仪器浓度测量值引入的不确定度分量主要由被检仪器的测量重复性和被检仪器的读数分辨力引入（相对于重复性分辨力的分量较小可以忽略不计）；标准气体氧含量标准值的不确定度由标准气体引入，有标准物质证书可直接引用。

7. 标准不确定度评定

氧气体标准物质的定值不确定度引入的不确定度分量为 $u_{rel}(A_s)$。

采用的氧气体标准物质，相对扩展不确定度为 1%（包含因子 $k=3$），采用 B 类评定其相对标准不确定度为

$$u_{rel}(A_s) = \frac{1.0\%}{3} = 0.33\%$$

被检仪器测量重复性引入的不确定度分量为 $u_{rel}(A_i)$。

仪器依次通入浓度为 4.9 vol%、12.4 vol%、19.9 vol%的氧气标准气体，各点重复测量 10 次，测量数据见表 5-3。

表 5-3 测量数据

标准值/vol%	次数									
	1	2	3	4	5	6	7	8	9	10
4.9	4.8	4.8	4.8	4.9	4.8	4.9	4.9	5.0	4.9	4.8
12.4	12.5	12.4	12.3	12.5	12.4	12.3	12.4	12.5	12.5	12.4
19.9	20.0	20.0	20.1	20.1	20.1	20.1	20.0	19.9	19.9	19.9

各测量点的标准偏差按下式计算：

$$s = \sqrt{\frac{\sum_{i=1}^{10}(\overline{A_i} - A_s)^2}{10-1}}$$

由于按照规程各测量点在实际检定中重复测量 3 次，相应各测量点的标准不确定度可按下式计算：

$$u(\overline{A_i}) = \frac{s}{\sqrt{n}} = \frac{s}{\sqrt{3}}$$

相对标准不确定度可按下式计算：

$$u_{rel}(A_i) = \frac{u(\overline{A_i})}{\overline{A_i}} \times 100\%$$

各测量点的标准偏差 s 与标准不确定度 $u(\overline{A_i})$ 及相对标准不确定度 $u_{rel}(\overline{A_i})$ 见表 5-4。

表 5-4 各测量点标准偏差 s 与标准不确定度 $u(\overline{A_i})$ 及相对标准不确定度 $u_{rel}(\overline{A_i})$

标准值/vol%	平均值 $\overline{A_i}$ /vol%	s/vol%	$u(\overline{A_i})$ /vol%	$u_{rel}(\overline{A_i})$ /%
4.9	4.9	0.07	0.04	0.83
12.4	12.4	0.08	0.05	0.37
19.9	20.0	0.09	0.05	0.2

8. 相对合成标准不确定度的评定

相对标准不确定度一览表见表 5-5。

表 5-5 相对标准不确定度一览表

标准值/vol%		不确定度来源	相对标准不确定度值
$u_{rel}(A_s)$	4.9	氧气体标准物质引入的不确定度	0.33%
	12.4		
	19.9		
$u_{rel}(\overline{A_i})$	4.9	环境条件,被检仪器等随机因素引起的不确定度	0.83%
	12.4		0.37%
	19.9		0.25%

相对合成标准不确定度的计算公式为

$$u_{rel}(\Delta A) = \sqrt{[u_{rel}(A_s)]^2 + [u_{rel}(A_i)]^2}$$

各测量点的相对合成标准不确定度如下。

测量点 4.9 vol%: $u_{rel}(\Delta A) = 0.33^2 + 0.83^2 = 0.89\%$

测量点 12.4 vol%: $u_{rel}(\Delta A) = 0.33^2 + 0.37^2 = 0.50\%$

测量点 19.9 vol%: $u_{rel}(\Delta A) = 0.33^2 + 0.25^2 = 0.41\%$

取包含因子 $k=2$,则各测量点示值误差的扩展不确定度按下式计算:

$$u_{rel} = k \times u_{rel}(\Delta A)$$

测量点 4.9 vol%: $u_{rel} = 2 \times 0.89\% \approx 1.8\%$

测量点 12.4 vol%: $u_{rel} = 2 \times 0.50\% = 1.0\%$

测量点 19.9 vol%: $u_{rel} = 2 \times 0.41\% \approx 0.82\%$

5.7 电化学计量

化学计量学(chemometrics)是一门化学与统计学、数学、计算机科学交叉产生的新兴的化学学科分支,在我国的发展已有近 40 年的历史。它运用数学、统计学、计算机科学及其他相关学科的理论与方法,优化化学量测过程,并从化学量测数据中最大限度地提取有用的化学信息。将化学计量学方法固化于新设计的分析仪器之中,以构建新型智能分析仪器,一直是一个化学计量研究的方向。近年来,由于计算机科学及信息科学的长足发展,化学计量仪器的研究得到了飞速发展。电化学计量是化学计量的重要组成部分，它与国民经济、国防建设、科学研究有密切的关系，它通过电能和化学能的相互转换实现测量目的。电化学计量仪器广泛应用于化工生产、医药制造、科学研究等各个领域，做好电化学计量工作，对于保证产品质量、提高生产效率、促进科学技术的发展都有重要的作用。随着生产自动化的程度越来越高，电化学计量显得尤为重要。

5.7.1 电化学计量仪器

1. 电化学仪器的分类

电化学就是通过测量电化学体系在特定条件下的电势、电流、电容及阻抗的变化来研究电化学体系的特性、浓度、温度、反应速度，使用的仪器统称为电化学仪器，按照测量参数可以分为以下几种：①极谱仪及伏安仪；②电位分析仪；③库仑分析仪；④恒电势仪、恒电流仪；⑤电极交流阻抗测量仪；⑥液/液界面电分析仪；⑦电解分析仪；⑧电化学检测器。

2. 电化学计量仪器的使用

电化学计量主要是用特殊仪器把微小信号转化成显示信号的一种测量方法。它的应用非常广泛。常用的计量仪器主要有酸度计和电导率仪及库伦分析仪，电化学计量仪器主要和大型色谱及电泳仪器联用。在化工、医药等行业的生产中，酸度和电导是主要测量指标，主要包括测量溶液的酸度（pH 值）、电势及溶液的电阻值（电导率），还有库仑滴定法测量物质的微水含量等。这些测量结果直接决定了产品的质量，并指导整个生产工艺和流程。这些仪器的测量结果和温度有直接关系，与配套使用的电极也有密切关系。

3. 电化学计量仪器开发现状

经过多年发展，目前，我国电化学计量仪器工业已经具有一定的研究、开发和生产能力，但主要产品总体技术水平与国际先进水平还有一定差距。目前的国产电化学计量仪器的种类很多，但是性能比较单一，准确度也不是很高，具体表现在技术系统性较差、集成度不够、持续创新能力不强等。约 73%的分析测试仪器还需要进口，在电化学高档精密仪器领域，这个比例还要高一些。我国进口的分析测量仪器大约占全世界年销售总额的 1.4%，自主研发高质量的测量仪器有很大的发展空间，这就对电化学计量检定和测试提出了新的要求，我们的检定测试水平也要随着计量仪器的发展而不断提高。

随着电化学计量的应用越来越广泛，对计量仪器的要求也逐步提高，灵敏度高、专一性强、成本低、速度快、取样少、简易便携的电化学计量仪器是研究和发展的方向。近年来，随着计算机和集成模块的大量使用，仪器更新换代的速度也逐渐加快，大量新型的计量仪器不断问世。从酸度计的发展历程来看，20 世纪 80 年代前后，酸度计主要是指针式仪表，精度低，误差大；20 世纪 90 年代后期，数字式酸度计逐渐取代了指针式的仪表；近几年的发展更是明显，酸度计已经具有很高的自动化水平，基本替代了以前手动的校准和测试工作。

5.7.2 电化学计量检定和校准

所有电化学计量仪器,在出厂和使用之前都应该对其计量性能进行测试或检定,以保证产品质量和使用的准确度。保证量值传递的准确性是各种仪器使用和研究的基础,为此,一套严密、规范、准确的测量和检定、校准系统就显得尤为重要,标准装置、标准物质、检定方法等都是计量工作者不断开发和研究的目标。在我国,从20世纪80年代起逐步建立和完善了不同种类电化学仪器的计量检定系统与标准传递方法,而且地方各级计量检定部门也在不断提高自己的检定水平,以适应仪器的发展需要。目前,电化学计量有些可以溯源到国家基准,这也为我们的化学量值传递奠定了基础。但是,由于各方面原因,各级标准装置及标准物质的成分还不能完全满足各种电化学计量仪器的检定需要。尤其是医学、生物和分析化学在线仪器的检定,这也是计量检定工作者要研究的新课题。

5.7.3 电化学计量标准

1. pH值(GB/T 20245.2—2013《电化学分析器性能表示 第2部分:pH值》)

pH标准溶液的组成见表5-6。

表5-6 pH标准溶液的组成

标准溶液	试剂	分子式	质量摩尔浓度/$mol·kg^{-1}$	质量浓度/$g·L^{-1}$
A	四草酸氢钾	$KH_3C_4O_8·2H_2O$	0.05	12.620
B	酒石酸氢钾	$KHC_4H_4O_6$	25 ℃饱和溶液	6.4
C	邻苯二甲酸氢钾	$KHC_8H_4O_4$	0.05	10.12
D	磷酸氢二钠+磷酸二氢钾	$Na_2HPO_4+KH_2PO_4$	0.025 0.025	3.533 3.388
E	磷酸氢二钠+磷酸二氢钾	$Na_2HPO_4+KH_2PO_4$	0.030 43 0.008 69	4.302 1.179
F	羟甲基氨烷*+盐酸羟甲基氨烷	$(CH_2OH)_3CNH_2+(CH_2OH)_3CNH_2·HCl$	0.016 67 0.05	1.999 7.800
G	四硼酸钠	$Na_2B_4O_7·10H_2O$	0.05	19.012
H	四硼酸钠	$Na_2B_4O_7·10H_2O$	0.01	3.806
I	碳酸氢钠+碳酸钠	$NaHCO_3+Na_2CO_3$	0.025 0.025	2.092 2.640
J	氢氧化钙	$Ca(OH)_2$	25 ℃饱和溶液	1.5

注:所用试剂为分析纯,制备用水的电导率不大于2 $\mu S·cm^{-1}$(25 ℃)。

2. 电解质电导率(GB/T 20245.3—2013《电化学分析器性能表示 第3部分:电解质电导率》)

氯化钾校准溶液的电导率值见表5-7。

表 5-7　氯化钾校准溶液的电导率值

校准溶液	质量摩尔浓度/mol·kg^{-1}（每千克水中 KCl 的摩尔数）	每千克水中 KCl 的质量	温度/℃	电导率/μS·cm^{-1}	温度系数/α
A	1	74.551 g	25	111 070	
B	0.1	7.455 1 g（或 107.456 g 溶液 A 和 900 g 水）	0	7 115.85	0.030 5
B	0.1	7.455 1 g（或 107.456 g 溶液 A 和 900 g 水）	25	12 824.6	0.019
B	0.1	7.455 1 g（或 107.456 g 溶液 A 和 900 g 水）	50	19 180.9	0.013 5
C	0.01	0.074 56 g（或 100.746 g 溶液 B 和 900 g 水）	0	772.921	0.031 2
C	0.01	0.074 56 g（或 100.746 g 溶液 B 和 900 g 水）	25	1 408.23	0.019 6
C	0.01	0.074 56 g（或 100.746 g 溶液 B 和 900 g 水）	50	2 123.43	0.013 8
D	0.001	0.074 6 g（或 100.075 g 溶液 C 和 900 g 水）	25	146.87	
E	0.000 5	0.037 3 g（或 50.037 5 g 溶液 D）和 950 g 水）	25	73.87	

注：表中所列的电导率值包括水的影响，溶液 D 和溶液 E 必须把去离子水的电导率计算在内。

3. 电化学工作站（JJF 1910—2021《电化学工作站校准规范》）

电化学工作站是一种多功能电化学分析系统，能够准确控制电化学反应电位，并依据不同的方法，检测电流等信号参数的变化。其分析方法有多种，常用的分析方法有：循环伏安扫描、交流伏安扫描、电流滴定和电位滴定等。仪器主要由快速数字信号发生器、高速数据采集系统、电位电流信号滤波器、多级信号增益、IR 降补偿电路，以及恒电势仪、恒电流仪等部分组成。

电化学工作站校准溶液的配制方法如下。

（1）配制用试剂及设备

实验环境：温度 15～30 ℃。

相对湿度：不大于 80%。

试剂：铁氰化钾（分析纯）；氯化钾（分析纯）。

仪器和玻璃量器：电子天平，分度值不大于 0.1 mg，Ⅰ级。

容量瓶：1 000 mL，B 级及以上。

（2）电化学工作站校准溶液的配制

精确称取 0.164 6 g 铁氰化钾、7.45 g 氯化钾置于 500 mL 烧杯中，用水溶解，移入 1 000 mL 容量瓶中，用水定容，得到含 0.1 mol/L 氯化钾和 0.5 mmol/L 铁氰化钾混合溶液，即电化学工作站校准溶液，避光冷藏保存，有效期 6 个月。

5.7.4　电化学计量仪器的发展趋势

业内专家认为，21 世纪电化学计量仪器的发展将向在线分析倾斜，并向综合、联用、信息网络化发展，同时更趋微型化和智能化。近期行业的发展重点将围绕科研、生产、人类环境三大领域需求，以基础工业和支柱产业的产品质量控制及环保、防病治病等领域需要的计量仪器和技术含量高的中档产品为主。重点开发的产品将包括在线检测与质量控制仪器、人类健康与环境检测仪器等。快速、准确、便携将成为电化学计量仪器的发展方向。有专家预测，作为中国仪器仪表工业重要组成部分的电化学计量仪器，将在未来几年内快速发展，主要表现在以下几个方面。

① 目前，通过计算机控制器和数字模型进行数据采集、运算、统计、分析、处理，提高数据处理能力、数字图像处理能力的电化学计量仪器正在开发和试用中。这些仪器大多采用微电脑处理系统和数字显示，在分析信号处理的方法上，引入小波分析（wavelet analysis），为分析信号的压缩、去噪、分辨及背景消除等带来了新思路和新方法，从近年来在此方面的研究成果来看，我国在分析信号处理的研究方面是处于国际先进水平的。采用了新技术的电子集成化新型电化学计量仪器量程宽泛，重现性高，价格低廉，维修方便。

② 特殊行业使用的电化学计量仪器可以测量非水溶液的电化学指标，测量误差小，便于不确定度的估算。

③ 计量和控制一体化，可以从根本上实现生产的自动化和实时监控，大量在线仪器的使用，真正实现了计量控制一体化，并通过生产过程的监控实现参数反馈，从而提高产品质量，减少人为误差，提高生产效率。

④ 适应新型仪器的计量标准和检测方法将会出台，并可以量值传递与溯源。

习 题

1. 哪些电极可以用作参比电极？它们具有什么样的特点？
2. 伏安法主要有哪几种类型？
3. 电解法用作氯碱工业的原理是什么？
4. 电化学测量中盐桥应该怎么设计？
5. 电化学传感器定量测量的原理是什么？

参考文献

[1] 舒余德，杨喜云. 现代电化学研究方法[M]. 长沙：中南大学出版社，2015.

[2] 舒余德. 电化学方法原理[M]. 长沙：中南大学出版社，2015.

[3] 吴辉煌. 电化学[M]. 北京：化学工业出版社，2004.

[4] 胡会利，李宁. 电化学测量[M]. 北京：国防工业出版社，2007.

[5] 约瑟夫·王. 分析电化学[M]. 朱永春，张玲，译. 北京：化学工业出版社，2009.

第 6 章

分离学计量与测量

6.1 色谱法基础知识

6.1.1 色谱法的基本原理

色谱分离的原理是两个互不相溶相之间物质的相对分配。一个相是大面积静止不动的固定相(如薄层色谱板或玻璃柱);另一个相是携带待分离物质的流动相(如缓慢通过固定相的气体、液体或超临界流体),在固定相中保留被分离成分(分子基团或离子)。混合物中的各种成分以不同的速度通过该材料,从而导致它们被分离成各自的成分或种类(因为它们在每个特定流动相中具有不同的溶解度和流动性,使得在固定相和流动相中形成了差异分配,进而产生了时间滞留的差速移动现象)。

6.1.2 色谱法的分类

1. 按两相的状态划分

按分离所用流动相的类型可分为气相色谱(gas chromatography,GC,气体流动相)、液相色谱(liquid chromatography,LC,液体流动相)和超临界流体色谱(supercritical fluid chromatography,SFC,超临界流体流动相)。

按分离所用固定相类型可将其分为固定相为固体的气固色谱、液固色谱;固定相为液体的气液色谱、液液色谱。固体固定相的分离原理是吸附与脱附,液体固定相的分离原理是溶解与挥发(气液色谱)、洗脱(液液色谱)。

2. 按分离的原理划分

按分离的原理可分为以下几类。

(1)吸附色谱

依据不同成分在固体吸附剂上的吸附能力(吸附系数)不同而进行分离的色谱,包括气固色谱、液固色谱等。

（2）分配色谱

依据不同成分在流动相和固定相中的分配系数差异而进行分离的色谱，包括气液色谱、液液色谱等。

（3）离子交换色谱

依据不同样品中离子的亲和力差异而进行分离的色谱。

（4）排阻色谱

依据不同成分在多孔凝胶固定相中分子大小的排阻效应而进行分离的色谱。

3. 按固定相的固定方式

按固定相的固定方式可分为以下几类。

（1）柱色谱

将固定相填充于柱子内的色谱，称为柱色谱，包括填充柱色谱和毛细管柱色谱，前者是将固定相填充于玻璃、不锈钢中，后者是将固定相固定于毛细管内壁中，中间是空心的。

（2）平面色谱

固定相以平面形式进行固定的色谱，称为平面色谱，包括纸色谱和薄层色谱，前者以纸为载体并将固定相涂于纸上，后者将固定相研磨成粉末后将其涂敷于玻璃或其他材料的平板上，形成薄层固定相。

6.1.3 色谱分离的基本理论

1. 色谱流出曲线（色谱图）

在色谱法中，随着流动相与色谱柱间不断进行溶解、挥发、吸附、解吸的过程，各组分中分配系数小的成分滞留时间短，分配系数大的成分在柱中滞留时间长，各成分以不同速度流出色谱柱，经过检测器转化为电信号，将这些信号放大并记录下来，就是色谱图，如图 6-1 所示。色谱图通常为检测器响应信号对时间的曲线图，理想的色谱图应该呈现正态分布。色谱法的定性定量分析都依赖于所得到的色谱图及其相应的色谱参数，色谱图的相关参数见表 6-1。通过色谱参数和色谱图，能很好地观察色谱行为和研究色谱理论，通过色谱图中曲线的位置和形状、峰宽变化等可对色谱的设备状态、操作条件、分离性能等进行评估，如图 6-2 所示。

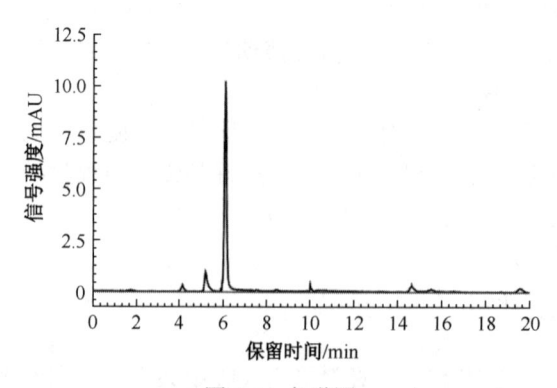

图 6-1 色谱图

表 6-1 色谱图的相关参数

参数	符号	定义
峰高	h	色谱峰顶点与基线之间的垂直距离
标准偏差	σ	0.607 倍峰高处色谱峰宽度的一半
半峰宽	$W_{1/2}$	峰高一半处色谱峰的宽度。$W_{1/2}=2.354\sigma$
峰底宽	W	基线宽度,通过色谱峰两侧拐点所做的切线在基线上的截距。$W=4\sigma=1.7 W_{1/2}$
保留时间	t_R	从进样后到出现某组分色谱峰顶点所需的时间
死时间	t_M	不被固定相吸附或溶解的组分从进样到出现该组分色谱峰顶点的时间
调整保留时间	t_R'	扣除死时间后组分的保留时间:$t_R'=t_R-t_M$

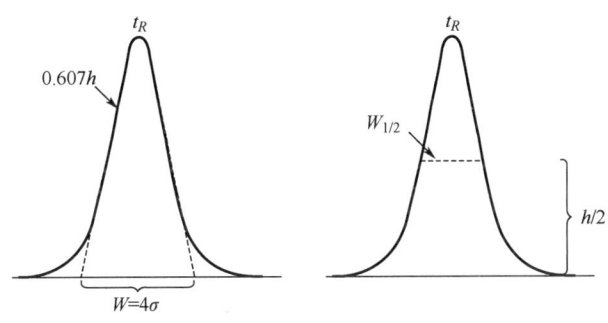

图 6-2 基线峰宽、半峰宽,保留时间

2. 相关参数

色谱分离是一个较为复杂的过程,是色谱体系热力学与动力学相互结合的动态过程,进而形成了一系列参数来准确、有效地描述色谱的分离情况。与分离和柱效能评价相关的参数见表 6-2。

表 6-2 与分离和柱效能评价相关的参数

参数	符号	定义	表达
分配系数	K	一定温度和压力下达到平衡状态时某组分在固定相和流动相中浓度的比值	$K=\dfrac{\text{溶质在固定相中的浓度}}{\text{溶质在流动相中的浓度}}=\dfrac{c_s}{c_m}$
容量因子	k'	组分在固定相和流动相中分配量(质量或物质的量)之比值	$k'=\dfrac{m_s}{m_m}=\dfrac{c_s V_s}{c_m V_m}=\dfrac{K}{V_m/V_s}=\dfrac{K}{\beta}$
相比率	β	柱内流动相和固定相的体积比	$\beta=V_m/V_s$
选择性因子	α	又称相对保留值 r,是后出峰的组分 2 的调整保留时间与组分 1 的调整保留时间的比值	$\alpha(\text{或}r)=\dfrac{t_{r2}'}{t_{r1}'}=\dfrac{k_2'}{k_1'}=\dfrac{K_2}{K_1}$
塔板数	N	组分在柱内进行分配(吸附)平衡的次数,是衡量色谱柱分离效能的指标	$N=\dfrac{L}{H}=16\left(\dfrac{t_R}{W}\right)^2=5.54\left(\dfrac{t_R}{W_{1/2}}\right)^2$
塔板高度	H	实现一次分配平衡时间内组分在柱内移动的距离,也是衡量色谱柱分离效能的指标	$H=\dfrac{\sigma^2}{L}=\dfrac{L}{N}$
分离度	R	相邻两组分的保留时间差与峰底宽和的一半之比,是衡量两个相邻色谱峰的分离程度的指标	$R=\dfrac{t_{R2}-t_{R1}}{(W_2+W_1)/2}$

3. 塔板理论、速率理论和分离度

塔板理论、速率理论和分离度是色谱分析过程中最为重要的三大理论,是研究色谱学的基础。

（1）塔板理论

假设色谱柱是由一连串高度为 H 的塔板组成的，在每一块塔板上，组分能迅速在两相间平衡，然后随流动相进入下一块塔板再次平衡，直至柱出口。混合组分在长度为 L 的柱上经过理论塔板数 $N=L/H$ 次平衡后得到分离并流出色谱柱。

塔板理论从热力学的角度描述了组分在色谱柱内的分配平衡和分离过程，解释了色谱流出曲线的形状，提出了计算和评价柱效高低的参数（理论塔板数）。但由于它的某些基本假设不完全符合柱内分离过程的实际情况，也没有考虑分离过程中组分分子扩散和传质动力学等因素的影响，因此它不能解释谱带扩张的原因，也无法说明理论塔板数会随流动相流速变化而变化的实验现象。

（2）速率理论

速率理论以动力学观点解释了被分离组分在色谱柱内的运动情况和谱带扩张的原因：在行走路径、扩散方向、溶入固定相深度等随机性因素的影响下组分区带不可避免地增宽，宏观上形成以保留时间为中心且具有一定宽度的分布，可用 Van Deemter 方程进行描述：

$$H = A + \frac{B}{u} + C \cdot u$$

式中：H 为理论塔板高度；A 为涡流扩散项（表示同一被分离物质中的不同分子通过填充柱时因实际迁移路径长短不同而引起的扩张）；B 为分子扩散项（是因组分分子在浓度梯度的驱动下由组分谱带的中心沿色谱柱的径向发生扩散而带来的谱带增宽）；u 为载气流速；C 为传质阻力项（表达了部分分子因吸附、分配或交换等作用不能瞬间完成而无法及时回归流动相主体而引起的谱带扩张）。在 $H\sim u$ 曲线上有一个最低点，对应的线速为流动相最佳流速，塔板高度与速率理论的 Van Deemter 曲线如图 6-3 所示。

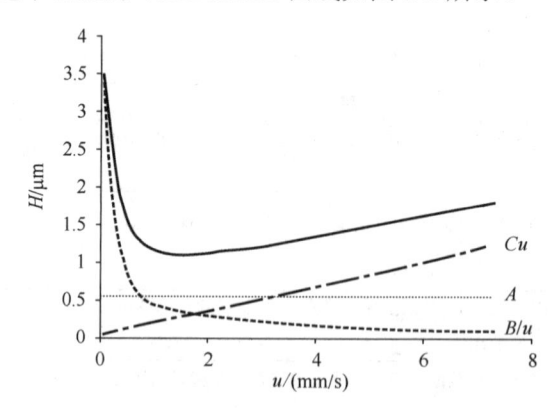

图 6-3　塔板高度与速率理论的 Van Deemter 曲线

（3）分离度

分离度的定义：衡量相邻组分分离效果的量度（见表 6-2），既受热力学因素影响（体现为保留时间），又受动力学因素制约（体现在峰宽上）。

改善分离效能的途径：色谱分离是一个系统工程，其分离效能受多因素综合影响。分离度计算公式如下：

$$R = \frac{\sqrt{N}}{4} \times \frac{k'}{k'+1} \times \frac{\alpha-1}{\alpha}$$

因而，可通过合理确定选择性因子 α（与固定相和流动相的性质直接相关）、增大容量因子 k' 和改善色谱条件增加 N 来提高分离效能。

6.2 气相色谱

6.2.1 气相色谱的基本原理

在气相色谱中，样品被高温蒸发成气体，并由流动气相（载气）携带通过色谱柱。在大多数分析中，根据给定温度下样品在固定相中发生作用的大小、强弱会有差异，因而不同组分会根据其相对蒸汽压和对固定相的亲和力彼此分离。

6.2.2 气相色谱仪的组成

气相色谱仪的主要单元模块包括气路系统、进样系统、分离系统、检测系统等，如图 6-4 所示。

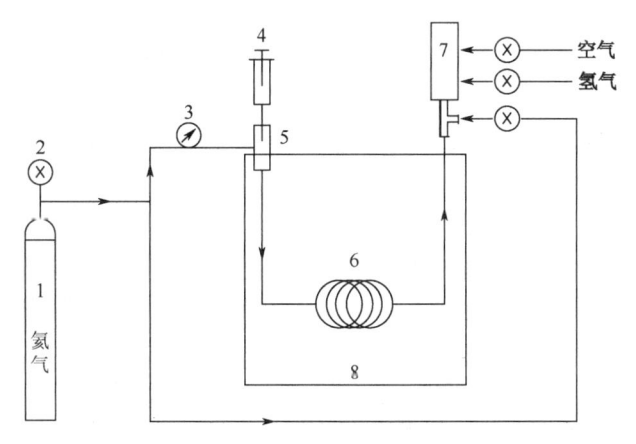

1—载气钢瓶；2—减压阀；3—压力表；4—注射进样器；5—气化室；6—色谱柱；7—检测器；8—柱恒温箱。

图 6-4　气相色谱仪

1. 气路系统

气路系统主要分为载气和辅助气两种，其中载气由高压钢瓶供气，经减压阀及稳压阀控制流量并经净化干燥装置处理后携带分析试样进入色谱仪，以保证色谱分离的正常进行。常用的载气有高纯氢气、氮气、氦气和氩气等，如图 6-5 所示为氮气、氢气和氦气的 Van Deemter 曲线，显示了不同载气线速度与塔板高度间的关系。辅助气主要用于辅助检测器燃烧及用作吹扫气，常用的辅助气主要有空气、氧气等。

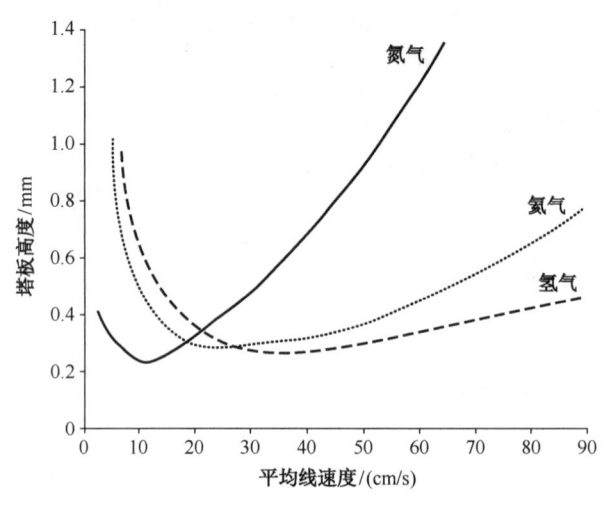

图 6-5　氮气、氢气和氦气的 Van Deemter 曲线

2. 进样系统

简单的进样系统包括进样器（微量注射器和六通阀）和气化室，由进样器将样品引入气化室，并在气化室内瞬间气化而进入色谱柱。实际操作中，气化室温度须控制在样品的沸点以上。一些仪器还会添加试样预处理装置，如顶空进样装置、裂解装置、衍生装置等。

3. 分离系统

分离系统即色谱柱，有填充柱和毛细管柱之分，分别是将高沸点有机化合物物理涂布（或化学键合）在特选的载体上（填充柱）或空心玻璃管壁上（毛细管柱）。需按照被分离组分的性质以"相似相溶原则"选择固定相，这样将使组分与固定相间的相互作用力强，选择性强，可增强分离效果。

4. 检测系统

色谱柱分离后的各组分，经检测器分析后将浓度或质量等信息转变为电信号，信号经放大器放大后由记录仪采集后得到色谱图。色谱是微量分析法，检测系统必须有良好的性能：尽可能高的灵敏度（对单位组分的响应尽量大）和好的稳定性（尽量低的噪声和漂移）以满足痕量组分检测的需求，同时为保证定量分析的便利也要求检测器有足够宽的线性范围。

常用的气相色谱检测器如下，其特性见表 6-3。

热导检测器（TCD）：通常用于分析无机气体，是通用型检测器，结构简单，稳定性好，适用范围广，只要载气和组分导热系数有差异便可得到响应，但灵敏度相对较低，一般用于 10^{-5} 数量级分析。

氢火焰离子化检测器（FID）：是最常见的检测器，具有广泛的可操作线性范围来分离组件。它对水分和碳、氮、硫与硅等气体的氧化物不敏感。该检测器适用于大多数有机物的化学分析，灵敏度比 TCD 高 2~4 个数量级。

电子捕获检测器（ECD）：是一种高灵敏度、高选择性的放射性离子化检测器，农药分析的理想选择。ECD 对电负性大的物质有较高的选择性和灵敏度，如卤化有机化合物。有时也用于高度硝化和氯化的有机化合物。ECD 探测器的发射源是放射性金属，如 ^{63}Ni 或 ^{3}H。

火焰光度检测器（FPD）：适用于检测硫和磷化合物，又称"硫磷检测器"，对于含硫、磷元素的农药有高度的选择性和灵敏度，也能用于卤素的检测。有时，它还可以根据 GC 模型检测砷化合物。

氮磷检测器（NPD）：主要适用于氮和磷化合物（有时还有卤素）的检测，该检测器为碱盐离子化检测器，使用寿命较长。

表 6-3 常用的气相色谱检测器的特性

检测器类型	检出限	线性范围	最高温度/℃
FID	10^{12}	10^6	400
TCD	10^9	10^4	450
ECD	10^{13}	10^3	350
FPD	10^4	10^4	250
NPD	10^5	10^5	400

6.2.3 气相色谱分离条件的选择

1. 色谱柱

色谱柱提供了一个物理上保持固定相的场所，是实现色谱分离的核心部件。气相色谱中通常使用两种类型的柱，即填充柱和毛细管柱。前一种类型的色谱柱由玻璃、不锈钢、聚四氟乙烯、铜或铝等制成，通常柱长为 0.5～10 m，内径为 2～4 mm，可装颗粒度在 40～80 目的固定相。毛细管柱可分为填充型毛细管柱和开管型毛细管柱，内径通常只有 0.1～0.5 mm，长度可达几十米甚至上百米，如图 6-6 所示。填充型毛细管柱是先将填料松散地填充于厚质的玻璃管中，然后再拉制成毛细管柱。开管型毛细管柱又分为载体涂层毛细管柱（SCOT）、涂壁毛细管柱（WCOT）和多孔层毛细管柱（PLOT）。WCOT 在毛细管内壁经预处理后，涂上一层厚度为 0.25 mm 的固定相薄层；在 SCOT 中，在毛细管内壁涂上一层薄薄的多孔性支撑物，如硅藻土，再覆盖液体固定相；在 PLOT 中，在毛细管内壁预先涂一层多孔性固定颗粒，然后在其表面涂上一层液体固定相。色谱柱的选择决定了待处理样品的数量、分离的有效性、易于分离的分析物的数量及分离所需的时间。分离成分复杂的样品，常需要使用较长的色谱柱，而使用较短的色谱柱可大大提高分析速度，不同柱内径的影响见表 6-4，不同柱长的影响见表 6-5。

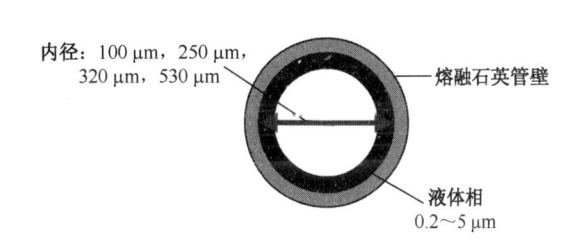

(a) 30 m 长毛细管柱　　(b) 常见内径和膜厚度的毛细管柱横截面

图 6-6 毛细管柱

表 6-4　不同柱内径的影响

内径	分辨率	速度	容量
100 μm	非常好	非常好	中等
250 μm	好	好	好
530 μm	中等	好	非常好

表 6-5　不同柱长的影响

柱长	分辨率	速度
短（5～15 m）	中等	快
中等（15～60 m）	中高	中到快的折中
长（60～100 m）	高	慢

2. 载气及其流速

载气的主要用途是使样品通过色谱柱。载气的选择需要考虑多个方面：首先是载气的性质，它是流动相，是惰性的，不与样品发生化学反应。其次是检测器的要求，如 TCD 使用热导系数大的载气有利于提高检测器灵敏度。最后是载气对柱效的影响，使用摩尔质量小的载气可以减少过程中的传质阻力，使用摩尔质量大的载气可抑制样品的纵向扩散，提高柱效。此外，还应考虑载气的安全性，氦气是毛细管气相色谱中最常用的载气，与所有常见的检测器兼容，但其价格昂贵。氢气也是常用的载气，因其价格低廉，并且可以提供比氦气更快、更有效的分离效果。但是，氢气的使用存在安全隐患，可能发生火灾和爆炸，因此需要进行综合考量。

载气流速的选择可根据 Van Deemter 方程分子扩散项与载气流速成反比，传质阻力项与载气流速成正比，因此在理论塔板高度与载气流速的曲线上有一个最低点，对应的线速为流动相最佳流速。内径为 0.25 mm 的开放式管状色谱柱的典型最佳值约为 0.75 mL/min，而实际操作中采用的色谱柱的最佳载气流速应通过实验进行确定，通常会高于最佳流速，以加快分析速度。

对于定性分析，必须有一个恒定且可重复的色谱柱流速，以便重现保留时间。保留时间的比较是化合物鉴别的最快、最简单的方法。两种或两种以上的化合物可能具有相同的保留时间，但没有任何化合物具有两种不同的保留时间。因此，保留时间是溶质的特征，但不是唯一的。显然，高度精确的流量控制对于这种识别方法至关重要。

3. 各部位的温度

各部位的温度包括进样口温度、柱温、检测器温度等。其中最关键的是柱温的选择，它直接影响着分离的效能和分析速度，一般来说，提高柱温能够改善传质效率，提高效能；而降低柱温能增加色谱柱的选择性，有利于组分的分离，同时增加色谱柱寿命，但分析时间就会变长，也可能使峰形变宽。通常需要将色谱柱的柱温保持在略高于样品组分的平均沸点温度，以尽可能达到分离效果，在得到峰形较好的色谱图前提下选择低柱温。控制温度是影响分离的最简单、最有效的方法之一。对于一些难分离的复杂样品可考虑用程序升温，使不同组分在不同的温度下进行分离，从而改善复杂成分的分离效果。升温的过程可以是线性和非线性的，程序升温可以缩短分析时间，提高分离效能，改善峰形。

一方面，进样口的温度应足以使样品快速汽化，从而防止样品峰形变宽，导致柱效下降；另一方面，进样口温度也不能太高，以避免造成样品热分解或化学重排。对于进样口温度，一般规则是比样品沸点高 10～50 ℃，一般不要超过 50 ℃，否则容易造成样品分解。在实际实验中摸索适宜的温度时，提高进样口温度，如果柱效提高或峰形改善，则提高前的入口温度过低；如果保留时间、峰面积或形状发生剧烈变化，则提高后的温度过高，样品可能发生分解或重排。

检测器温度取决于使用的检测器类型。然而，一般规则是检测器及其与色谱柱出口连接处的温度必须高于柱温，一般可高于柱温 30～50 ℃，主要是为了防止色谱柱中的流出物进入检测器后形成冷凝，有可能出现峰形变宽或者导致峰形损失，并且有可能污染检测器。但温度也不能过高，一方面防止高温降解色谱柱或样品上的固定相、聚胺涂层等；另一方面，温度控制要求也因检测器而异。TCD 温度应略高于柱温，控温精度为±0.1 ℃或更高，以确保基线稳定性和灵敏度。FID 没有这样严格的要求，一般要求在 150 ℃以上。FPD 的合理最低温度为 200 ℃。

6.2.4 气相色谱辅助技术

1. 全二维气相色谱

全二维气相色谱（Comprehensive Two-dimensional Gas Chromatography，GC×GC）与传统的中心切割式二维气相色谱的不同之处在于，在整个色谱过程中，经第一维色谱柱分离后的组分经过聚焦后进入第二维色谱柱进行进一步的分离，GC×GC 系统如图 6-7 所示。调制器将两个色谱柱串联起来，起到捕集、聚焦和再传送的作用，是 GC×GC 的核心。一般来说，GC×GC 系统在传统气相色谱仪的烘箱中构建，使用现有的进样口和检测器。第一维色谱柱使用传统毛细管柱，第二维色谱柱使用短、直径较小的毛细管柱。调制器将来自第一维色谱柱的流出物聚焦到一个很窄的区带中，以注入第二维色谱柱。中心切割式二维气相色谱需要较长时间来进行二维分离，并且很难与一维的信息进行完全的结合，而 GC×GC 中的二维分离时间很短，通常只有几秒钟，并且过程中的聚焦和再进样的过程是可以重现的。

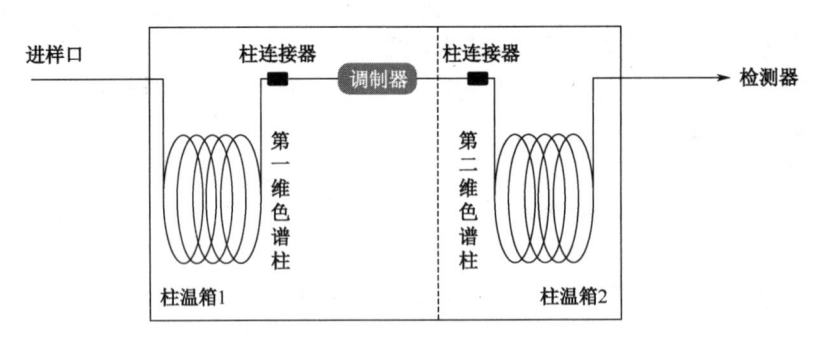

图 6-7 GC×GC 系统

2. 顶空气相色谱

顶空气相色谱（Headspace-Gas Chromatography，HS-GC）是一种间接分析液体、固体中达到热力学平衡的挥发性组分的色谱分析方法。该方法具有灵敏度高、基质干扰小、无须样品前处理等优点，可用于血液、尿液、食品、药物等样品中挥发性物质的分析。根据取样和进样方式的不同，顶空进样分为静态顶空和动态顶空两种。如果气相是固定的（通常包含在恒温密闭的小瓶或其他容器中），当达到气液或气固平衡后从容器顶端吸取气体成分，则称为静态顶空，也是 GC 中最常用的进样方式，顶空进样系统如图 6-8 所示；当气相移动时（通过连续通入惰性气体将样品中的挥发性成分带出至捕集器后进行浓缩富集），称为动态顶空，也称为"吹扫捕集"。静态顶空通常要求气固或气液之间的分析物达到热力学平衡，因此分析物不会被完全提取出来；动态顶空取决于惰性气体的持续输入，可将分析物从液体或固体中全部吹出，因此灵敏度比静态顶空高。

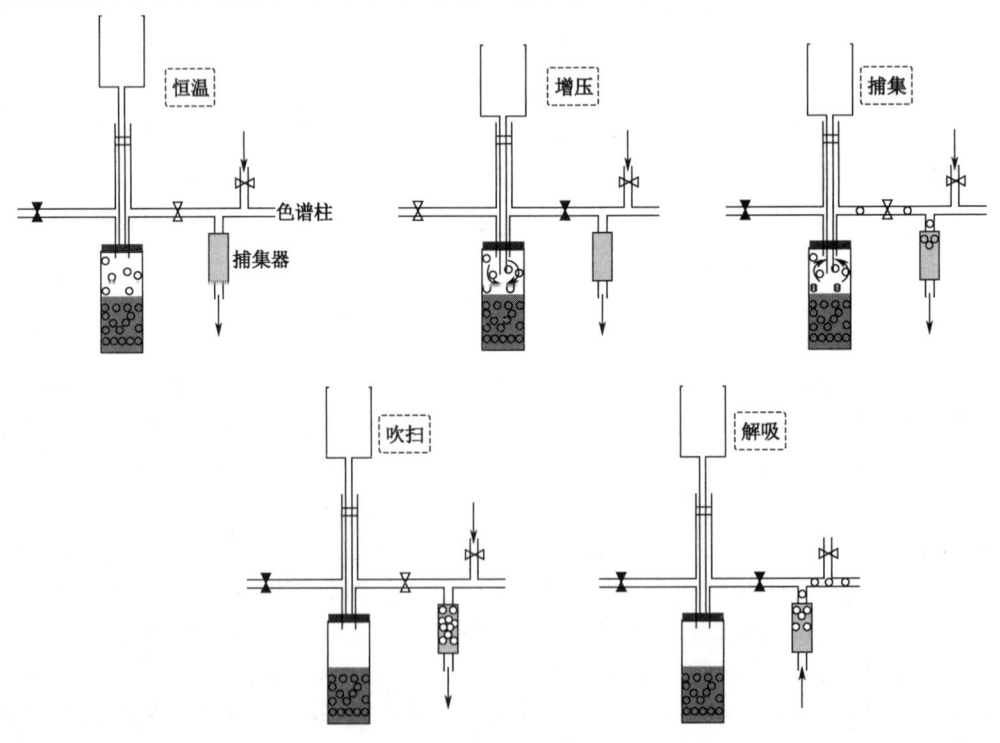

图 6-8 顶空进样系统

3. 裂解气相色谱

裂解气相色谱（Pyrolysis-Gas Chromatography，Py-GC）主要用于根据裂解后获得的色谱指纹图中的特征峰识别高分子化合物。Py-GC 不是直接注入样品，而是将高分子化合物放入能够快速加热至足够高温度的温度控制部件中，使化合物在高温下发生热裂解，形成多个易挥发的小分子。分解产物通过载气进入 GC 的分离系统和检测系统进行色谱分析。由于裂解后的小分子组成和相对含量与原化合物的结构和组成有较高的相关性，因此将其色谱图中的特征峰型，与已知化合物的峰型进行比较，可以实现高分子化合物的定性鉴别。

4. 衍生气相色谱

衍生化是样品分析中的一个附加步骤，是指将样品与衍生试剂在适当的条件下进行反应，转化为满足色谱分离要求的物质后再进行色谱分析。只有当衍生化有助于化合物的分离或检测，或通过衍生化能够增强化合物的稳定性，减少基质干扰，提高方法的重现性，或简化方法中的操作步骤，从而产生更稳定的结果时，衍生化才是合理的。例如，许多化合物缺乏合适的生色团（紫外-可见检测）、荧光团（荧光和化学发光检测）、电团（电化学检测），或在预期样品浓度下具有低电离效率（质谱检测）。对于具有反应性官能团的化合物，简单的化学反应允许通过将化合物的化学结构修改为检测所需的化学结构来获得所需的检测特性，或者通过将化合物移动到色谱图中检测器响应干扰最小的位置来最小化基质干扰。用不同极性的取代基取代一个或多个反应性官能团，或者用相对复杂的结构取代一个或多个反应性官能团，会改变化合物的分离特性，可能会改善化合物的分离效果，但同时也可能会使化合物更难分离或分离时间延长。

由于衍生化反应既可以在柱前进行，影响化合物的分离，也可以在柱后进行，只影响检测步骤，因此所选方法具有一定的灵活性。有时，衍生化反应在接近分离程序开始时进行，以提高化合物的回收率，确保其在分离程序中使用条件下的稳定性，或提高所选方法对目标化合物的选择性。

6.3 液相色谱

6.3.1 液相色谱的基本理论

液相色谱是一种分离工具和分析技术，我们可以将复杂分析物的混合物分离成单独的组分，其特点是以液体作为流动相，固定相可以是纸、薄板等材料。相比于气相色谱，液相色谱可解决化合物挥发性差的问题，实现热不稳定化合物的分离，虽然气相色谱可通过裂解、衍生化等处理方式进行检测，但同时也增加了操作的复杂性，改变了样品的原始结构，增加了分析的难度。液相色谱特别适用于相对分子量较大的高分子化合物、离子化合物、沸点高化合物及无机盐等样品的检测，使用范围较广。

6.3.2 液相色谱的分离模式

根据溶质在两相间的分配机理，可将液相色谱分为分配色谱、吸附色谱、离子交换色谱和尺寸排阻色谱等。

1. 分配色谱

液液分配色谱（Liquid-Liquid Chromatography，LLC）是指流动相和固定相都为液体，样品经流动相进入固定相后，由于在两相间的溶解度差异，样品在两相间不断进行分配平衡而实现分离。分配色谱主要包括分离强极性化合物的正相分配色谱（流动相极性小于固定相）和分离弱极性化合物的反相分配色谱（流动相极性大于固定相）。

在分配色谱中，固定相和流动相的选择非常重要，流动相须与固定相极性有显著差异，通常为互不相溶的溶剂，主要是为了避免固定相溶解于流动相而导致损失。正相分配色谱中，通常选用低极性的溶剂作为流动相，如一些烷烃类，并适当加入一些极性试剂如醇类、氯仿、二氯甲烷等以调节洗脱强度；反相分配色谱中的流动相通常选用水或无机盐缓冲液为基础，适当加入甲醇、乙腈、四氢呋喃等调节极性。

2. 吸附色谱

液固吸附色谱（Liquid-Solid Chromatography，LSC）是指试样经流动相带入固定相后，分子在流动相和吸附剂表面发生竞争性吸附，由于范德华力和氢键等弱非离子相互作用，分子被吸附剂表面的活性位点（如硅羟基）选择性保留，不同分子因相互作用强度差异实现分离。

选择合适的吸附剂是获得较高分辨率的重要因素。化合物与吸附剂结合的强度不同，可以选择性地解吸。氧化铝、硅胶、分子筛等是常用的吸附剂。固定相承受样品吸附量的能力是有限的，吸附剂的比表面积就是最重要的特征因素，它决定了样品在吸附剂上的吸附量和保留特性。比表面积增大可增加样品的负载量，但也会使溶质在固定相中的传质变坏，比表面积减小，可以保持固定相对样品的保留性质，但对样品的负载量就会减小。

流动相的极性与吸附成反比，其极性也影响吸附过程。当样品具有亲水性或极性基团时，常使用极性溶剂，如甲醇和乙腈等；当存在非极性或亲水基团时，可使用非极性或有机溶剂，如正己烷等。例如，物质带有羟基，则使用乙醇溶剂；对于含羰基的化合物，使用丙酮或乙醚，而对于非极性化合物，则使用甲苯或己烷。在 LSC 中，通常使用混合溶剂的流动相，一方面可以获得更好的分离选择性，另一方面可以降低流动相的黏度，从而提高柱效。

3. 离子交换色谱

离子交换色谱（Ion Exchange Chromatography，IEC）是指通过在一定酸度下被分离的各组分离子与离子交换树脂上电离的离子进行可逆性交换，利用各组分离子与离子交换树脂具有不同亲和力而进行分离。

IEC 中常用的固定相分为两类：聚合物多孔离子交换树脂（以苯乙烯-二乙烯基苯共聚物为代表）和键合相离子交换树脂（以硅胶为基质，在上面键合离子交换基团）。虽然前者的扩散速度慢、传质阻力大，使得柱效相对较低，但目前仍被广泛应用；而后者在柱效、耐压等方面具有明显的优点，但其使用的pH范围相对较窄。

IEC一般使用含盐的水溶液作为流动相，水具有良好的离子化和溶剂化特性，由于离子交换过程中需要进行电离形成离子态，因而流动相的pH、离子强度等成了较为关键的选择性参数，通常会加入适量的有机溶剂、配位剂等来改变交换剂的选择性，从而使待测组分达到更好的分离效果。

IEC的常见探测器有：①电导检测器是最常见的，因为它常用于检测各种分析物，如阴离子、阳离子和胺等；②紫外/可见检测器还有其他类型，如电化学（安培法）、可变波长、光电二极管阵列和质量分光光度法。典型的有机应用是维生素和氨基酸分离。除此之外，该技术通常还用于工业分析水中阴离子（如硝酸盐、亚硝酸盐、磷酸盐、卤化物、硫酸盐和亚硫酸盐）。

4. 尺寸排阻色谱

尺寸排阻色谱（Size Exclusion Chromatography，SEC）是一种根据分子尺寸大小的差异来进行分离的色谱，常用的固定相为凝胶，通常用于分离分子量从1 000万Da到超过5亿Da的大分子和聚合物。柱填料的颗粒具有不同大小的孔穴，溶质分子根据其分子流体力学体积（其大小和形状）进行分离，大分子体积大，未能进入孔穴中而最先被流动相洗脱，基本上未被保留；中等分子能进入孔穴中的部分空隙，但不能进入更深的微孔，在色谱柱中得到了滞留，较慢地从柱内流出；小分子因其体积较小，可完全进入孔穴内而最后被洗脱（如图6-9所示）。SEC通常是对复杂未知样品进行分析时的关键步骤。

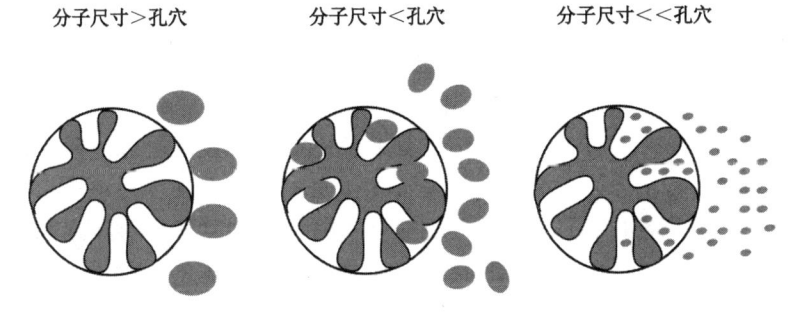

分子尺寸＞孔穴　　　　分子尺寸＜孔穴　　　　分子尺寸＜＜孔穴

图6-9　尺寸排阻色谱中的分子保留

SEC的固定相通常为多孔性的凝胶，按机械强度可分为软性凝胶、半刚性凝胶和刚性凝胶。葡萄糖凝胶、琼脂糖凝胶等均属于软性凝胶，其特点是交联结构较小，溶胀性较好，适用于常规压力、水溶剂为流动相的色谱中；苯乙烯-二乙烯基苯共聚物等属于半刚性凝胶，通常以有机溶剂为流动相，比软性凝胶更耐压，常用于高效液相色谱中，但流速不易过高；多孔硅胶、多孔玻璃珠等属于刚性凝胶，化学性质较稳定，可耐压和高流速，流动相可以是水溶剂也可以是有机溶剂。如果溶质的分子量范围较宽，往往一根柱子不能达到很好的分离效果，而装有不同种填料的柱子可以串联使用，以达到较好的分离效果。

SEC所用的流动相主要基于三个方面：流动相应对样品有较好的溶解能力；流动相应与固定相的凝胶相似，从而更好地浸润凝胶；流动相应尽可能选用黏度低的溶剂。常用的流动相主要有四氢呋喃、己烷、甲苯、三氯甲烷、二甲基亚砜和水等。

6.3.3 液相色谱仪的组成

液相色谱仪由往复泵、溶剂梯度装置、进样阀、色谱柱、检测器组成，如图 6-10 所示。系统利用往复泵将贮液瓶中的水相和有机相的流动相泵入仪器系统，经溶剂梯度装置进行梯度混合，样品经进样阀进入系统后随流动相进入色谱柱，各组分在色谱柱得到分离后分别进入后端检测器采集信号，信号经放大器和对数变换等处理后，便得到样品的液相色谱图。

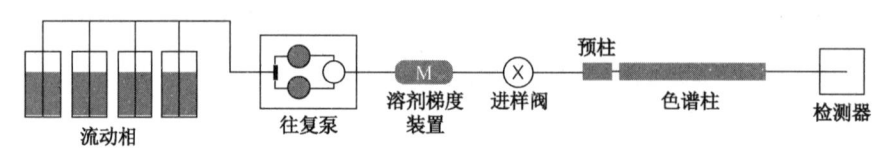

图 6-10 液相色谱仪

1. 往复泵

往复泵是高效液相色谱仪（HPLC）中最常用的泵。在往复泵中，往复式柱塞泵较为常见，即在液体输送过程中，柱塞进行往复运动，当柱塞向后移动时，溶剂被吸入腔体中；当柱塞向前移动时，溶剂被排出腔体，往复泵结构如图 6-11 所示。往复泵的核心是逆止阀，在泵运行时调节流向。当柱塞在腔室中向后移动时，两个浮球（每个单向阀中一个）对向后移动的柱塞产生的拉力做出反应，溶剂被吸入泵室。同时，泵柱侧逆止阀中的球会将柱与泵隔开。这可以防止已经在色谱柱中的流动相被向后吸入泵中。

往复泵最主要的优点是可以连续不断地以恒定的流量输送流动相，新一代的往复泵还可以消除压力波动、溶剂可压缩性和黏度变化对流速的影响等因素，因而对内部柱塞材料、阀的刚性和精度等要求非常高，常使用红宝石耐磨柱塞，逆止阀中的浮球也通常由红宝石制成。

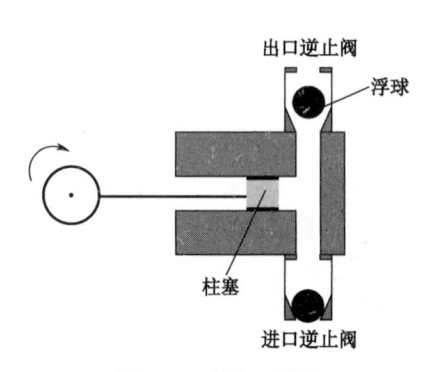

图 6-11 往复泵结构

2. 溶剂梯度装置

HPLC 有等度洗脱和梯度洗脱两种方式。等度洗脱是指在样品分离的过程中，保持流动相的组成恒定；梯度洗脱是指在样品分离过程中，实现两种或两种以上溶剂的程序混合，混合过程可以是线性的，也可以是非线性的。当样品是较为复杂的不同种类组成的混合物时，等度洗脱往往不能达到很好的分离效果，常常是前面的峰分不开，后面的峰保留时间太长，因此需要在一个分析周期内不断地调整流动相的组成以改变溶剂强度和选择性，从而提高流动相的洗脱能力。

在仪器硬件配置上一般分为低压梯度混合和高压梯度混合两种形式，HPLC 中的溶剂梯度系统如图 6-12 所示。低压梯度混合是溶剂在常规压力下先进行混合，再经一台高压输液泵将混合流动相输送至色谱柱系统中，优点是简单、经济，但重现性相对较差。高压梯度混合是溶剂各自在单独的高压输液泵增压后送入色谱柱前的梯度混合室，溶剂混合后再送入色谱柱系统，这种方式的重复精度高，可实现线性和非线性多种形式的梯度变化，是目前大多数 HPLC 采用的混合方式。

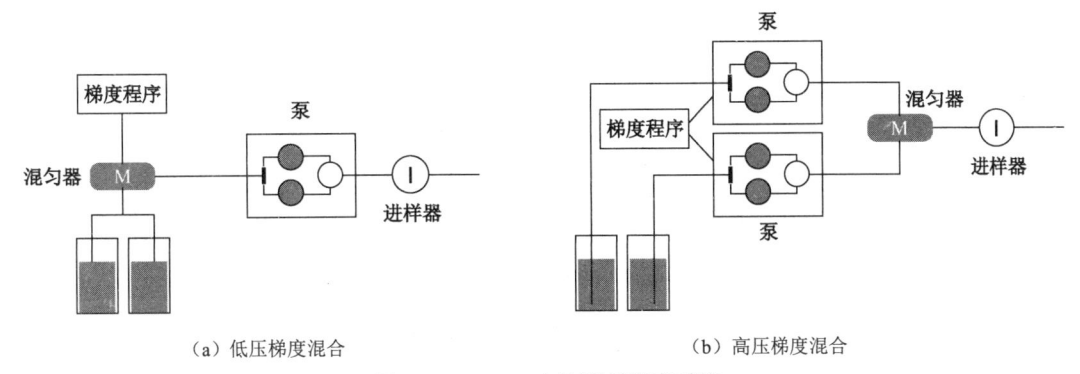

(a) 低压梯度混合　　(b) 高压梯度混合

图 6-12　HPLC 中的溶剂梯度系统

3. 进样阀

HPLC 因内部是高压工作状态，不能用微量注射器直接进样。进样系统需要耐高压，进样对色谱系统的压力、流量影响小，因此一般需要通过阀进样提高进样的重现性，常用的是六通阀，六通阀的取样和进样状态如图 6-13 所示。

取样状态　　　　　　　　进样状态

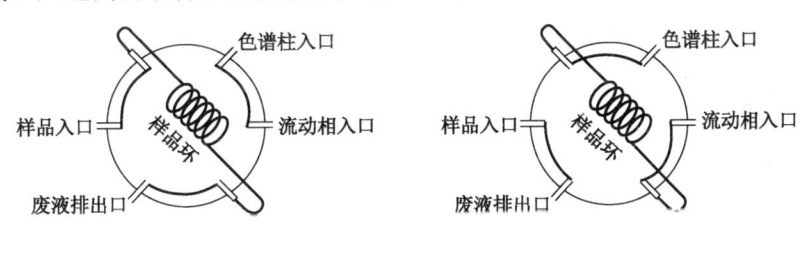

图 6-13　六通阀的取样和进样状态

由图 6-13 可见，在使用六通阀进行进样时，需要先将其置于取样状态，此时流动相不流经进样环，进样环与进样器相通，然后用微量注射器将样品注入进样环（通常进样的体积应不小于进样环的 3~10 倍，以完全置换进样环内原有的流动相），转动六通阀至进样状态，此时流动相与进样环相连，将试样带入色谱柱进行分离。在此基础上，HPLC 引入了自动进样器系统，相对于手动进样，自动进样可实现定量进样，虽然手动进样也可以进行部分装液法进样，但进样针定量注入要求每次进样体积准确、相同，与取样人的熟练程度密切相关，而自动进样器可为峰高和峰面积的测量提供小于 1% 的标准偏差，对于大量样品的常规分析，可大大提高进样的准确性。

4. 色谱柱

色谱柱即分离柱，是 HPLC 系统中的核心部件，通常需要有较好的选择性、较快的分析速度和较高的柱效等,往往与固定相的材料、结构、性能、填充等相关。大多数色谱柱由内壁抛光的不锈钢制成,以抵抗在往复泵输送流动相至色谱柱时施加的高压(500～3 500 psi)。标准直径范围为1～5 mm,直径为4.6 mm的色谱柱目前较为常见,但直径较小的色谱柱正迅速成为常态。典型的高效液相色谱柱长度在3～30 cm之间。较短的HPLC柱用于快速分析,而较长的色谱柱提供更多的理论塔板,有利于解吸几乎重叠的峰。色谱柱的长度最终受到推动流动相通过色谱柱所需压力的限制。随着压力的增加,多孔填料颗粒可能被压碎,这会破坏颗粒床的稳定性,导致色谱峰形状不佳,必须丢弃色谱柱。

色谱柱的性能评价指标主要有四项:①柱效。理论塔板数越高,柱效越高。②柱渗透性。柱压降越小,柱的渗透性越好。③分析速度。短的冲洗时间,保留时间一般小于30 min。④峰的对称性。以峰的不对称因子来衡量。

5. 检测器

检测器是HPLC系统中最重要的部分,其作用是将色谱柱流出的组分和含量变化转变为可供检测的信号,完成定性定量分析的任务。目前,主要有两种类型的检测器:一类是溶质型检测器,它对被分离组分的物理或化学特性有较好的响应,如紫外-可见光检测器、二极管阵列检测器、荧光检测器等;另一类是总体检测器,它对样品和洗脱液总的物理或化学性质有较好的响应,如示差折光检测器、蒸发光散射检测器等。

(1)紫外-可见光检测器(Ultraviolet-Visible Detector,UVD)

UVD的工作原理是许多分子吸收紫外-可见电磁辐射。事实上,紫外-可见光检测器是迄今为止最常用的HPLC检测器,而质谱仪也很常见。紫外-可见光检测器既可以测定紫外光区190～350 nm范围内的光吸收变化,也可以测定可见光350～700 nm范围内的吸收变化。UVD主要用于分析紫外-可见活性分子、生物大分子和有机小分子。

优点:灵敏度在0.5～1 ng之间;非常适合梯度洗脱;可用于定量分析;与多种分析物兼容。

缺点:生成的光谱不是高度特异性;吸收取决于溶液的条件;在对杂质进行量化时需要考虑反应因素。

(2)二极管阵列检测器(Diode Array Detector,DAD)

DAD是UVD的一个重要进展,DAD采用光电二极管阵列作为检测元件,可实现多通道并行工作,一次色谱分析,可获得各组分光强度、波长和时间的三维谱图。DAD主要用于检测具有紫外吸收特性的成分,并分析峰纯度的一致性,还可以使用数据库进行结构分析。

优点:多波长检测;快速扫描;峰纯度预估;消除干扰峰。

缺点:对单波长检测的灵敏度较低;检测器易受到灯光波动的影响;峰纯度仅是指示性。

(3)荧光检测器(Fluorescence Detector,FLD)

FLD是HPLC系统中另一个重要的检测器。就像在紫外-可见光检测器中一样,在荧光检测器中,色谱柱流出物通过流动池,光谱中紫外-可见区域的光连续通过流动池,流动池中的溶质可以吸收一定波长的光,使某些电子激发到较高的能级,之后辐射出比紫外波长更长的光,即荧光。荧光的强度与激发光强度、量子效率和样品浓度成正比。FLD是一种选择性检测器，对于许多本身不产生荧光的物质，如果与荧光试剂进行衍生化反应，生成荧光衍生物，即可用于 FLD 检测。FLD 主要适用于药物和生物化学样品的分析。

优点：灵敏度比 UVD 高 2~3 个数量级；需要的样品量少。

缺点：对样品的选择性较强。

（4）示差折光率检测器（Refractive Index Detector，RID）

RID 对流动相的折射率与溶质存在于流动相时的折射率差异和被测组分在流动相中的浓度相关，当组分被色谱柱洗脱出来后，会引起流动相折射率的变化，这种变化与样品组分的浓度呈正相关。通过流动相折射率的变化，可测定试样组分的含量。RID 主要适用于检测无紫外吸收的有机物，如糖类、脂肪烷烃、高分子化合物等。

优点：可以检测到非离子化合物；常规 HPLC 操作的通用检测器。

缺点：不能与梯度分析一起使用；取决于流速和温度；所需的平衡时间较长，灵敏度较低。

（5）蒸发光散射检测器（Evaporative Light-Scattering Detector，ELSD）

在 ELSD 中，色谱柱流出物通过一个窄针头与高流速载气混合而雾化成微小的液滴，随后经加热漂移管蒸发掉溶剂，挥发性流动相溶剂组分蒸发后，非挥发性分析物颗粒残留并通过检测器。在探测器内，粒子被激光束照射并产生光散射，光收集器收集散射光并通过光电倍增管转变成电信号。应注意的是，散射光的数量取决于散射粒子的大小，粒子的数量又取决于流动相的性质及喷雾气体和流动相的流速。因此，ELSD 对聚合物和生物分子等大分子更加敏感，很少用于小分子检测。

优点：可以分析非挥发性化合物；化合物的紫外、折射率、洗脱液成分等性质不影响检测器信号输出；可识别没有发光团的化合物。

缺点：流动相必须是挥发性的；检测器响应是分析物进样量的复杂函数；分析较小的挥发性分子很困难。

6.3.4 梯度洗脱

1. 原理

在等度洗脱中，流动相通常是较弱溶剂 A 和较强溶剂 B 的混合物，在整个分离过程中，流动相的极性、离子强度、pH 等保持不变。梯度洗脱是通过两种或两种以上不同极性溶剂的流动相，在整个分离过程中，其组成随着时间进行线性或非线性的改变，通过改变流动相的极性来改善样品中各组分的分离度。

2. 梯度范围

在 HPLC 中，溶质的洗脱强度可用容量因子 k' 表示，在固定相的极性小于流动相极性的反相色谱中，流动相的极性与 k' 成正比，反之，在正相色谱中，流动相的极性与 k' 成反比。在梯度洗脱中，流动相的组成在分离过程中发生变化，通常从溶剂 A（0% B）开始，到溶剂 B（100% B）结束。对于保留范围超过等度分离（$1<k'<10$）目标的样品，通常需要梯度洗脱。

若试样中有多个组分，当 $k'<1$ 或 $k'>10$ 时，此时使用强极性的流动相进行等度洗脱，虽然可以将强保留组分在适当的时间内洗脱下来，但弱保留的组分在初始时就会流出，无法形成保留；而用弱极性流动相进行等度洗脱，k' 值小的组分会以较大的分离度流出，而 k' 值大的组分保留值较大，会使流出的峰变宽，并且一些强保留的组分有可能残留在色谱柱中不能被洗脱，从而影响色谱柱的柱效和寿命。若使用梯度洗脱，用弱极性流动相使 k' 值小的组分先以较好的分离度得到分离后，逐渐调整梯度，增加流动相的极性，使 k' 值大的组分也能在较短的时间内以较好的分离度流出，从而获得较为理想的色谱分离效果。

3. 最佳梯度方法

梯度洗脱对组成复杂的混合物，特别是对保留相差很大的组分分离尤为重要，好的梯度洗脱方法可以提高组分的分离度、缩短分析时间和降低最小检测量。通常所说的梯度条件是指梯度斜率（单位时间流动相中强洗脱溶剂 B 的浓度变化速率）、梯度洗脱时间，以及梯度开始、结束时 B 的百分值（流量、温度和其他条件除外）。通常，改变 B 的百分值是为了减少梯度洗脱时间，但在其他方面仍然保持较好的分离效果。梯度陡度增加会使 k' 值减小，从而可以缩短梯度洗脱时间，但也会降低组分的分离度，因此梯度陡度既不能太大，也不能太小，需要选择合适的陡度以达到良好的色谱分离效果。

通常情况下，样品峰如果在色谱图的中间，这意味着在分离开始和结束时会浪费时间。可以通过在洗脱第一个峰之前增加梯度陡度，将梯度时间缩短，而不会对分离产生不利影响。进而可以通过微调梯度终止时 B 的百分值，以避免采集到干扰性杂质峰。这样，我们可以在较短的时间内实现更好的组分分离。

6.4 超临界流体色谱

6.4.1 超临界流体色谱原理

GC、LC 和超临界流体色谱（Supercritical Fluid Chromatography，SFC）是现代三种最主流的柱色谱技术，SFC 也是一种色谱形式，其满足以下两个条件。

① 流动相压力和温度必须接近或高于适当的临界值。
② 流动相必须具备溶解溶质的能力。

从实际角度来看，它也可以表述为：流动相和固定相之间溶质的热力学分布系数必须显示出显著的压力依赖性，其流动相为处于临界温度或临界压力以上的单一相态的流体（气体或液体），临界点和临界区域的 CO_2 相图如图 6-14 所示。在实践中，在亚临界条件下进行的分离也可以称为 SFC 分离。气体、液体和超临界流体中密度、黏度和扩散系数的典型值见表 6-6。

SFC 中最常用的流动相是 CO_2，纯 CO_2 是一种非极性流体，适用于低极性物质的溶解和分离，目前在很多的开管柱 SFC 中已经得到应用。在 CO_2 流体中添加适当的助溶剂（如甲醇），可增强 CO_2 流体对极性物质的溶解能力，通过提升流动相的选择性，减少分析物在固定相中的滞留时间，从而提高分离效率。

图 6-14　临界点和临界区域的 CO_2 相图

表 6-6　气体、液体和超临界流体中密度、黏度和扩散系数的典型值

	气体	超临界流体	液体
密度/(g/cm^3)	10^{-3}	0.2^{-1}	≈ 1
黏度/cP	$\approx 10^{-3}$	$\approx 10^{-2}$	$\approx 10^{-1}$
扩散系数/(m^2/s)	$\approx 5\times 10^{-6}$	$\approx 10^{-8}$	$\approx 10^{-10}$

6.4.2　SFC 色谱仪

1. 仪器组成

SFC 主要由流动相输送系统、分离系统和检测系统组成，典型的 SFC 色谱仪如图 6-15 所示。

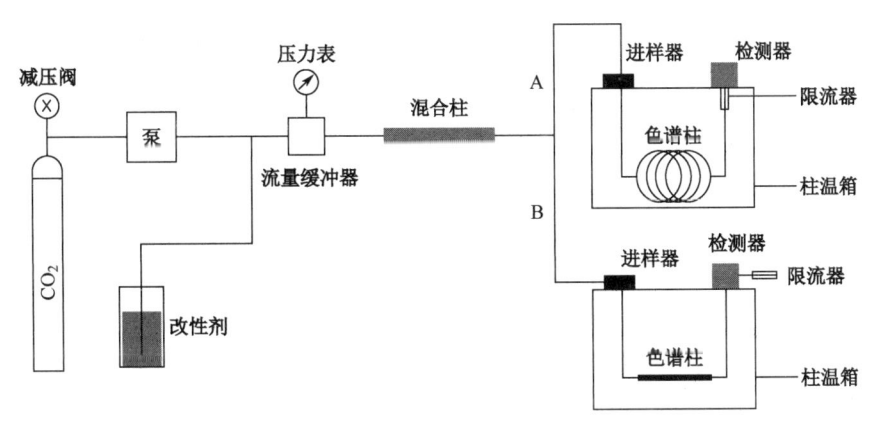

图 6-15　典型的 SFC 色谱仪

（1）流动相输送系统

流动相的输送系统是 SFC 的重要组成部分，多采用无脉冲、小流量的流体输送泵。流

动相的输送包括以下两种类型。

① 室温常压下为液体的流动相，通常采用无脉冲的流体输送泵来输送。

② 常压下为气体的流动相，通过减压阀将高压气瓶中的气体减压到所需压力或用泵加压后进行输送。

目前大多数 SFC 仪器使用往复泵来控制压力及流速，相比于 HPLC 的往复泵，在用 CO_2 作为流动相时，泵头通常需要配备冷却控制模块，温度一般要下降到 -20 ℃左右。

（2）分离系统

SFC 的分离系统主要包括色谱柱、柱温箱、限流器等。

色谱柱是 SFC 中最核心的部件，色谱柱的选择见下文。

柱温箱控制色谱柱分离的温度，柱温与流动相的密度密切相关，而密度又决定了流动相的溶解能力，因此精确控温的柱温箱非常重要。GC 的柱温箱一般可以满足 SFC 的需要。

因不同的检测器耐压性能不同，所以在色谱柱出口与检测器之间需要增加一个限流器，使超临界流体通过限流器缓慢降至常压状态后再进入检测器，如 FID、质谱（MS）等。有些检测器，本身可以在高压下进行检测，因此可将限流器接在检测器出口。

（3）检测系统

SFC 是介于 HPLC 和 GC 之间的色谱技术，可兼容几乎所有 GC 和 HPLC 的检测器，目前使用最多的是 FID 检测器，对于大多数有机分子均有响应并且对 CO_2 没有响应，除高灵敏度外还能同时适用于填充柱和开管柱。UVD 也是 SFC 中使用较多的检测器，只要待测组分中有 UV 发光基团，到达足够的检出限就能被检出，并且 UVD 能耐较高的压力，通常耐压能达到 400 atm（1atm=101 325 Pa）。

2. 色谱柱

在 SFC 中，常用的色谱柱主要有填充柱和开管柱，实际应用时，需要根据特定的分离效果选择相应的柱类型，可能影响柱类型最终选择的重要因素包括以下几个方面。

（1）分析速度

开管柱SFC中的典型柱直径为50～100 μm，填充柱的典型粒径为5～10 μm。填充柱SFC分离速度比开管柱SFC分离速度快大约10倍。因此，从分离速度的角度来看，填充柱显然更有优势。

（2）压降

在 GC 中，流动相是可压缩的气体。在正常条件下，载气表现出理想的气体行为，意味着保留行为不是压力的函数，因而压力梯度对色谱柱上理论塔板高度的影响很小。在 HPLC 中，流动相是不可压缩的液体，压降对于色谱柱中的分离过程并没有太大的影响，因而流动相中溶质的密度、黏度和扩散率等不受整个色谱柱的压力梯度的影响。

在 SFC 中，流动相的密度、黏度和扩散率都是流动相压力和温度的复杂函数，SFC 中的保留率也是流动相密度和压力的一个重要函数。

（3）样本可装载性

开管柱因其柱内径较小，所以其最大的缺点就是样品的装载容量极低。而与开管柱相比，填充柱的内径不影响分离效率，可以通过增大其内径来增加样品容量。在分析色谱中，工作范围的上限是最大允许样本量，下限是最小可检测量的极值限制的区域，更宽的工作范围意味着痕量和主要成分可以在一次色谱运行中进行分析。填充柱具有更大的样品容量和更宽的工作范围，因此在应用于不同浓度的样品分析方面更加灵活。

（4）检出限

色谱柱的类型对色谱系统的检出限有很大影响，其中重要的参数包括柱直径、粒径、孔隙率、长度和固定相厚度等。在比较填充柱和开管柱的检出限时，区分最小可检测量和最小可检测浓度很重要。在比较浓度敏感检测器的最小可检测量时，必须考虑通过色谱柱的总流量。在填充柱中，效率和流速是自变量，在不影响柱效率的情况下，可以通过增加柱直径来增加流速，而对于内径较小的填充柱来说，此时的流速是相当大的。在这种情况下，填充柱的检测限优于开管柱的检测限。如果使用大口径填充柱，则会出现相反的情况。需要注意的是，只有当填充柱和开管柱使用相同的检测器时，结论才是正确的。一般来说，与大流量填充柱结合使用的检测器较大，有利于提高填充柱的检测能力，因此通常更灵敏。

（5）进样器兼容性

在各种形式的开管柱 SFC 中，使用内径小的开管柱对进样有着极其严格的要求。在色谱分离中，样品应作为窄带注入，以防止注入带对总带宽的过度贡献。此外，应引入更小的样品体积，采用 60 nL 微型样品回路适配开管柱系统。事实上，即使这么小的进样体积也仍然太大。因此，需要使用复杂的拆分技术。样品引入是开管柱 SFC 分离中最困难的步骤之一。相反，对于填充柱，样品引入就简单得多。

（6）检测器兼容性

SFC 与各种检测系统的兼容性是 SFC 的一个重要优势。纯 CO_2 与大多数 GC 和 LC 检测器具有极好的兼容性。然而，由于纯 CO_2 的极性较差，因此在 SFC 中通常会添加改性剂，而添加了改性剂以后，与其兼容的检测器数量将大幅减少。在开管柱 SFC 中，相对极性的溶质可以用纯 CO_2 洗脱，而填充柱中洗脱这些极性组分通常需要在流动相中添加改性剂。由于在填充柱 SFC 中更需要改性剂，所以开管柱通常在检测器选择方面提供更大的灵活性。

SFC 的填充柱和开管柱在许多方面有所不同。对于特定分离问题，柱类型的最终选择取决于许多方面。填充柱在分析速度上比开管柱快得多，而在开管柱中，每巴（bar）（$1bar=10^5Pa$）压降的塔板数更高。对于许多实际分离，通常开管柱样品的装载量极低，这对于样品的引入和检测系统提出了更高的要求，总体而言，填充柱比开管柱应用更广。

6.4.3 流动相和固定相

1. 流动相

从理论上说，任何一种在其临界点以上热稳定的物质均可作为 SFC 的流动相。在实际应用中，最常用的流动相是 CO_2，其临界温度为 31 ℃，临界压力为 73 bar。在临界点，CO_2 的密度为 0.47 g/mL。随着压力增加，密度增加，随着温度升高，密度降低。接近临界点时，温度升高可能会导致滞留增加。在更高的压力下，温度升高通常会导致保留率降低。温度对超临界 CO_2 密度的影响如图 6-16 所示。

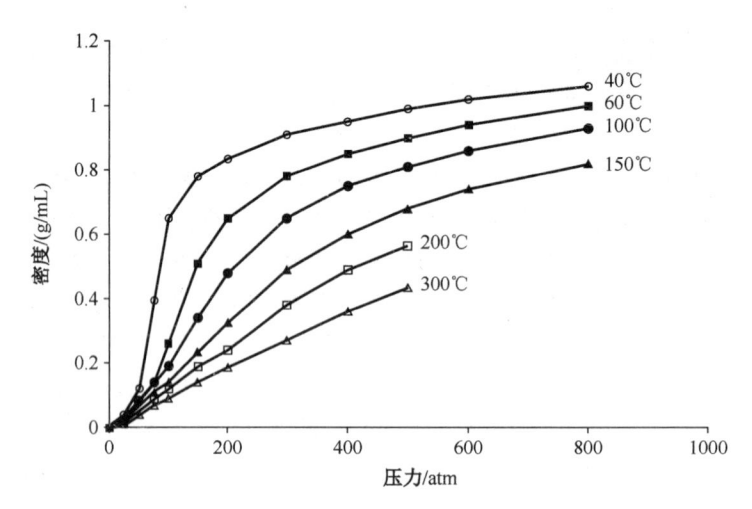

图 6-16　温度对超临界 CO_2 密度的影响

由于带有极性基团的化合物在纯 CO_2 中的溶解度有限，可以添加极性改性剂以改善流动相对于极性样品的溶解能力，从而扩大 CO_2 对样品的适用范围。常用的改性剂有甲醇、乙腈、异丙醇等。CO_2 与改性剂混合后，临界压力和临界温度会降低，分离选择性因子会提高，保留值会降低，从而改善分离效果，并提高柱效。

2. 固定相

为了承受高压流动相的冲洗，SFC 的固定相通常需要交联固化，常见的 HPLC 和 GC 中的各种固定相也可用于 SFC。填充柱填料主要是十八烷基键合辛基、苯基、氨基、氰基、二醇基等硅胶化学键合固定相；开管柱固定相主要是苯基聚硅氧烷、二苯基聚硅氧烷、甲基聚硅氧烷、乙烯基聚硅氧烷、交联聚乙二醇等。

6.5　毛细管电泳

6.5.1　毛细管电泳的分离基本原理

电泳技术通常用于分离带电分析物。在电场的作用下，带电分析物在电解质溶液（通常是弱酸和弱碱在水中的混合物）中向电荷相反的电极移动。如果带电分析物的电荷符号、电荷数量、质点大小等存在差别，那么它会有不同的迁移速度，则可实现分离。毛细管电泳则是以毛细管为分离通道，基于样品中各组分（电荷、大小等）之间淌度差异实现分离的一类电泳分离分析技术，它解决了传统电泳中的散热问题，改善了分离效果。电泳技术广泛应用于生物化学领域，尤其是核苷酸和蛋白质的分离。电泳分离可以在接近生理条件的电解质溶液中进行，使化合物保持其生物活性。

6.5.2 毛细管电泳的基本装置

毛细管电泳装置主要由高压电源、毛细管柱、进样系统和检测器等组成，如图 6-17 所示。在开始分析前，先利用压力将电解质溶液注入毛细管，然后将毛细管入口端插入样品槽，吸取一定量的样品后移至阳极槽，在两极上施加电压后，各种样品中的组分离子就会因不同移动速率而被分离。

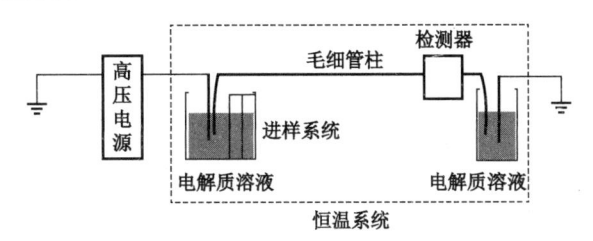

图 6-17 毛细管电泳装置

1. 高压电源

高压电源提供 0～30 kV 的稳定、连续可调的直流电压，常用的电压为 30 kV，电流为 200～300 μA。为保证迁移时间的重现性，高压电源的电压稳定性应在 ±0.1% 以内。在大多数设备中使用的是双极性的高压电源，以防止电渗流被减弱或出现反转时，完成电极极性的转换。

2. 毛细管柱

理想的毛细管柱应具有电惰性，有一定韧性，易于弯曲，耐用。带有聚酰亚胺涂层的熔融石英毛细管柱是最常见的，但也可使用带有紫外线透明聚四氟乙烯涂层的熔融石英毛细管柱和其他类型的毛细管柱。毛细管柱的典型内径为 50～75 μm，长度为 20～100 cm，毛细管柱内径的选择需在分辨率和检测限之间进行权衡。在相同的电压下，内径小的毛细管柱产生的热量较少，更容易散热以获得恒定温度；但是内径小，样品的进样量小，增加了检测、进样等操作的难度，同时小内径的毛细管柱的吸附作用更大。由于分离是在狭窄的毛细管柱中进行的，因此可以有效地从电解质溶液中带走热量，并且可以使用高压在短时间内进行非常有效的分离。低分子量和高分子量分析物都可以得到有效的分离。在毛细管柱出口附近放置检测器，可以检测分析物。从入口端到检测点的毛细管柱长度称为有效长度。毛细管柱的外径也会有不同，空气冷却系统需要薄壁，而液体冷却系统可以使用较厚的壁，厚壁毛细管柱比薄壁毛细管柱更坚固。

3. 进样系统

由于使用的毛细管柱体积非常小，内径为 50 μm×50 cm 的毛细管柱体积为 1 μL，注射体积需要很小（纳升级），以避免注射体积过大引发的毛细管柱的体积过载，从而导致谱带增宽而分离效率降低。常用的进样方式有两种：流体力学进样和电动进样。

流体力学进样通过将样品瓶放置在毛细管柱入口端，向样品瓶施加压力（2.5～10 kPa）或向毛细管柱出口端抽真空，或通过改变毛细管柱入口和出口的相对高度（虹吸），允许样品的小塞子进入毛细管柱,来执行进样,也称为虹吸进样,是最为常用的电泳进样方式。

电动进样通过将样品瓶放置在毛细管柱的入口端,对检测端的缓冲溶液间施加进样电压(5 kV),分析物在电流和电渗流的作用下转移到分离毛细管柱中。电动进样可实现完全自动化操作,当试样的黏度较大无法进行流体力学进样时,电动进样就特别适用。但电动进样也存在一定的弊端,淌度大的离子比淌度小的离子进样量大,淌度小并且电渗流方向相反的离子有可能会丢失。

4. 检测器

紫外-可见光检测器和荧光检测器是目前毛细管电泳上使用最广的两种检测器,此外还有电化学检测器、质谱检测器等。紫外-可见光检测器通用性较好,包括单波长、程序波长和二极管阵列检测器,但其灵敏度相对较低;荧光检测器的灵敏度较高,但对于大多数样品需要进行衍生化处理,增加了操作的复杂性;电化学检测器的灵敏度比紫外-可见光检测器高,并且对缓冲液的响应很小,适用于吸光系数小的电活性无机离子和有机小分子物质;质谱检测器的灵敏度也很高,并且可以通过质谱碎片信息推导出分子结构信息,但不适用于含有非挥发性盐类的分析物。

6.5.3 毛细管电泳主要的分离模式

1. 区带电泳

区带电泳是毛细管电泳中最常用的技术,用于分离离子和可电离分子,如无机阴离子、无机阳离子、有机酸、氨基酸等。区带电泳通过电场驱动下带电组分在毛细管电解质溶液中迁移速率的差异实现分离,但无法分离中性化合物。分离溶液中的典型电解质溶液浓度范围为 0.01~0.1 M,电解质溶液通常为磷酸盐缓冲液。分离电解质溶液中的电解质溶液浓度应高于样品的浓度,以避免局部电位梯度,从而导致不均匀的迁移和区域不对称。

2. 等电聚焦

等电聚焦是通过两性化合物等电点的差异而实现分离的技术,具有极高的分辨率,可以分离等电点相差 0.01 的蛋白质、肽及氨基酸等两性化合物。在等电聚焦电泳中,向毛细管中注入一种两性电解质溶液,在外部电压的作用下,带负电的电解质溶液流向阳极,带正电的电解质溶液流向阴极,从而形成 pH 梯度,此时带电组分按 pH 梯度发生迁移,当迁移到 pH 和蛋白质等电点附近时,形成明显的区带而实现分离。

电渗流在等电聚焦中是不需要的,因为电渗流会干扰等电聚焦。因此,使用表面改性修饰毛细管,即表面以聚丙烯酰胺和聚甲基纤维素涂渍后,进行交联键合到管壁表面,修饰为不带电荷的毛细管,以消除电渗流,并避免吸附效应,从而提高分离效果和重现性。因为两性电解质溶液会吸收波长较低的紫外光,所以波长<280 nm 不能用于检测。

3. 毛细管凝胶电泳

在毛细管凝胶电泳中,毛细管柱内装有凝胶或其他筛分介质,当带电的组分离子迁移至毛细管柱时,大小不同的分子受到凝胶网状结构的影响,小分子迁移得快,大分子受到阻力大,迁移速度慢,从而使它们得到分离。毛细管凝胶电泳是一种分离度很高的电泳分离技术,具有大的比表面积,散热性好,分析速度快,是 DNA 排序分析的重要手段,常用于蛋白质、核苷酸、RNA、DNA 片段等的分离和测序。

4. 等速电泳

等速电泳可用于分离阴离子和阳离子，但一次只能分离一种类型。将样品引入两种电解质溶液之中，一种是先导电解质溶液，另一种是尾随电解质溶液。先导电解质溶液包含的离子的迁移率高于样品组分，而尾随电解质溶液包含的离子的迁移率低于样品中的离子。当施加电场时，很快就会建立一个平衡，被分离的组分按其淌度不同在两电种解质溶液中形成各自独立的区带，并以相同的速率向电极迁移，实现分离。等速电泳可用于无机离子、有机离子、核苷酸、氨基酸等的分离与分析，常被用作其他毛细管电泳分离模式的预浓缩手段。

5. 胶束毛细管电泳

胶束毛细管电泳可用于分离中性离子和离子化合物，是最常用的毛细管电泳之一。分离介质由缓冲液和浓度高于临界胶束浓度（Critical Micelle Concentration，CMC）的离子表面活性剂组成，形成的胶束是表面活性剂的球形聚集体，其亲水端暴露在电解质溶液中，疏水端向内。根据其疏水性，中性化合物将部分位于胶束中，部分位于电解质溶液中，由于胶束是带电物种，它们将在外加电场中迁移，组分基于在水相和胶束相之间的分配系数不同而得到分离。胶束毛细管电泳的主要优点在于其分离效率高，理论塔板数可达 HPLC 的 10 倍以上，还有分离速度快、检测限低、试剂消耗少等优点。

6.6 固相萃取

6.6.1 固相萃取的基本原理

固相萃取（Solid Phase Extraction，SPE）是一种液相和固相物理萃取的色谱过程，基于液-固色谱发展而来，是通过选择性吸附、选择性洗脱而实现样品的分离、富集和纯化的方法。SPE 包含吸附和洗脱两个重要的部分，在吸附过程中，固体吸附剂对目标化合物的吸附能力大于溶剂的吸附能力，这些固相材料能够选择性地吸附目标化合物，从而分离干扰化合物或杂质，实现富集；吸附完成后，通过加入洗脱液（通常为有机相）将目标化合物从吸附剂上解吸，达到分离和富集目标化合物的目的。SPE 具有操作时间短、样品用量少、提取速度快、干扰物质少、富集因数高、重现性好等优点，是样品预处理中非常高效灵活的一种处理技术。

6.6.2 固相萃取装置

固相萃取装置主要是 SPE 柱，通常做成注射器形状，SPE 柱构造如图 6-18 所示，柱体下端有一突出的头，可用于各种不同的 SPE 抽真空装置，以提高萃取速率。柱管多用聚丙烯材料，也可用玻璃、聚乙烯等，柱体内由下到上分别为烧结筛板（用以支撑吸附剂，同时有一定的过滤作用)、固体吸附剂和烧结筛板(防止加样破坏吸附剂)。

SPE 柱可以与商品化的固相萃取装置联合使用，组成 SPE 萃取装置，如图 6-19 所示。SPE 萃取装置整体是一个能密封的小箱，上方可以固定 SPE 柱，并配有独立的流速控制阀，下方有一个可以外接真空泵的接口，装置上有压力阀，通过阀可以控制装置内的真空度，从而加速 SPE 柱管中溶剂的流速。

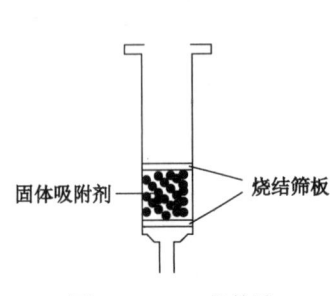

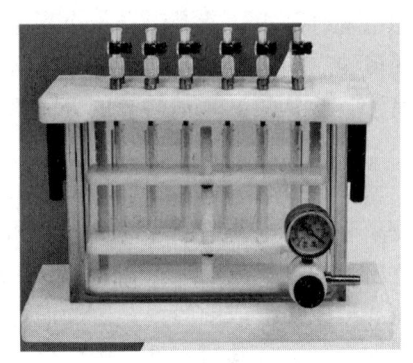

图 6-18　SPE 柱构造　　　　图 6-19　SPE 萃取装置

6.6.3　固相萃取的基本步骤

固相萃取的基本步骤主要包括活化、上样、淋洗和洗脱，具体步骤如下。

1. 活化

固定吸附剂的活化一方面是将吸附剂溶解，建立一个与样品溶剂相容的环境；另一方面可以去除吸附剂中的一些残留杂质。未活化的固体吸附剂很难与目标化合物形成吸附效应，原因是填料表面有一层疏水膜，需要先用甲醇等极性溶剂进行湿润和冲洗，再经第二溶剂相（通常为水或所用的缓冲液）将甲醇冲洗出来后保留在固体吸附剂中。活化的过程通常为常压操作，如果加真空度将溶剂抽干，可能导致填料床出现裂缝，从而导致样品无法得到有效净化，影响回收率和重现性。

2. 上样

将试样移入活化后的 SPE 柱，调整样品过柱的流速，以 0.5～1.0 mL/min 流速流出为宜，一般流速不大于 1.5 mL/min，若流速过快，试样中的目标成分不能完全被固定吸附剂吸附，使目标成分流失导致定量结果偏低和回收率降低。另外，为了保留分析物，溶解样品的溶剂应尽可能使用较弱的，防止分析物经填料后不被保留，出现穿漏现象。

3. 淋洗

淋洗的目的是将固定吸附剂吸附后的一些杂质清洗下来，同时所需的组分仍留在固定吸附剂上。淋洗液可以是水、上样溶剂或含有低浓度有机溶剂的水溶液，但不能强制将被测组分从固定吸附剂中洗掉。另外，淋洗也能将上样后残留在柱管上的样品试样全部洗入固体吸附剂中，淋洗后可以得到更干净的样品。

4. 洗脱

当液体为试样提供比固相更理想的环境时，目标化合物被解吸，并随液体离开固定吸附剂后被收集，叫作洗脱。如图 6-20 所示，样品经过吸附、淋洗和洗脱等具有选择性的操作步骤之后，样品中的目标化合物被保留了下来。有时需要根据被测组分的性质来选择合适的洗脱试剂，溶剂太强，则很多强保留的不想要的组分将被洗脱；溶剂太弱，则需要更多的洗脱试剂来洗出目标组分。在正相萃取中，可选用一定极性的溶剂如丙酮、甲醇、乙醇等；在反相萃取中，可用甲醇、乙腈、三氯甲烷等洗脱。如进行 GC 分析，洗脱液可直接进样，而 HPLC 等分析通常需要将洗脱液浓缩定容后再进样，以防止有机相引起的溶剂效应等问题导致定量不准。

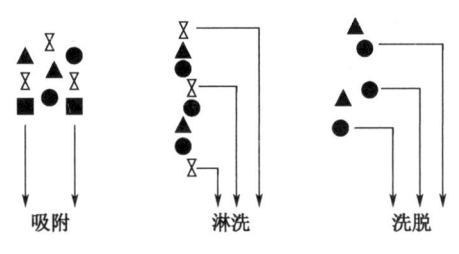

图 6-20　保留目标化合物的过程

6.6.4　常用的吸附剂

固相萃取常用的吸附剂可分为氧化物、低特异性吸附剂（键合硅胶、多孔聚合物和碳）以及高特异性吸附剂（离子交换、免疫亲和和分子印迹聚合物）。

1. 氧化物

固相萃取最重要的氧化物吸附剂是硅胶，其次是氧化铝、二氧化钛、氧化锆、氟硅和硅藻土等。无机氧化物表面有高浓度的活性官能团，负责通过极性、离子交换和路易斯酸碱相互作用吸附分析物。对于含水样品，离子交换和路易斯酸碱相互作用占主导地位，而偶极型和氢键相互作用通常对非水样品同样重要或更重要。硅胶在许多方面都是一种近乎理想的吸附剂，用于提取小的极性有机化合物，并且有多种粒径，用于不同的提取形式，平均孔径在 4~30 nm，比表面积在 300~800 m^2/g。

2. 低特异性吸附剂

水样的低特异性吸附剂包括硅基化学键合吸附剂和涂层、多孔聚合物和聚合物涂层，以及各种形式的碳。对于气相样品，通常使用多孔聚合物和各种形式的碳，偶尔使用无机氧化物或物理上涂有液相或反应性材料的无机氧化物。低特异性吸附剂的特点主要由分散相互作用以及弱到中等强度的极性分子间相互作用所决定。

3. 高特异性吸附剂

基于离子交换、免疫亲和、分子识别的各种吸附剂在固相萃取中可以实现更高的选择性。离子交换法用于从水样中提取可解离的化合物，通常吸附剂含有与目标化合物电荷相反的离子对。在洗脱步骤中，与吸附剂和大多数中性化合物电荷相似的离子要么未被保留，要么被微弱地保留和去除。

免疫吸附剂通常通过将高特异性抗体与固相载体共价偶联制备。首先筛选或制备针对目标化合物的抗体，然后将其固定于活化处理的载体表面，当样品流经吸附剂时，基于抗体-抗原特异性结合作用,可实现目标分子的高选择性捕获。

分子印迹聚合物是免疫吸附剂的合成类似物,更容易制备,成本更低。它们通常是有机共聚物,具有人工生成的识别位点,能够优先于其他相关的化合物,特异性地结合目标化合物。在模板分子和适量致孔剂存在下,功能单体和交联剂通过聚合反应形成分子印迹聚合物。

6.7 分离学计量

6.7.1 气相色谱仪的计量

1. 计量性能要求

气相色谱仪的计量性能要求见表6-7。

表6-7 气相色谱仪的计量性能要求

检定项目	计量性能要求				
	TCD	ECD*	FID	FPD	NPD
载气流速稳定性（10 min）	≤1%	≤1%	—	—	—
柱箱温度稳定性（10 min）	≤0.5%				
程序升温重复性	≤2%				
基线噪声	≤0.1 mV	≤0.2 mV	≤1 pA	≤0.5 nA	≤1 pA
基线漂移（30 min）	≤0.2 mV	≤0.5 mV	≤10 pA	≤0.5 nA	≤5 pA
灵敏度	≥800 mV·mL/mg	—	—	—	—
检测限	—	≤5 pg/mL	≤0.5 ng/s	≤0.5 ng/s（硫）	≤5 pg/s（氮）
				≤0.1 ng/s（磷）	≤10 pg/s（磷）
定性重复性	≤1%				
定量重复性	≤3%				

*仪器输出信号使用赫兹（Hz）为单位时,基线噪声≤5 Hz,基线漂移（30 min）≤20 Hz

2. 计量器具控制

（1）检定条件

① 检定环境条件。环境温度：5~35 ℃;环境相对湿度：20%~85%;室内不得存放与实验无关的易燃、易爆和强腐蚀性的物质,应无机械振动和电磁干扰。

② 仪器安装要求。仪器应平稳而牢固地安置在工作台上,电缆线的接插件应紧密配合,接地良好。气体管路（载气和助燃气）建议使用不锈钢管或铜管。

③ 载气、燃气及助燃气。载气纯度应满足仪器使用要求,一般不低于99.995%,燃气及助燃气中不得含有影响仪器正常工作的物质。

（2）检定用标准物质及设备

检定使用的标准物质应为国家计量行政部门批准颁布的有证标准物质，检定用设备须经计量技术机构检定合格。

① 标准物质。检定用标准物质见表 6-8。

表 6-8　检定用标准物质

标准物质名称		含量	相对扩展不确定度 ($k=2$)	用途	备注
苯-甲苯溶液		5 mg/mL，50 mg/mL	≤3%	TCD	液体
正十六烷-异辛烷溶液		(10～1 000) ng/μL		FID	
甲基对硫磷-无水乙醇溶液		10 ng/μL		FPD	
偶氮苯-马拉硫磷-异辛烷溶液	偶氮苯	10 ng/μL		NPD	
	马拉硫磷				
丙体六六六-异辛烷溶液		0.1 ng/μL		ECD	
氮（氦、氢和氩）中甲烷		(100～10 000) μmol/mol		TCD	气体
		(10～10 000) μmol/mol		FID	

② 微量注射器。量程：10 μL，最大允许误差±12%。

③ 铂电阻温度计。温度测量范围：不小于 300 ℃，最大允许误差±0.3 ℃。

④ 流量计。皂膜流量计测量范围：0～100 mL/min，准确度不低于 1.5 级。

⑤ 气压表。测量范围：800～1 060 hPa，最大允许误差±2.0 hPa。

⑥ 秒表。最小分度值不大于 0.01 s。

（3）检定项目

检定项目一览表见表 6-9。

表 6-9　检定项目一览表

检定项目	首次检定	后续检定	使用中检查
通用技术要求	+	+	－
载气流速稳定性	+	+	－
柱箱温度稳定性	+	－	－
程序升温重复性	+	－	－
基线噪声	+	+	+
基线漂移	+	+	+
灵敏度	+	+	+
检测限	+	+	+
定性重复性*	+	+	+
定量重复性	∣	+	+

注：
1．"＋"为需要检定项目；"－"为不需要检定项目；
2．经维修或检测器后对仪器计量性能有较大影响，其后续检定按首次检定要求进行。
* 只适用于自动进样

（4）检定方法

① 载气流速稳定性检定。选择适当的载气流速，待稳定后，用流量计连续测量 7 次。通过计算 7 次测量结果的平均值及其相对标准偏差，以此作为衡量稳定性的指标。

② 温度检定。

A．柱箱温度稳定性检定。把温度计的探头固定在柱箱中部，设定柱箱温度为 70 ℃。待仪器温度稳定后，连续测量 10 min，每分钟记录一个数据。按下式计算柱箱温度稳定性 Δt_1：

$$\Delta t_1 = \frac{t_{max} - t_{min}}{\bar{t}} \times 100\%$$

式中：t_{max} 为温度测量的最高值，单位为℃；t_{min} 为温度测量的最低值，单位为℃；$\bar{t}$ 为温度测量的平均值，单位为℃。

注：对于采用密封式柱箱的仪器不做此项。

B．程序升温重复性检定。按上述 A 的连接方法，选定初温 60 ℃，终温 200 ℃，升温速率 10 ℃/min。待初温稳定后，开始程序升温，每分钟记录一次数据，直至达到终温。此实验重复 3 次，按下式计算出相应点的相对偏差，取其最大值为程序升温重复性 Δt_2：

$$\Delta t_2 = \frac{t'_{max} - t'_{min}}{\bar{t}'} \times 100\%$$

式中：t'_{max} 为相应点的最高温度，单位为℃；t'_{min} 为相应点的最低温度，单位为℃；$\bar{t}'$ 为相应点的平均温度，单位为℃。

注：对于没有程序升温功能的气相色谱仪不做此项。

③ 检测器性能检定。

检测器性能检定条件一览表见表 6-10。

表 6-10 检测器性能检定条件一览表

设备及项目	检测器及检定条件				
	TCD	ECD	FID	FPD	NPD
色谱柱	液体检定：5% OV-101，80～100 目白色硅烷化载体（或其他能分离的固定液和载体）填充柱或毛细管柱				
载气种类	氢气、氮气、氦气	氮气	氮气	氮气	氮气
燃气	—	—	氢气，流速选适当值	氢气，流速选适当值	氢气，流速按仪器说明书要求选择
助燃气	—	—	空气，流速选适当值	空气，流速选适当值	空气，流速按仪器说明书要求选择
柱箱温度	70 ℃左右，液体检定 50 ℃左右，气体检定	210 ℃左右	160 ℃左右，液体检定 80 ℃左右，气体检定	210 ℃左右，液体检定 80 ℃左右，气体检定	180 ℃左右
气化室温度	120 ℃左右，液体检定 120 ℃左右，气体检定	210 ℃左右	230 ℃左右，液体检定 120 ℃左右，气体检定	230 ℃左右	230 ℃左右
检测室温度	100 ℃左右	250 ℃左右	230 ℃左右，液体检定 120 ℃左右，气体检定	250 ℃左右	230 ℃左右

注：1. 毛细管柱检定应采用仪器说明书推荐的载气流速和补充气流速；
　　2. 在 NPD 检定前先老化铷珠，老化方法参考仪器说明书。

A．热导检测器（TCD）。

a．噪声和漂移。按表6-10的检定条件，记录基线30 min，选取基线中噪声最大峰-峰高对应的信号值为仪器的基线噪声；基线偏离起始点最大的响应信号值为仪器的基线漂移。

b．灵敏度。根据仪器进样系统选择使用液体或气体标准物质中的一种进行检定。

使用液体标准物质检定：按表6-10的检定条件，待基线稳定后，用微量注射器注入1～2 μL，浓度为5 mg/mL或50 mg/mL的苯-甲苯溶液，连续测量7次，记录苯峰面积。

使用气体标准物质检定：按表6-10的检定条件，通入摩尔分数为100～10 000 μmol/mol的甲烷气体标准物质，连续测量7次，记录甲烷峰面积。

灵敏度按下式计算：

$$S_{TCD} = \frac{AF_c}{W}$$

式中：S_{TCD}为TCD灵敏度，单位为mV·mL/mg；A为苯峰或甲烷峰面积算术平均值，单位为mV·min；W为苯或甲烷的进样量，单位为mg；F_c为校正后的载气流速，单位为mL/min。

B．电子捕获检测器（ECD）。

a．噪声和漂移。按表6-10的检定条件，记录基线30 min，选取基线中噪声最大峰-峰高对应的信号值为仪器的基线噪声；基线偏离起始点最大的响应信号值为仪器的基线漂移。

b．检测限。按表6-10的检定条件，待基线稳定后，用微量注射器注入1～2μL 浓度为0.1 ng/μL的丙体六六六-异辛烷溶液，连续测量7次，记录丙体六六六峰面积。检测限按下式计算：

$$D_{ECD} = \frac{2NW}{AF_c}$$

式中：D_{ECD}为ECD检测限，单位为g/mL；N为基线噪声，单位为mV（Hz）；W为丙体六六六的进样量，单位为g；A为丙体六六六峰面积算术平均值，单位为mV·min（Hz·min）；F_c为校正后的载气流速，单位为mL/min。

C．氢火焰离子化检测器（FID）。

a．噪声和漂移。按表6-10的检定条件，记录基线30 min，选取基线中噪声最大峰-峰高对应的信号值为仪器的基线噪声；基线偏离起始点最大的响应信号值为仪器的基线漂移。

b．检测限。根据仪器进样系统选择使用液体或气体标准物质中的一种进行检定。

使用液体标准物质检定：按表6-10的检定条件，待基线稳定后，用微量注射器注入1～2 μL 浓度范围为10～1 000 ng/μL的正十六烷-异辛烷溶液，连续测量7次，记录正十六烷峰面积。

使用气体标准物质检定：按表6-10的检定条件，通入摩尔分数为10～10 000 μmol/mol的甲烷气体标准物质，连续测量7次，记录甲烷峰面积。检测限按下式计算：

$$D_{FID} = \frac{2NW}{A}$$

式中：D_{FID}为FID检测限，单位为g/s；N为基线噪声，单位为A（mV）；W为正十六烷或甲烷的进样量，单位为g；A为正十六烷或甲烷峰面积算术平均值，单位为A·s（mV·s）。

D. 火焰光度检测器（FPD）。

a. 噪声和漂移。按表 6-10 的检定条件，记录基线 30 min，选取基线中噪声最大峰-峰高对应的信号值为仪器的基线噪声；基线偏离起始点最大的响应信号值为仪器的基线漂移。

b. 检测限。按表 6-10 的检定条件，待基线稳定后，用微量注射器注入 1～2 μL 浓度为 10 ng/μL 的甲基对硫磷-无水乙醇溶液，连续测量 7 次，记录硫或磷的峰面积。检测限按下式计算：

硫
$$D_{\mathrm{FPD}} = \sqrt{\frac{2N(Wn_{\mathrm{S}})^2}{h(W_{1/4})^2}}$$

磷
$$D_{\mathrm{FPD}} = \frac{2NWn_{\mathrm{P}}}{A}$$

式中：D_{FPD} 为 FPD 对硫或磷的检测限，单位为 g/s；N 为基线噪声，单位为 mV；W 为甲基对硫磷的进样量，单位为 g；A 为磷峰面积算术平均值，单位为 mV·s；h 为硫的峰高，单位为 mV；$W_{1/4}$ 为硫的峰高 1/4 处的峰宽，单位为 s。

$$n_{\mathrm{S}} = \frac{甲基对硫磷分子中的硫原子个数 \times 硫的相对原子量}{甲基对硫磷的摩尔质量} = \frac{32.07}{263.2} \approx 0.121\,8$$

$$n_{\mathrm{P}} = \frac{甲基对硫磷分子中的磷原子个数 \times 磷的相对原子量}{甲基对硫磷的摩尔质量} = \frac{30.97}{263.2} \approx 0.117\,7$$

E. 氮磷检测器（NPD）。

a. 噪声和漂移。按表 6-10 的检定条件，记录基线 30 min，选取基线中噪声最大峰-峰高对应的信号值为仪器的基线噪声；基线偏离起始点最大的响应信号值为仪器的基线漂移。

b. 检测限。按表 6-10 的检定条件，待基线稳定后，用微量注射器注入 1～2 μL 浓度为 10 ng/μL 的偶氮苯-10 ng/μL 马拉硫磷-异辛烷混合溶液，连续测量 7 次，记录偶氮苯（或马拉硫磷）峰面积。检测限按下式计算：

氮
$$D_{\mathrm{NPD}} = \frac{2NWn_{\mathrm{N}}}{A}$$

式中：D_{NPD} 为 NPD 对氮的检测限，单位为 g/s；N 为基线噪声，单位为 mV；W 为注入的样品中所含偶氮苯的含量，单位为 g；A 为偶氮苯峰面积算术平均值，单位为 mV·s。

$$n_{\mathrm{N}} = \frac{偶氮苯峰分子中的氮原子个数 \times 氮的相对原子量}{偶氮苯的摩尔质量} = \frac{2 \times 14.01}{182.2} \approx 1.538$$

磷：
$$D'_{\mathrm{NPD}} = \frac{2NW'n_{\mathrm{P}}}{A'}$$

式中：D'_{NPD} 为 NPD 对磷的检测限，单位为 g/s；N 为基线噪声，单位为 mV；W' 为注入的样品中所含马拉硫磷的含量，单位为 g；A' 为马拉硫磷峰面积算术平均值，单位为 mV·s。

$$n_{\mathrm{P}} = \frac{马拉硫磷分子中的磷原子个数 \times 磷的相对原子量}{马拉硫磷的摩尔质量} = \frac{30.97}{330.4} \approx 0.093\,73$$

④ 定性和定量重复性检定。

仪器的定性和定量重复性用连续测量 7 次溶质的保留时间和峰面积测量的相对标准偏差 RSD 表示，相对标准偏差 RSD 按下式计算：

$$RSD = \sqrt{\frac{\sum_{t=1}^{n}(x_i - \bar{x})^2}{(n-1)}} \times \frac{1}{\bar{x}_i} \times 100\%$$

式中：RSD 为定性（定量）测量重复性相对标准偏差；n 为测量次数；x_i 为第 i 次测量的保留时间或峰面积；$\bar{x}$ 为 7 次进样的保留时间或峰面积算术平均值；i 为进样序号。

（5）检定结果的处理

按表 6-10 的检定条件检定全部合格的仪器，发给检定证书；任何一项不合格，则判定仪器为不合格；检定不合格的仪器发给检定结果通知书，并注明不合格项。

（6）检定周期

气相色谱仪的检定周期一般不超过 2 年。

6.7.2 液相色谱仪的计量

1. 计量性能要求

（1）输液系统

① 输液管路接口紧密牢固，在规定的压力范围内无泄漏。

② 泵流量设定值误差 S_S 和流量稳定性 S_R 应符合表 6-11 的要求。

③ 梯度最大允许误差 G_C：±3%。

表 6-11 泵流量设定值误差和流量稳定性要求

泵流量设定值/（mL/min）	0.2～0.5	0.6～1.0	大于 1.0
测量次数/次	3	3	3
流动相收集时间/min	20～10	10～5	5
泵流量设定值误差 S_s	±5%	±3%	±2%
泵流量稳定性 S_R	3%	2%	2%

注：①最大流量的设定值可根据用户使用情况而定；
②对特殊的、流量小的仪器，流量的设定可根据用户使用情况选大、中、小三个流量，流动相的收集时间则根据情况适当缩短或延长

（2）柱温箱

① 柱温箱温度设定值最大允许误差：±2 ℃。

② 柱温箱温度稳定性：不大于 1 ℃/h。

（3）检测器

仪器检测器的主要技术指标见表 6-12。

表 6-12 仪器检测器的主要技术指标

项目	检测器			
	紫外-可见光检测器 二极管阵列检测器	荧光检测器	示差折光率检测器	蒸发光散射检测器
基线噪声	$\leq 5\times 10^{-4}$ AU	$\leq 5\times 10^{-4}$ FU	$\leq 5\times 10^{-7}$ RIU	≤ 1 mV
基线漂移	$\leq 5\times 10^{-3}$ AU/30 min	$\leq 5\times 10^{-3}$ FU/30 min	$\leq 5\times 10^{-6}$ RIU/30 min	≤ 5 mV/30 min
最小检测浓度	$\leq 5\times 10^{-8}$ g/mL 萘-甲醇溶液	$\leq 5\times 10^{-9}$ g/mL 萘-甲醇溶液	$\leq 5\times 10^{-6}$ g/mL 胆固醇-甲醇溶液	$\leq 5\times 10^{-6}$ g/mL 胆固醇-甲醇溶液
波长示值最大允许误差	± 2 nm	± 5 nm	—	—
波长重复性	≤ 2 nm	≤ 2 nm	—	—
线性范围	优于 10^3	优于 10^3	优于 10^3	—

注：若仪器的输出信号用 mV 或 V 表示，注意查看仪器说明书或仪器标牌标明的其与 AU（FU）的换算关系；若无特殊标明通常可按照 1 V=1AU（FU）进行换算。

（4）整机性能

仪器检测器的整机性能用定性定量测量重复性表示，其指标要求见表 6-13。

表 6-13 定性定量测量重复性的指标要求

项目	检测器			
	紫外-可见光检测器 二极管阵列检测器	荧光检测器	示差折光率检测器	蒸发光散射检测器
定性重复性	$\leq 1.0\%$	$\leq 1.0\%$	$\leq 1.0\%$	$\leq 1.5\%$
定量重复性	$\leq 3.0\%$	$\leq 3.0\%$	$\leq 3.0\%$	$\leq 4.0\%$

2. 计量器具控制

（1）检定条件

① 环境条件。

A. 检定室应清洁无尘，无易燃、易爆和腐蚀性气体，通风良好。

B. 室温 15~30 ℃，检定过程中温度变化不超过 3 ℃（对示差折光率检测器，室温变化不超过 2 ℃），室内相对湿度 20%~85%。

C. 仪器应平衡地放在工作台上，周围无强烈机械振动和电磁干扰源，仪器接地良好。

D. 电源电压为 220±20 V，频率为 50±0.5Hz。

② 检定设备。

A. 秒表：最小分度值不大于 0.1 s。

B. 分析天平：最大称量不小于 100 g，最小分度值不大于 1 mg。

C. 数字温度计：测量范围为 0~100 ℃，最大允许误差为 ±0.3 ℃。

③ 有证标准物质。

A. 萘-甲醇溶液标准物质：认定值为 1.00×10^{-4} g/mL，扩展不确定度小于 4%，$k=2$；

B．萘-甲醇溶液标准物质：认定值为 $1.00×10^{-7}$ g/mL，扩展不确定度小于 4%，$k=2$；

C．甲醇中胆固醇溶液标准物质：认定值为 200 μg/mL，扩展不确定度小于 2%，$k=2$；

D．甲醇中胆固醇溶液标准物质：认定值为 5 μg/mL，扩展不确定度小于 5%，$k=2$；

E．胆固醇纯度标准物质：认定值为 99.7%，扩展不确定度小于 0.1%，$k=2$。

④ 其他要求。

A．标定用试剂：色谱级甲醇，纯水，分析纯的丙酮和异丙醇，紫外分光光度计溶液标准物质等。

B．注射器：10 μL、50 μL 和 10 mL 各一支。

C．容量瓶：50 mL，10 个。

（2）检定项目

检定项目一览表见表 6-14。

表 6-14 检定项目一览表

序号	检定项目	首次检定	后续检定	使用中检查
1	输液系统：泵耐压	+①	−①	−
	泵流量设定值误差 S_S	+	−	−
	泵流量稳定性 S_R	+	+	+
	梯度误差 G_i②	+	−	−
2	柱温箱：温度设定值误差≥T_S②	+	−	−
	温度稳定性 T_C②	+	−	−
3	检测器：基线噪声	+	+	−
	基线漂移	+	+	+
	最小检测浓度	+	+	−
	波长示值误差和重复性③	+	−	−
	线性范围	+	−	−
4	整机：定性、定量重复性	+	+	+

注：① "＋"表示应检定项目，"－"表示可不检定项目；

② 无梯度洗脱装置和无柱温箱的仪器，此项不检定；

③ 紫外-可见光、二极管阵列和荧光检测器检定此项目，其他检测器不检定此项目。

（3）检定方法

① 输液系统。

A．泵耐压。将仪器各部分连接好，以 100%甲醇（或纯水）为流动相，流量为 0.2 mL/min，按说明书启动仪器，压力平稳后保持 10 min，用滤纸检查各管路接口处是否有湿迹。卸下色谱柱，堵住泵出口端（压力传感器以下），使压力达到最大允许值的 90%，保持 5 min 应无泄漏。

B．泵流量设定值误差 S_S 和流量稳定性 S_R。按表 6-14 的要求设定流量，启动仪器，压力稳定后，在流动相出口处用事先称重过的洁净容量瓶收集流动相，同时用秒表计时，收集规定时间流出的流动相，在分析天平上称重，流量实测值 F_m、S_S 和 S_R 按下列公式计算。

每一设定流量，重复测量 3 次。

$$S_S = \frac{\overline{F}_m - F_S}{F_S} \times 100\%$$

式中：$\overline{F}_m$ 为同一设定流量 3 次测量值的算术平均值，单位为 mL/min；F_S 为流量设定值，单位为 mL/min。

$$S_R = \frac{F_{max} - F_{min}}{\overline{F}_m} \times 100\%$$

式中：F_{max} 为同一设定流量 3 次测量值的最大值，单位为 mL/min；F_{min} 为同一设定流量 3 次测量值的最小值，单位为 mL/min。

$$F_m = (W_2 - W_1) / (\rho_t \cdot t)$$

式中：F_m 为流量实测值，单位为 mL/min；W_2 为容量瓶+流动相的质量，单位为 g；W_1 为容量瓶的质量，单位为 g；ρ_t 为实验温度下流动相的密度，单位为 g/cm^3；t 为收集流动相的时间，单位为 min。

C. 梯度误差。由梯度控制装置设置阶梯式的梯度洗脱程序（梯度程序设置参照表6-15），A 溶剂为纯水，B 溶剂为含 0.1%丙酮的水溶液。将输液泵和检测器连接（不接色谱柱），开机后以 A 溶剂冲洗系统，基线平稳后开始执行梯度程序，画出 B 溶剂经由 5 段阶梯从 0% 变到 100%的梯度变化曲线。求出由 B 溶剂变化所产生的每一段阶梯对应的响应信号值的变化值 L_i。重复测量 2 次，计算每一段阶梯对应的响应信号值的变化平均值 $\overline{L}_i$；计算五阶梯响应信号值的总平均值 $\overline{\overline{L}}_i$；计算每一段的梯度误差 G_i，取 G_i 最大值作为仪器的梯度误差。

$$\overline{L}_i = \frac{(L_{1i} - L_{1(i-1)}) + (L_{2i} - L_{2(i-1)})}{2}$$

式中：$\overline{L}_i$ 为第 i 段阶梯响应信号值的平均值；L_{1i} 为第 i 段阶梯第 1 组响应信号值；$L_{1(i-1)}$ 为第（$i-1$）段阶梯第 1 组响应信号值；L_{2i} 为第 i 段阶梯第 2 组响应信号值；$L_{2(i-1)}$ 为第（$i-1$）段阶梯第 2 组响应信号值。

$$\overline{\overline{L}}_i = \frac{\sum_{i=1}^{n} \overline{L}_1}{n}$$

式中：$\overline{\overline{L}}_i$ 为 5 段阶梯响应信号值的总平均值；n 为梯度的阶梯数，$n=5$。

$$G_i = \frac{\overline{L}_i - \overline{\overline{L}}_i}{\overline{\overline{L}}_i} \times 100\%$$

式中：G_i 为第 i 段阶梯的梯度误差。

注：当 i 为 1（$i-1=0$）时，第（$i-1$）阶梯响应信号值为 B 溶剂为 0%时的响应信号值。

表 6-15 梯度程序设置

序号	A 溶剂（纯水）	B 溶剂（0.1%丙酮水溶液）
1	100%	0%
2	80%	20%

续表

序号	A 溶剂（纯水）	B 溶剂（0.1%丙酮水溶液）
3	60%	40%
4	40%	60%
5	20%	80%
6	0%	100%
7	100%	0%

② 柱温箱温度设定值误差 ΔT_s 和柱箱温度稳定性 T_c。

将数字温度计探头固定在柱温箱内与色谱柱相同的部位，选择 35 ℃和 45 ℃（也可根据用户使用温度设定）进行检定。按仪器说明书操作，通电升温，待温度稳定后，记下温度计读数并开始计时，以后每隔 10 min 记录 1 次计数，共计 7 次，求出平均值。平均值与设定值之差为柱温箱温度设定误差 ΔT_s，7 次计数中最大值与最小值之差为柱温箱温度稳定性 T_c。

③ 紫外-可见光检测器和二极管阵列检测器的性能。

A. 波长示值误差和重复性。将检测器和数据处理系统连接好，通电预热稳定后，用注射器将纯水注入检测池内进行冲洗后，充满检测池。待检测器示值稳定后，在 235±5 nm、257±5 nm、313±5 nm 和 350±5 nm 的波长下将示值回零，然后再用注射器将紫外分光光度计溶液标准物质（参考波长为 235 nm、257 nm、313 nm 和 350 nm）从检测器入口注入样品池中冲洗，并将样品池充满至示值稳定。将检测器波长调至低于参考波长 5 nm 处（如检定 257 nm 时，检测器波长先调到 252 nm），改变检测器波长，每 5~10 s 改变 1 nm，记录每个波长下的吸收值，最大或最小吸收值对应的波长与参考波长之差为波长示值误差。每个波长重复测量 3 次，其中最大值与最小值之差为波长重复性。

有吸光值显示的检测器，改变波长时可直接读出吸光值，其最大（最小）吸光值对应的波长与参考波长之差为波长示值误差。有波长扫描功能的仪器可画出标准溶液光谱曲线，其波峰（或波谷）对应的波长与参考波长之差为波长示值误差。对于有内置标准滤光片可进行自检的仪器可直接采用其测量数据。

对改变波长有自动回零功能的紫外-可见光检测器，可采用连续进样的方法检定波长示值误差，具体做法是：用一节空管代替色谱柱将液路连通，以水为流动相，流量为 0.5~1.0 mL/min，采用步进进样方法，例如检定 257 nm 时，从 252 nm 开始到 262 nm，每 2 min 改变 1 nm，用注射器注入相同体积的紫外分光光度计溶液标准物质，得到一组不同波长的色谱峰，最高（或最低）色谱峰对应的波长与参考波长之差，即为波长示值误差。

B. 基线噪声和基线漂移。选用 C_{18} 色谱柱，以 100%甲醇为流动相，流量为 1.0 mL/min，紫外检测器的波长设定为 254 nm，检测灵敏度调至最灵敏挡。开机预热，待仪器稳定后记录基线 30 min，选取基线中噪声最大峰-峰高对应的信号值，按下式计算基线噪声，用检测器自身的物理量（AU）作单位表示。基线漂移用 30 min 内基线偏离起始点最大信号值（AU/30 min）表示：

$$N_d = KB$$

式中：N_d 为检测器基线噪声；K 为衰减倍数；B 为测得基线峰-峰高对应的信号值，单位为 AU。

C. 最小检测浓度。选用 C_{18} 色谱柱，以 100%甲醇为流动相，流量为 1.0 mL/min，紫外检测器的波长设定为 254 nm，检测灵敏度调至最灵敏挡。由进样系统注入 10～20 μL 的 1×10^{-7} g/mL 萘-甲醇溶液，记录色谱图，由色谱峰高和基线噪声峰高，按下式计算最小检测浓度 C_L（按 20 μL 进样量计算）：

$$C_L = \frac{2N_d cV}{20H}$$

式中：C_L 为最小检测浓度，单位为 g/mL；N_d 为基线噪声峰高；c 为标准溶液浓度，单位为 g/mL；V 为进样体积，单位为 μL；H 为标准物质的峰高。

注：N_d 和 H 的单位应保证一致；式中分母的"20"表示标准的进样体积，其单位为微升（μL）。

D. 线性范围。将检测器和数据处理系统连接好，检测器波长设定为 254 nm，通电稳定后，用注射器直接向检测池中注射 2%异丙醇-水溶液冲洗检测池至示值稳定后，记下数值。然后，依照上法向检测池中依次分别注入丙酮-2%异丙醇系列水溶液（丙酮含量为 0.1%，0.2%，…，1.0%），并记下各溶液对应的稳定响应信号值，每个溶液重复测量 3 次，取算术平均值。以 5 个丙酮溶液浓度（0.1%，0.2%，0.3%，0.4%，0.5%）和对应的响应信号值作标准曲线，在曲线上找出丙酮溶液浓度大于 0.5%各点的读数，与相应各浓度点的测量值做比较，量值相差 5%时的浓度作为检测上限 C_H。按上式得到的最小检测浓度为检测下限 C_L 值，C_H/C_L 比值为线性范围。

④ 荧光检测器性能。

A. 波长示值误差和重复性。固定波长荧光检测器波长示值误差和重复性的检定，需取出检测器中的滤光片，参照 JJG 537—2006《荧光分光光度计检定规程》5.3.3 的方法，在经检定合格的紫外-可见分光光度计上测出其最大透射比对应的波长，此波长与滤光片上标记的波长之差，为波长示值误差。

可调波长荧光检测器波长示值误差和重复性的检定。将检测器与数据处理系统连接好，利用萘在 290 nm（激发波长）和 330 nm（发射波长）有最大荧光强度的特性，用注射器从检测池入口注入 1×10^{-7} g/mL 萘-甲醇溶液标准物质，冲洗检测池并将其充满。调激发波长为 290 nm，改变发射波长，从 325 nm 到 335 nm，每 5～10 s 改变 1 nm，记录每个波长下的吸收值，曲线最高点对应的波长与参考波长之差，为发射波长示值误差，重复测量 3 次，其最大值与最小值之差为波长重复性。然后将发射波长调到测得的曲线最高点对应的波长，改变激发波长（从 285 nm 到 295 nm），用与前面相同的方法测出激发波长的示值误差和重复性。

B. 基线噪声和基线漂移。将仪器各部分连接好，选用 C_{18} 色谱柱，以 100%甲醇为流动相，流量为 1.0 mL/min，灵敏度选在最灵敏挡，激发波长设定为 290 nm，发射波长设定为 330 nm，仪器预热稳定后，记录基线 30 min，根据检测器的衰减倍数和测得的基线峰-峰高对应的响应信号值，按 $N_d=KB$ 计算基线噪声，用检测器自身的物理量（FU）作单位表示；基线漂移用 30 min 内基线偏离起始点最大响应信号值（FU/30 min）表示。

C. 最小检测浓度。在与上一点相同的色谱条件下，待基线稳定后由进样系统注入 10～20 μL 的 1×10^{-7} g/mL（或 1×10^{-8} g/mL）的萘-甲醇溶液，记录色谱图，按 $C_L = \dfrac{2N_d cV}{20H}$ 计算最小检测浓度。

D. 线性范围。将检测器和数据处理系统连接好，检测器的激发波长设定为 290 nm，发射波长设定为 330 nm，仪器稳定后，向检测池中注入 100%甲醇，冲洗检测池，至示值稳定后，记下此值。然后按此法依次向池中注入 1×10^{-5} g/mL，2×10^{-5} g/mL，3×10^{-5} g/mL，…，1×10^{-4} g/mL 的萘-甲醇溶液，记下每种溶液对应的响应信号值，重复测量 3 次，取平均值。以 5 个萘-甲醇浓度 1×10^{-5}～5×10^{-5} g/mL 和对应的响应信号值作标准曲线，在曲线上找出萘-甲醇浓度大于 5×10^{-5} g/mL 各点读数，与相应各浓度点的测量值做比较，两值相差 5% 时的萘-甲醇溶液浓度为检测上限 C_H，最小检测浓度 C_L 为检测下限，C_H/C_L 比值为线性范围。

注：荧光检测器性能的检定过程中使用的 1×10^{-5} g/mL，1×10^{-6} g/mL 和 1×10^{-8} g/mL 的萘-甲醇溶液可用 1×10^{-4} g/mL 的萘-甲醇溶液标准物质稀释而得。

⑤ 示差折光率检测器性能。

A. 基线噪声和基线漂移。将仪器各部分连接好，选用 C_{18} 色谱柱，以甲醇为流动相，流量为 1.0 mL/min，参比池充满流动相，灵敏度选在最灵敏挡，接通电源，待仪器稳定后记录基线 30 min，根据检测器的衰减倍数和测得的基线峰-峰高对应的响应信号值，按 $N_d = KB$ 计算基线噪声，用检测器自身的物理量（RIU）表示；基线漂移用 30 min 内基线偏离起始点最大响应信号值（RIU/30 min）表示。（实验中应特别注意，室温的波动不要超过 2 ℃）。

B. 最小检测浓度。在与上一点相同的色谱条件下，待基线稳定后由进样系统注入 10～20 μL 的 5.0 μg/mL 的甲醇中胆固醇溶液标准物质，记录色谱图，按 $C_L = \dfrac{2N_d cV}{20H}$ 计算最小检测浓度 C_L。

C. 线性范围。将检测器和数据处理系统连接好，用甲醇反复冲洗样品池与参比池，并充满参比池，仪器稳定后记下响应信号值。依次向样品池中注入 1×10^{-4} g/mL，2×10^{-4} g/mL，3×10^{-4} g/mL，…，10×10^{-4} g/mL 的甲醇中胆固醇溶液，记下上述各浓度溶液对应的响应信号值，重复测量 3 次，取平均值。以 5 个甲醇中胆固醇溶液浓度（1×10^{-4} g/mL～5×10^{-4} g/mL）和对应的响应信号值作标准曲线，在曲线上找出甲醇中胆固醇溶液浓度大于 5×10^{-4} g/mL 各点对应的读数，与相应各浓度点的测量值做比较，两值相差 5% 时的甲醇中胆固醇溶液浓度为检测上限 C_H，C_H/C_L 比值为线性范围。

⑥ 蒸发光散射检测器性能。

A. 基线噪声和基线漂移。将仪器各部分连接好，选用 C_{18} 色谱柱，以甲醇为流动相，流量为 1.0 mL/min，漂移管温度 70 ℃（低温型 35 ℃），雾化气体流速为 2.5～3.0 L/min 或适当的气体压力 280～350 kPa，灵敏度选择在适当的挡位，接通电源，待仪器稳定后记录基线 30 min，根据检测器的衰减倍数和测得的基线峰-峰高对应的响应信号值，按 $N_d = KB$ 计算基线噪声，用检测器自身的物理量（mV）表示；基线漂移用 30 min 内基线偏离起始点最大响应信号值（mV/30 min）表示。

B. 最小检测浓度。在与上一点相同的色谱条件下，待基线稳定后由进样系统注入10～20 μL 的 5.0 μg/mL（5×10⁻⁶ g/mL）的甲醇中胆固醇溶液标准物质，记录色谱图，按 $C_\text{L}=\dfrac{2N_\text{d}cV}{20H}$ 计算最小检测浓度 C_L。

⑦ 整机性能（定性、定量重复性）。

将仪器各部分连接好，选用 C_{18} 色谱柱，以甲醇为流动相，流量为 1.0 mL/min，根据仪器配置的检测器，选择测量参数：紫外-可见光检测器和二极管阵列检测器波长设定为 254 nm，灵敏度选择适中，基线稳定后由进样系统注入一定体积的 1×10^{-4} g/mL 萘-甲醇溶液标准物质；荧光检测器激发波长和发射波长分别设定为 290 nm 和 330 nm，灵敏度选择在中间挡，基线稳定后注入一定体积的 1×10^{-5} g/mL 萘-甲醇标准溶液；示差折光率检测器和蒸发光散射检测器灵敏度选择在中间挡，注入一定体积的 200 μg/mL（2×10^{-4} g/mL）的甲醇中胆固醇溶液标准物质。连续测量 6 次，记录色谱峰的保留时间和峰面积，按下式计算相对标准偏差 RSD_6：

$$\text{RSD}_{6\text{定性(定量)}}=\dfrac{1}{\bar{X}}\sqrt{\dfrac{\sum_{i=1}^{n}(X_i-\bar{X})^2}{n-1}}\times 100\%$$

式中：$\text{RSD}_{6\text{定性(定量)}}$ 为定性（定量）测量重复性相对标准偏差；X_i 为第 i 次测得的保留时间或峰面积；$\bar{X}$ 为 6 次测量结果的算术平均值；i 为测量序号；n 为测量次数。

（4）检定结果

① 全部检定项目均达到规定技术要求的仪器为合格仪器，发给检定证书。

② 只配一个检测器的仪器，任何一个检定项目不合格，则该仪器为不合格仪器，发给检定结果通知书，注明不合格项。

③ 配一个以上检测器的仪器，只要其中一个大的检定项目和除检测器外其他检定项目合格，可发给配该检测器的仪器检定证书。同时注明其他不合格的检测器，限制使用。

（5）检定周期

仪器的检定周期一般不超过 2 年，更换重要部件或对仪器性能有影响时，应重新检定。

6.7.3 毛细管电泳仪的计量

1. 计量性能要求

① 中心波长误差：±2 nm；滤光片半宽度：≤15 nm（固定波长紫外检测器）。

② 波长示值误差：±2 nm；波长重复性：≤1 nm（连续可调波长紫外检测器）。

③ 基线漂移：≤0.002 AU/h。

④ 基线噪声：≤0.000 5 AU。

⑤ 检测限：≤1×10^{-6} g/mL（维生素 B_6）。

⑥ 高压电源。

A. 电压范围：0～30 kV，示值误差为±2.0%。

B．电流范围：0～300 μA，示值误差为±3.0%。

C．稳定性：观察 3 min 内电压稳定性≤1.5%。

⑦ 定性、定量测量重复性。

A．定性测量重复性误差（8 次测量）$\delta_{定性}$≤1.5%。

B．定量测量重复性误差（8 次测量）$\delta_{定量}$≤3.0%。

2．计量器具控制

（1）检定条件

① 检定环境条件。

A．环境温度：20±5 ℃。

B．环境湿度：相对湿度≤85% RH。

② 供电电源：220±22 V，50±5 Hz。

③ 检定用设备。

A．秒表：分度值 0.1 s。

B．分析天平：最大称量 200 g，最小分度为 0.1 mg。

C．电流表：0～500 μA，1.0 级。

D．静电电压表：0～30 kV，0.5 级。

E．绝缘电阻表：500 V，0～500 MΩ，1.0 级。

F．电阻：22 MΩ，1.0 级。

④ 标准物质和试剂。

A．维生素 B_6（分析纯）。

B．磷酸氢二钠（分析纯）。

C．紫外吸收标准溶液。

（2）检定项目和检定方法

① 高压电源的检定。

A．电压示值误差的检定：将静电电压表接入高压电源的输出端，在全量程范围内均匀选取 6 个点（其中包括最大标称输出电压），测量各点输出电压，按下式计算各点的示值误差，取其最大值作为电压示值误差：

$$\delta V_{示} = \frac{V_{标} - V_i}{V_i} \times 100\%$$

式中：$\delta V_{示}$为电压示值误差；V_i为各点测量电压值，单位为 kV；$V_{标}$为各点标称电压值，单位为 kV。

B．电流示值误差的检定：将 22 MΩ 电阻和电流表串入高压电源的输出端，调整仪器的最大标称输出电流，读取电流表的显示值，按下式计算输出电流的示值误差：

$$\delta I_{示} = \frac{I_{标} - I}{I} \times 100\%$$

式中：$\delta I_{示}$为电流示值误差；I为测量电流值，单位为 μA；$I_{标}$为仪器最大标称输出电流值，单位为 μA。

C. 电源稳定性：仪器预热 30 min 后，设定输出电压为 20 kV，接静电电压表于高压电源输出端，连续观察 3 min，记录电压表显示的最大值和最小值。最大值与最小值的差与设定输出电压值之比为电源的稳定性。

② 紫外检测器性能的检定。

A. 固定波长紫外检测器的中心波长及半宽度检定。将仪器配置的滤光片取出，按照 JJG 812—1993《干涉滤光片检定规程》检定中心波长（峰值波长）及半宽度，其误差及半宽度应符合相关要求。

B. 连续可调波长紫外检测器的波长示值误差及重复性检定。采用紫外吸收标准溶液分别在 235 nm、257 nm、313 nm 和 350 nm 4 点检定波长值示值误差。将检测器波长设在比校准波长低 5 nm 处（如检定 257 nm 时，检测器波长先调到 252 nm），以 1 nm 的间隔改变波长，得到波长特征曲线，曲线波峰、波谷处对应的波长为该点测量波长，重复测量 3 次，取其平均值。测量波长平均值与标准波长之差为波长示值误差。用同样的方法检定其他 3 点，其最大值与最小值之差为波长的重复性。

③ 静态基线漂移和基线噪声的检定。

将仪器各部分连接好，选择如下条件进行：波长 254 nm、毛细管柱为空管，开机稳定 30 min 后，记录 1 h 的基线，计算基线漂移和基线噪声。

④ 检测限。

仪器处于正常工作状态下，将检测器波长调到 254 nm，用 75 μm×40 cm 的毛细管柱，柱温 25 ℃，电泳电压为 15 kV。选择气压 8 kPa，进样时间 3 s（气压进样）；高差 20 cm，时间 180 s（位差进样）。待基线稳定后，用 20 mmol/L 的磷酸氢二钠作为缓冲溶液，取质量浓度为 $2×10^{-6}$ g/mL 的维生素 B_6 溶液，连续进样 3 次，计算其峰高的算术平均值。

检测限定义为等于或大于两倍基线噪声峰高所代表的样品的质量浓度，按下式计算：

$$D = 2H_N\rho/H$$

式中：D 为检测限（最小检测质量浓度），单位为 g/mL；H_N 为噪声峰高，单位为 mm；ρ 为样品的质量浓度，单位为 g/mL；H 为样品峰高，单位为 mm。

⑤ 定性定量测量重复性的检定。

将仪器连接好，使之处于正常工作状态，按④的条件，注入质量浓度为 $1×10^{-4}$ g/mL 的维生素 B_6 溶液，记录迁移时间和峰面积（峰高），连续测量 8 次，按下式计算相对标准偏差 $\delta_{定性（定量）}$：

$$\delta_{定性（定量）} = \sqrt{\sum_{i=1}^{n}\frac{\left(X_i - \overline{X}\right)^2}{(n-1)}} \times \frac{1}{\overline{X}} \times 100\%$$

式中：$\delta_{定性（定量）}$ 为定性（定量）重复性；X_i 为第 i 次测得的迁移时间或峰面积（峰高）；$\overline{X}$ 为 n 次测量结果的算术平均值；i 为测量序号；n 为测量次数。

⑥ 绝缘电阻的检定。

电源插头不接入电网，用绝缘电阻表在电源进线与仪器外壳之间施加 500 V 直流电压，稳定 5 s 后，测量绝缘电阻应大于 10 MΩ。

（3）检定结果的处理

经检定符合规程要求的仪器发放检定证书；不符合的发给检定结果通知书，并注明不合格项目。

（4）检定周期

毛细管电泳仪检定周期一般不超过 2 年。

6.8 分离学测量

6.8.1 样品的制备

1. 样品的运输和储存

运输和储存方法取决于样品的物理形态及其对环境和环境条件变化的敏感性。将样品密封在气密容器中有时候并不合适，如果该物质不耐热或具有生物来源，可能会导致染菌或变性，因此很多样品需要冷藏保存，直到准备好进行样品处理。如果样品易受空气氧化影响，并且可能在分析前储存一段时间，则可能需要将其储存在氮气或氩气等惰性气体下。一般来说，样品容器必须对相关材料和样品基质具有化学和物理惰性，以防止容器对样品中相关物质产生吸附作用，一般使用玻璃、聚乙烯、聚四氟乙烯或不锈钢等作为容器材料。然后，应将单个样品容器装入一个合适的盒子中，对可能导致容器破裂的物理冲击进行良好的隔断，如有必要，对其进行隔热处理，以防过热或过冷。到达实验室后，样品应储存在适当的保存条件下，如需要置于极度低温（如液氮）条件下，通常需要进行梯度降温后再置于其中。

2. 样品前处理

样品制备涉及多种技术，每种技术都适用于特定类型的样品。气体样品需要特殊处理，需采用特殊的气体取样装置。可能需要提取液体样品（如从水中提取农药），蒸发溶剂提取物（或通过其他方式浓缩）。在某些情况下，可能需要进行初步分离，包括过滤或蒸馏本来不易挥发但仍需通过 GC 分离的样品，这些样品需要衍生。在痕量分析中，某些材料可能需要使用选择性检测器，如使用荧光检测器。在这种情况下，需要制备荧光衍生物。无论色谱仪的成功操作涉及哪些特殊技能，作为所有色谱分析必不可少的一部分，样品制备也需要许多其他与色谱无关的技能。这些技能包括许多通常与一般化学分析相关的实验室操作，尤其是微量分析技术。

6.8.2 色谱分离测量的定量方法

1. 色谱峰和峰面积的测量

为了获得可靠的定量，色谱峰需要与噪声级的比值（称为信噪比）足够大，与色谱图中的相邻峰分离良好，并且足够窄。如果一种化合物没有从溶剂中充分分离，或其作为未溶解峰洗脱，则峰高和峰面积测定可能会出现误差。峰值高度必须大于噪声级的 10 倍，才能进行可靠的定量，在色谱法中，如果峰高比噪声大 3 倍，通常将峰定义为可检测。然而，定量通常需要更高的峰值，与信噪比为 3 的峰对应的分析物浓度称为检出限，而产生信噪比为 10 的峰的浓度称为定量限。

2. 测量的定量方法

见本书 2.5.1 节。

6.8.3 定量方法评价

1. 准确度

准确度是指用该方法测定的结果与真实值或参考值接近的程度。对元素有证标准物质重复分析时，实验测定值与标准值的偏差不得超过 10%，如果没有标准物质，准确度可通过未知样品中加入已知量元素的回收率而测定。值得注意的是，加入的元素与分析物不同，和基质之间没有化学键，因此这种方法得到的结果比用标准物质的准确性低。回收率通过要在目标值的 ±10% 范围内才算合格。

2. 精密度

精密度是指在同一操作条件下，同一个均匀样品经多次取样测定所得结果之间的接近程度，包括日内精密度和日间精密度。精密度的测定通常以测量结果的不精密性和标准差表示，标准差越大，则精密度越低。在精密度中，还应考虑方法的重复性、中间精密度和重现性。

重复性是指在同一实验室，由同一人操作，使用相同的设备，用同样方法获得独立测量结果下的精密度；中间精密度是指在同一实验室，由不同人不同时间操作，使用不同的设备，用同样的方法获得测量结果下的精密度；重现性是指在不同实验室，由不同的人员操作，使用不同的设备，用同样方法获得测量结果下的精密度。

3. 检出限和定量限

检出限是指试样中的被分析物能被检测出的最低量或最低浓度，通常采用信噪比法确定检出限，一般以信噪比为 3∶1 时的相应浓度确定检出限。

定量限是指样品中被测物能被定量测定的最低量，其测定结果应具有一定的准确度和精密度，一般以信噪比为 10∶1 时的相应浓度确定定量限。

4. 线性范围

线性是指从检出限开始，检测器响应与分析物浓度直接成比例的浓度范围。线性范围通常是指从定量限到已检查精度和准确度（以及线性）的较高浓度的浓度范围。

5. 耐用性

耐用性是指分析方法在实验参数发生有意微小变动时保持精确性和精密度的能力，需测试包括流动相组成、柱温、pH、流速等关键操作条件的波动，其任何变化都可能影响分析结果。HPLC 中典型的变动因素有不同品牌或不同批号的同类型色谱柱、柱温、流速、洗脱梯度、流动相组成等；GC 的主要变动因素包括色谱柱、载体、柱温、进样口和检测器温度等。

6.9 分离技术应用实例

案例1

绿水青山就是金山银山，水资源污染越来越受到重视。现在工业生产中很多化工原料存在着很多醛酮类化合物，该类化合物大多有一定的毒性，对人的眼睛、鼻子、肺和呼吸道等有强烈的刺激性，并且存在一定的致畸、致癌风险。因此，有必要制定环境（水、土壤、沉积物等）中醛酮类化合物快速准确的定量方法。

李利荣等[①]利用2,4-二硝基苯肼衍生，采用HPLC结合紫外-可见光检测器检测，对比了标准曲线法和标准加入法的测定结果，并比较了用不同定量方法对实际样品加标回收率测定结果。

1．HPLC分离条件

色谱柱：ZORBAX Extend-C18；流动相：乙腈/水，等度洗脱，60%乙腈保持30 min；检测波长：360 nm；流动相流速：1.5 mL/min；柱温：30 ℃。

2．定性与定量方法

以目标化合物保留时间定性，外标法定量。

3．两种定量方法

（1）标准曲线法

直接用标准品配制成质量浓度不同的6个标准系列，以峰面积为纵坐标，浓度为横坐标，计算定量结果。

（2）标准加入法

取样品代替溶剂，加入一定量的标准储备溶液，配制成样品前处理完后试样理论浓度与标准曲线相同浓度梯度的标准系列，绘制标准加入法曲线。

4．定量结果比较

标准加入法的测定值更接近实际加标量，且高于标准曲线法。这可能是因为标准加入法减少了基体吸附、衍生不完全或萃取、浓缩过程中的损失，使测定值更接近真实值，在回收率的对比中，标准加入法回收率在91%～103%之间，明显比标准曲线法的47.5%～92.6%更好。因此，选择标准加入法对于水和土壤中醛酮类化合物测量的定量方法具有更好的普适性。

---

① 李利荣，吴宇峰，张玉惠，等. 液相色谱法测定环境中醛酮类化合物定量方法探讨[J]. 工业水处理，2019，39(5)：88-92.

案例 2

测量的不确定度是与测量结果相关联的参数，表征合理地赋予被测量值的分散性。分离学测量中的不确定度的考察，可以有效地反映整个前处理过程中不同操作步骤、不同处理方式、不同仪器状态等对检测结果的影响情况，并且对于评定测量结果的可靠性具有非常重要的意义。

中国的白酒世界闻名，根据其香气的特点，主要分为浓香型、清香型和酱香型等几种。己酸是浓香型白酒品质高低评价指标中的关键指标，是浓香型白酒主体香气物质己酸乙酯的重要前体物质。它是一种挥发性脂肪酸，是白酒发酵窖泥中的己酸菌的代谢产物，适当的己酸可以增加白酒的浓郁感和丰满度，从而增加白酒的深厚感。

夏燕等[①]建立了HPLC法测定浓香型白酒中己酸的结果不确定度的分析方法，对测定过程中引入的不确定度分量进行评估。

1．HPLC 分离条件

色谱柱：Acclaim OA 色谱柱（4.6 mm）；流动相：（A）100 mmol/L 硫酸钠溶液，（B）乙腈，（C）2.5 mmol/L 甲磺酸溶液；梯度洗脱：0～6 min（100%A），6～10 min（100%A～100%C），10～13 min（100%C），13～20 min（100%C 至 80%B 和 20%C），20～25 min（80%B 和 20%C）；紫外检测器波长：210 nm；流动相流速：0.8 mL/min；柱温：25 ℃。

2．不确定度来源

如图 6-21 所示为测量过程中不确定度的分量构成。在浓香型白酒己酸含量的不确定度评定中，A 类不确定度主要是由重复性试验引入的，通过 6 次重复性独立实验，其测量值的相对不确定度 $u_A(\text{ref})$ 为 0.008 71。B 类不确定度主要由移取样品量、定容体积、样品测量浓度引入，其中样品测量浓度中还包括了标准物质含量、标准溶液配制、标准曲线拟合和测试过程中仪器稳定性引入的不确定度，最终 B 类不确定度 $u_B(\text{ref})$ 为 0.028 5。

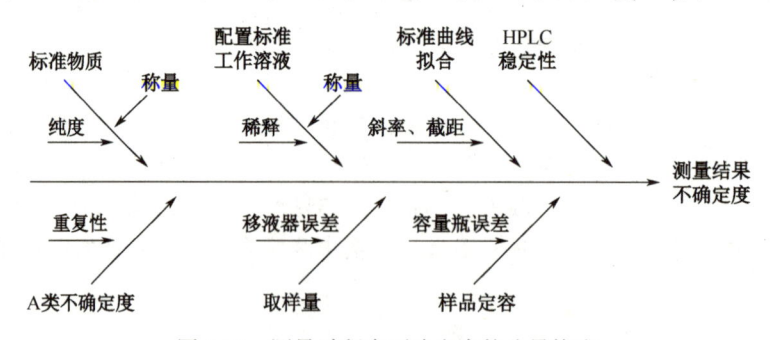

图 6-21 测量过程中不确定度的分量构成

---

① 夏燕. 高效液相色谱法测定浓香型白酒中己酸的结果不确定度评定[J]. 中国酿造. 2022，42(1)：232-236.

3．测量结果

进一步合成总体标准不确定度 $u(\text{ref})=\sqrt{[u_A(\text{ref})]^2+[u_B(\text{ref})]^2}=0.029\,8$，换算成实际已酸测量值的不确定度 $u_c=u(\text{ref})\times 2.724$ 为 0.082 g/L。通过对过程中 A 类和 B 类不确定度的分析发现，标准溶液配制和标准曲线拟合是影响己酸测量结果最主要的不确定度因素，其相对标准不确定度分别为 $0.020\,8$ 和 $0.018\,4$。

习 题

1．为什么 HPLC 的流路系统无法采用气相色谱那样的注射器进样？

2．试辨析分离效率（柱效）和分离度的概念。有人说"在色谱分离中，塔板数越多分配次数就越多，柱效能就越高，两组分的分离就越好"，这种说法对吗？

3．为什么气相色谱的固定相种类比 HPLC 固定相的种类多得多？

4．两根等长的气相色谱柱的 Van Deemter 方程的常数列于下表：

柱号	A/cm	B/(cm^2/s)	C/s
1	0.18	0.40	0.24
2	0.05	0.50	0.10

如果载气线速为 0.50 cm·s^{-1}，那么哪根色谱柱的柱效高呢（用 H 表示）？

5．某检测机构的实验员以 HP-1（相当于 SE-30）毛细管色谱柱监测某商场内的空气质量，并以苯和甲苯为主要监测对象，采用 FID 检测器。相关的色谱条件和实验数据如下：

柱长：50 m	初温：50 ℃	终温：250 ℃	升温速率：5 ℃/min
柱内载气流量：1 mL/min		进样口温度：280 ℃	检测器温度：300 ℃
分流比：1∶15	t_M=0.3 min	$t_{R苯}$=8.2 min	$t_{R甲苯}$=9.7 min
$\sigma_{苯}$=9 s	$\sigma_{甲苯}$=12 s	$A_{苯}$=145 800 μV·s	$A_{甲苯}$=1 250 000 μV·s
采样体积：10 L	$C_{苯}=-1.81\times10^{-5}+1.15\times10^{-9}\times A$(mg)		$C_{甲苯}=1.05\times10^{-5}+1.08\times10^{-9}\times A$(mg)
国家标准	苯≤0.09 mg/m^3		TVOC≤0.6 mg/m^3

求：（1）苯和甲苯的有效塔板数和塔板高度；（2）两组分的分离度 R；（3）若简单地将苯和甲苯的总量折算为总挥发性有机化合物（TVOC），根据国家标准，确定该商场的空气质量是否合格？

参考文献

[1] GANDHI K，SHARMA N，GAUTAM P B. Advanced Analytical Techniques in Dairy Chemistry[M]. Berlin：Springer，2022.

[2] SOFFIANTINI V. Analytical Chemistry：Principles and Practice[M]. Berlin：De Gruyter，2022.

[3] SIMPSON N J K. Solid-Phase Extraction: Principles, Techniques, and Applications[M]. Calabasas: CRC Press, 2000.

[4] LUNDANES E, REUBSAET L, GREIBROKK T. Chromatography: Basic Principles, Sample Preparations and Related Methods[M]. Wernheim: Wiley-VCH, 2014.

[5] BEESLEY T E, BUGLIO B, SCOTT R P. Quantitative Chromatographic Analysis[M]. Calabasas: CRC Press, 2001.

第 7 章

质谱学计量与测量

随着分析技术的进步，质谱分析法已经成为化学分析领域中常用的测量方法，基质辅助激光解吸电离飞行时间质谱仪、气相色谱-质谱联用仪、液相色谱-质谱联用仪等常用质谱仪器在食品安全、环境化学、农业科学、生命科学、医疗卫生和临床检验等各个领域均得到了广泛的应用，为高灵敏度、快速、准确地测量发挥了重要的作用。而结果有效性是实验室的生命线，测量设备的准确性是保证测量结果有效性的关键因素之一，设备准确性和可靠性主要通过计量方式予以保证。

7.1 质谱学基础知识

7.1.1 质谱学的历史发展

早在 19 世纪末，戈德斯坦（E. Goldstein）在低压放电实验中观察到正电荷粒子，随后维恩（W. Wein）发现正电荷粒子束在磁场中发生偏转，这些观察结果为质谱的诞生奠定了基础。

自 1912 年英国物理学家汤姆逊（Thomson，1906 年诺贝尔物理学奖获得者，被誉为"现代质谱学之父"）研制成第一台质谱仪雏形以来，质谱技术的发展已经历了百余年的历史。质谱发展的初期，它主要被用来进行同位素丰度的测定和无机元素的分析。汤姆逊的第一台质谱仪是没有聚焦功能的抛物线质谱装置，分辨率较低（R 为 10）。这台简易质谱仪为后来质谱仪的发展奠定了基础。

1919 年，一台具有速度聚焦功能的质谱仪由汤姆逊的同事阿斯顿（Aston）研制成功，大大提高了仪器的分辨率（R 为 130）。阿斯顿用这台质谱仪发现了多种同位素，研究了 53 个非放射性元素，发现了天然存在的 287 种核素中的 212 种，并第一次证明了原子质量亏损，制作了第一张同位素表。由于用质谱法测量同位素丰度的杰出贡献，阿斯顿率先用质谱分析方法敲开了诺贝尔化学奖的大门，获得了 1922 年诺贝尔化学奖。几乎在同一时期，加拿大科学家登普斯特（Dempster）也进行着类似的研究，他研制的质谱仪具有方向聚焦功能。登普斯特在 1934 年研制出第一台具有双聚焦功能的质谱仪,被称为质谱学发展史的又一个里程碑。

20 世纪 40 年代,质谱开始用于有机物的定性和定量分析,并得到十分迅猛的发展。1956 年,美国科学家麦克拉弗蒂(Mclafferty)发现了六元环 γ-H 转移重排(麦氏重排)裂解机理。20 世纪 60 年代出现了气相色谱-质谱联用仪(GC-MS),成为有机物和石油分析的重要手段。到 20 世纪 80 年代以后,一些新的质谱技术不断出现,如场致电离(FI)、场解吸电离(FD)、化学电离(CI)、电感耦合等离子体(ICP)、快原子轰击离子源(FAB),以及完善的液相色谱-质谱联用仪(LC-MS)等,使质谱分析研究跨入生物大分子的新领域,成为蛋白质组学及代谢组学的主要研究手段。电喷雾(ESI)和基质辅助激光解吸(MALDI)等新"软电离"技术的出现,使质谱能用于分析高极性、难挥发和热不稳定样品后,生物质谱飞速发展,已成为现代科学前沿的热点之一。由于具有迅速、灵敏、准确的优点,并能进行蛋白质序列分析和翻译后修饰分析,生物质谱已经无可争议地成为蛋白质组学中分析与鉴定肽和蛋白质的重要手段。质谱法在一次分析中可提供丰富的结构信息,将分离技术与质谱法相结合是分离科学方法中的一项突破性进展。2002 年,由于"发明了对生物大分子进行确认和结构分析的质谱分析方法",美国科学家约翰•芬恩(John B. Fenn)与日本科学家田中耕一共享了该年度的诺贝尔化学奖。

在质谱发展的过程中,已有 11 个诺贝尔奖授予了与质谱技术的诞生、发展以及应用相关的研究,这充分反映了质谱技术对科学发展的重要贡献和受关注程度。我国质谱分析起步于 20 世纪 50 年代末,快速发展于 20 世纪 80 年代。目前质谱分析在我国的应用领域越来越广泛,涵盖了从基础研究到工业应用的多个层面。

7.1.2 质谱仪的基本原理及结构

1. 质谱仪的基本原理

质谱法是指在高真空系统中,将样品转化为运动的带电气态离子,通过测定样品的分子离子及碎片离子质量,并在磁场中按质荷比(m/z)大小分离并记录,以确定样品相对分子质量及分子结构的分析方法。质谱仪的基本原理如下:物质的原子或分子在质谱仪的离子源中电离后,产生各种带正电荷的离子,在加速电场的作用下,这些离子形成离子束射入质量分析器,在质量分析器中,由于受到磁场的作用,离子的运动轨迹与质荷比的大小有关。于是,各种离子会按照质荷比的大小得到分离,同时,采用照相的方式或者电学方式即可记录下来按照质量由小到大的顺序排列的质谱图。质谱仪原理示意图如图 7-1 所示。根据质谱图中峰的位置,可以进行定性和结构分析;根据峰的强度,可以进行定量分析。

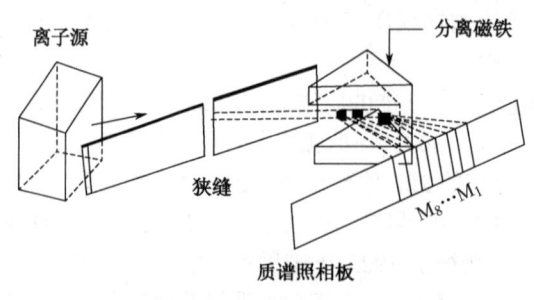

图 7-1 质谱仪原理示意图

2. 质谱仪的结构

质谱仪是利用电磁学原理，使试样（原子、分子）电离成带正电荷的气态离子，并按离子的质荷比将它们分离，同时记录和显示这些离子的相对强度的一种仪器。质谱仪一般由以下6个部分组成。

（1）真空系统

质谱仪中所有部分均要处于高度真空的条件下（通常离子源的真空度应达到1.3×10^{-5} Pa，质量分析器的真空度应达到1.3×10^{-6} Pa），其作用是减少离子碰撞损失。若真空度过低，会造成离子源灯丝损坏、背景增高、副反应增多，从而使谱图复杂化。一般质谱仪都采用机械泵预真空后，再用高效率扩散泵连续运行以保持真空度。现代质谱仪采用分子泵可获得更高的真空度。

（2）进样系统

进样系统（也称试样导入系统）是将被分析的物质送进离子源的装置，其作用是在不破坏仪器内部真空度的情况下，使样品进入离子源。将样品导入质谱仪可分为直接进样和通过接口进样两种方式实现。

直接进样：在室温和常压下，气态或液态样品通过一个可调喷口装置以中性流的形式导入离子源。吸附在固体上或溶解在液体中的挥发性物质可通过顶空分析器进行富集，利用吸附柱捕集，再采用程序升温的方式使之解吸，经毛细管导入质谱仪。对于固体样品，常用进样杆直接导入。

通过接口进样：目前质谱进样系统发展较快的是多种液相色谱-质谱联用的接口技术，用以将色谱流出物导入质谱，经离子化后供质谱分析。主要技术包括各种喷雾技术（电喷雾、热喷雾和离子喷雾）、传送装置（粒子束）和粒子诱导解吸（快原子轰击）等。

（3）离子源

离子源是质谱仪的核心部分。离子源的主要作用是，将引入的样品转化成碎片离子，并对离子进行加速使其进入分析器。离子源的种类很多，质谱仪常用的离子源见表7-1，它们分为气相离子源和解吸离子源两大类。前者是试样气化后再离子化，后者是将液体或固体试样直接转变成气态离子。气相离子源一般是用于分析沸点低于500 ℃、相对分子质量小于10^3、热稳定性好的化合物；解吸离子源的最大优点是能用于测定非挥发、热不稳定、相对分子质量达到10^5的试样。

表7-1 质谱仪常用离子源

名称	简称	类型	离子化试剂	应用年代
电子轰击 （Electron Bomb Ionization）	EI	气相	高能电子	1920年
化学电离 （Chemical Ionization）	CI	气相	试剂离子	1965年
场电离 （Field Ionization）	FI	气相	高电势电极	1970年
场解吸 （Field Desorption）	FD	解吸	高电势电极	1969年
快原子轰击 （Fast Atom Bombardment）	FAB	解吸	高能电子	1981年

续表

名称	简称	类型	离子化试剂	应用年代
二次离子质谱（Secondary Ion MS）	SIMS	解吸	高能电子	1977 年
激光解吸（Laser Desorption）	LD	解吸	激光束	1978 年
电流体效应离子化（Electrohydrodynamic Ionization）	EH	解吸	高场	1978 年
热喷雾离子化（Thermospray Ionization）	ES	—	荷电微粒能量	1985 年

还可以将离子源分为硬电离源和软电离源。硬电离源有足够的能量碰撞分子，使它们处在高激发能态。其弛豫过程包括键的断裂并产生质荷比小于分子离子的碎片离子。由硬电离源获得的质谱图，通常可以提供被分析物质所含功能基的类型和结构信息。在由软电离源获得的质谱图中，分子离子峰的强度很大，碎片离子峰较低且强度弱，但提供的质谱数据可以得到精确的相对分子质量。

（4）质量分析器

质量分析器是质谱仪的主体，其作用如同光谱仪中的单色器。质量分析器是质谱仪中将离子按质荷比分开的装置，离子通过质量分析器后，按不同的质荷比分开，将相同的质荷比离子聚焦在一起，形成质谱图。质谱仪使用的质量分析器的种类较多，大约有 20 种。质谱中的常见质量分析器见表 7-2，主要包括磁式质量分析器、四极杆质量分析器、离子阱质量分析器、飞行时间质量分析器等。

表 7-2 质谱中的常见质量分析器

类型	优点及用途
单聚焦磁式质量分析器	结构简单，操作方便
双聚焦磁式质量分析器	分辨能力较强，能准确测定相对分子质量
四极杆质量分析器	体积小，重量轻，操作方便，扫描速度快，分辨率较高，适用于色谱-质谱联用仪器
离子阱质量分析器	1. 单一的离子阱可实现多级串联质谱； 2. 结构简单，性价比高； 3. 灵敏度高，较四极杆质量分析器高 10～1 000 倍； 4. 质量范围大（商品仪器已达 6 000）
傅里叶变换离子回旋共振	1. 分辨率极高； 2. 可完成多级串联质谱的操作，信息量更丰富； 3. 采用外电离源，可采用各种电离方式，便于与色谱仪联机； 4. 灵敏度高，质量范围宽，速度快，性能可靠
飞行时间质量分析器	1. 适用于生物大分子的测定； 2. 适用于大分子量的多肽、蛋白质； 3. 扫描速度快，适于研究极快的过程； 4. 结构简单，便于维护

（5）检测器

从质量分析器出来的离子流只有 $10^{-10} \sim 10^{-9}$ A，检测器的作用是，接受这些强度非常弱的离子流并将其放大，然后送到显示单元和计算机数据处理系统，得到所要分析的物质的质谱图和质谱数据。质谱仪常用的检测器有法拉第杯、电子倍增器、闪烁计数器和照相底片等。电子倍增器是运用质量分析器出来的离子轰击电子倍增管的阴极，使其发射出二次电子，再用二次电子依次轰击一系列电极，使二次电子数量不断增加，最后由阳极接收电子流，使电子流信号得到放大。电子倍增器中电子通过的时间很短，利用电子倍增器可以实现高灵敏度和快速测定。

（6）数据采集及处理系统

质谱仪配有完善的计算机系统，控制与数据处理都是由计算机完成的。计算机控制与数据处理系统可以进行仪器的操作、数据的采集和处理、打印，以及数据库检索等工作。

7.1.3 质谱仪的性能指标

1. 质量测定范围

质谱仪的质量测定范围表示质谱仪能够进行样品分析的相对原子质量（或相对分子质量）范围，通常采用原子质量单位（unified atomic mass unit，符号 u）进行度量。原子质量单位是由碳-12 来定义的，即一个处于基态的碳-12 中性原子的质量的 1/12。而在非精确测量物质的场合，常采用原子核中所含质子和中子的总数即质量数来表示质量的大小，其数值等于其相对质量数的整数。测定气体用的质谱仪，一般质量测定范围在 2~100，而有机质谱仪一般可达几千。现代质谱仪甚至可以研究相对分子质量达几十万的生化样品。

2. 分辨率

分辨率 R 是判断质谱仪的一个重要指标。按 IUPAC 定义，分辨率 $R=m/\Delta m$，式中 m 表示相邻两峰之一的质量数，Δm 表示相邻两峰的质量差。具体而言，分辨率是指，质谱仪区分两个质量相近的离子的能力。例如，500 与 501 两个峰刚好分开，则 $R=500/1=500$；若 $R=50\,000$，则可区别开 500 与 500.01。对于四极杆仪器，通常可以做到单位分辨，高低质量区的分辨率数值则不同。

低分辨率仪器一般只能测出整数分子量。高分辨率仪器则可测出分子量小数点后第 4 位，因此可算出分子式，不需要进行元素分析，更精确。

如图 7-2 所示，分辨率为 500 时，分离质荷比为 50/500/1 000 附近离子的情况，可发现，相同分辨率的情况下，分离高质量区的离子能力比分离低质量区的离子能力差。如图 7-3 所示为牛胰岛素单电荷离子在不同分辨率下的同位素分辨谱图。可以发现，在高质量区，对于相同的离子，高分辨率仪器区分两个质量相近的离子的能力较强。

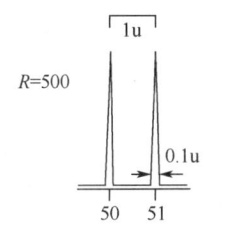

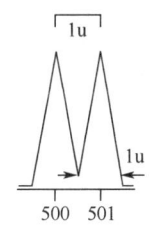

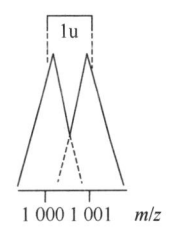

图 7-2 分辨率为 500 时，分离质荷比为 50/500/1 000 附近离子的情况

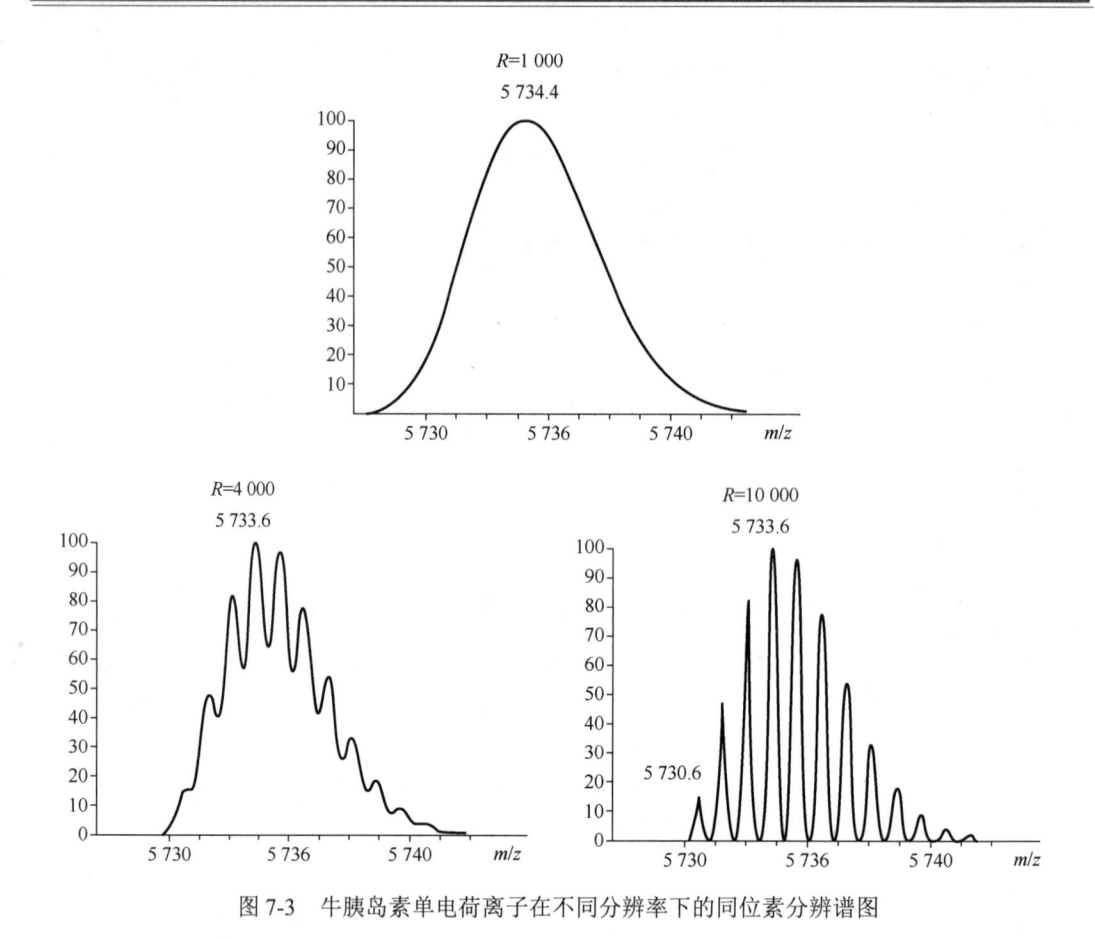

图 7-3　牛胰岛素单电荷离子在不同分辨率下的同位素分辨谱图

质谱仪的分辨性能由几个因素决定：离子通道的半径；加速器与收集器狭缝宽度；离子源的性质。

质谱仪的分辨性能几乎决定了仪器的价格。分辨率在 500 左右的质谱仪可以满足一般有机分析的要求，此类仪器的质量分析器一般是四极杆、离子阱质量分析器等，仪器价格相对较低。若要进行同位素质量及有机分子质量的准确测定，则需要使用分辨率大于 10 000 的高分辨率质谱仪，这类质谱仪一般采用双聚焦磁式质量分析器。目前这种仪器分辨率可达 100 000，当然其价格也是低分辨率仪器的 4 倍以上。

3. 灵敏度

灵敏度是指检测器对一定样品量的信号响应值，即最少样品量的检出程度。质谱仪的灵敏度有绝对灵敏度、相对灵敏度和分析灵敏度等几种表示方法。绝对灵敏度是指质谱仪可以检测到的最小样品量；相对灵敏度是指质谱仪可以同时检测的大组分与小组分含量之比；分析灵敏度则指输入质谱仪的样品量与质谱仪输出的信号之比。

一般对于纯的标准物质而言，灵敏度可达到 pmol 级别。但是，高灵敏度不一定能检测到目标蛋白，一是样品本身信息量大，DDA 模式中只有信号响应高的物质才能检测到；二是肽段离子化才能采集数据，离子化效率低，可能在传输过滤中被过滤掉。

7.1.4 质谱图

质谱图是不同质荷比的离子经质量分析器分离后，被检测器检测并记录下来，经计算机处理后所表示出来的图形。化合物的质谱检测结果通常以质谱图的形式表示，常见的质谱图类型包括峰形图和棒形图。目前大部分质谱图是用棒形图表示。这些"棒"代表了不同质荷比（m/z）的正离子及其相对丰度。m 是离子的质量数，z 是离子的电荷数。质谱图中丰度最强的峰称为基峰。以质谱图中丰度最强的峰为基峰，记作100%，其他峰按基峰来归一化。

图 7-4 和图 7-5 是磺胺类药物磺胺醋酰的质谱棒形图，其横坐标是 m/z，纵坐标是相对强（丰）度。相对强度是把原始质谱图上最强的离子峰定为基峰，并规定其相对强度为100%。其他离子峰以此基峰的相对百分数表示。如图 7-4 所示为磺胺醋酰的质谱图（正离子模式），有 Na^+ 和 K^+ 两个加和峰；如图 7-5 所示为磺胺醋酰的质谱图（负离子模式），只有单一的离子峰。通过这些离子峰的质荷比都可以计算出目标分子的相对分子质量。

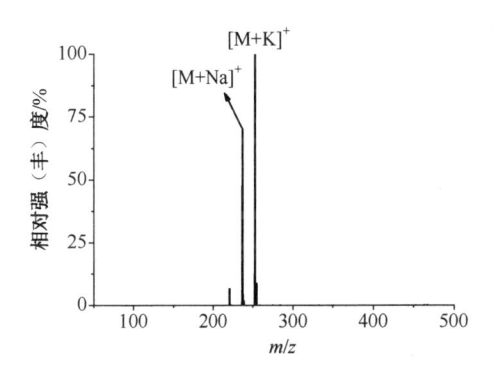

图 7-4　磺胺醋酰的质谱图（正离子模式）　　图 7-5　磺胺醋酰的质谱图（负离子模式）

另外，可以用表格形式表示质谱数据，称为质谱表。质谱表中有两项，一项是 m/z，另一项是相对强度。2-乙酰基谷氨酸二乙酯的质谱表（m/z 110 以上的部分）见表 7-3。

表 7-3　2-乙酰基谷氨酸二乙酯的质谱表（m/z 110 以上的部分）

m/z	111	112	113	114	115	116	121	129	137	138
相对强度	15	3	18	100	12	2	2	2	3	3
m/z	139	140	141	142	143	157	158	159	182	184
相对强度	45	8	22	27	6	12	1	3	2	5
m/z	185	186	187	188	189	214	215	216	217	230
相对强度	67	8	11	66	7	5	14	2	2	3

7.1.5 质谱法的特点

质谱分析法（简称质谱法）是使被测样品分子形成气态离子，然后按离子的质荷比对离子进行分离和检测的一种分析方法。质谱法中并不伴有电磁辐射的吸收或发射，所以不属于光谱范畴，它是对具有不同质量的离子的观测，也不属于波谱。质谱法是一种非常重要的分析方法，它可以对样品中的有机化合物和无机化合物进行定性定量分析，同时也是唯一能直接获得分子量及分子式的谱学方法。

进入 21 世纪，现代科学技术的发展对分析测试技术提出了新的挑战。与经典的化学分析方法和传统的仪器分析方法不同，现代分析科学中，原位、实时、在线、非破坏、高通量、高灵敏度、高选择性、低耗损性一直是分析工作者追求的目标。在众多的分析检测方法中，质谱法被认为是一种同时具备高特异性和高灵敏度且得到广泛应用的方法。电喷雾解吸电离技术、电晕放电实时直接分析电离技术和电喷雾萃取电离技术的提出，满足了时代的需要，满足了科学技术发展的要求，为复杂样品的快速质谱分析打开了一个窗口。

在仪器分析领域，质谱与核磁共振、红外光谱技术、紫外光谱技术并称为结构分析的四大工具。它们之间是并列关系，暂时很少有交叉领域。实际上，质谱法和这些经典分析方法之间的交叉，也是值得重视的研究领域。与其他分析技术相比，质谱法具有以下特点。

① 灵敏度高、进样量少。质谱法的样品一般只需 1 mg 左右，极限用样量通常只需要微克（μg）级，便可得到一张可供结构分析的质谱图，其所需样品量比红外光谱技术及核磁共振技术要低几个数量级。

② 分析速度快。一次样品的分析仅需几秒甚至不到 1 秒即可完成。

③ 特征性强。高分辨质谱法可测定微小的质量和微小的质量差值，质量小到 $10 \sim 24$ g（1 个原子量单位）都能分辨得相当清楚，两个粒子间的质量差值为几十万分之一克就可分辨得很好。它可以精确地测定样品分子的摩尔质量，推测样品的化学式、结构式乃至同位素的强（丰）度比。质谱仪测定信息量大，是研究物质化学结构的有力工具。

④ 分析范围广。质谱法可对气体、液体和固体等直接进行分析。改变质谱仪的电、磁参数，可在短时间内分析多种成分，做到一机多用。

⑤ 综合应用技术。质谱仪是一种大型、复杂而精确的仪器，其技术涉及精密机械加工、真空技术、电子技术，以及物理、化学和数学等多学科，另外，仪器的操作、维护对工作人员的要求也较高。

质谱法也有局限性。例如，对高摩尔质量有机化合物的测定还有困难。质谱仪是大型复杂的精密仪器，价格比较昂贵，需要在高真空条件下操作，因此在使用和维护方面较为困难。尽管如此，质谱法仍具有其他分析方法所不能及的独到之处，是测定相对分子质量、分子的化学式或分子组成及阐明结构的重要手段，广泛应用在原子能、地质学、合成化学、药物化学及代谢产物、天然产物的结构分析，以及石油化工、环境科学等领域。近年来，质谱法已进入生命科学的应用领域，了解质谱法的基本原理和基本分析方法是工科学生的学习中必不可少的一个环节。从分析的对象看，质谱法可以分为原子质谱法和分子质谱法。

7.2 原子质谱法

7.2.1 基本原理和质谱仪

原子质谱法又称为无机质谱法，是将单质离子按质荷比进行分离和检测的方法，广泛应用于元素的识别和浓度的测定。几乎所有元素都可以用原子质谱法测定，原子质谱图比较简单，容易解析。原子质谱分析包括以下几个步骤。

① 原子化。
② 将原子化的原子的大部分转化为离子流，一般为单电荷正离子。
③ 离子按照质荷比分离。
④ 计数各种离子的数目或测定由试样形成的离子轰击传感器时产生的离子电流。

原子质谱仪常用的离子源包括高频火花、电感耦合等离子体（ICP）、辉光放电等。依采用的电离方式称为火花源质谱法（SS-MS）、电感耦合等离子体质谱法（ICP-MS）、辉光放电质谱法（GD-MS）等。SS-MS 曾是我国 20 世纪 60~70 年代无机元素分析，特别是痕量、超痕量元素分析的主要设备，在建材、冶金、有色金属、核工业和电子行业建立了比较完善的半定量、定量分析方法。近些年来，随着 ICP-MS、GD-MS 的应用，SS-MS 逐渐被替代。质谱仪常用的质量分析器有四极杆质量分析器、飞行时间质量分析器和双聚焦磁式质量分析器等。质谱仪使用的离子检测器和记录器是电子倍增管、法拉第筒和照相板。

下面以常见的电感耦合等离子体质谱法为例进行介绍。ICP-MS 的原理是，所用离子源为电感耦合等离子体，它与原子发射光谱仪所用的 ICP 是一样的，其主体是一个由三层石英套管组成的炬管，炬管上端绕有负载线圈，三层管从里到外分别通载气、辅助气和冷却气，负载线圈由高频电源耦合供电，产生垂直于线圈平面的磁场。如果通过高频装置使氩气电离，则氩离子和电子在电磁场作用下又会与其他氩原子碰撞产生更多的离子和电子，形成涡流。强大的电流产生高温，瞬间使氩气形成温度可达 10 000 K 的等离子焰炬。

对样品进行 ICP-MS 分析时一般分为以下 4 步。

① 分析样品通常以水溶液的气溶胶形式引入氩气流中，然后进入由射频能量激发的处于大气压下的氩等离子体中心区。
② 等离子的高温使样品去溶剂化、汽化解离和电离。
③ 部分等离子体经过不同的压力区进入真空系统，在真空系统内，正离子被拉出并按其质荷比分离。
④ 检测器将离子转化为电子脉冲，然后由积分测量线路计数。

在 ICP-MS 中，ICP 起到离子源的作用，ICP 利用在电感线圈上施加强大功率的高频射频信号在线圈内部形成高温等离子体，并通过气体的推动，保证了等离子体的平衡和持续电离，被分析样品由蠕动泵送入雾化器形成气溶胶，由载气带入等离子体焰炬中心区，发生蒸发、分解、激发和电离。高温的等离子体使大多数样品中的元素都电离出一个电子而形成了一价正离子。

ICP-MS 样品通常以液态形式以 1 mL/min 的速率由蠕动泵送入雾化器,用大约 1 L/min 的氩气将样品转变成细颗粒的气溶胶。气溶胶中细颗粒的雾滴仅占样品的 1%～2%,通过雾室后,大颗粒的雾滴成为废液被排出。从雾室出口出来的细颗粒气溶胶通过样品喷射管被传输到等离子体炬中。

ICP-MS 中质谱干扰主要为多原子离子干扰,通常可采用数学干扰校正方程进行校正或利用碰撞反应功能消除多原子干扰离子。碰撞反应功能是指在质谱仪内引入碰撞反应气体,使某些多原子干扰离子发生解离、转移等反应,降低干扰离子对待测同位素的影响。

最常用的进样方式是,利用同心型或直角型气动雾化器产生气溶胶,在载气载带下喷入焰炬,样品进样量大约为 1 mL/min,是靠蠕动泵送入雾化器的。

在负载线圈上面约 10 mm 处,焰炬温度大约为 8 000 K,在这么高的温度下,电离能低于 7 eV 的元素完全电离,电离能低于 10.5 eV 的元素电离度大于 20%。由于大部分重要的元素的电离能低于 10.5 eV,因此具有很高的检测灵敏度,少数电离能较高的元素,如 C、O、Cl、Br 等也能检测,只是灵敏度较低。

7.2.2　原子质谱法的应用——ICP-MS 的应用

20 世纪 80 年代以来,电感耦合等离子体质谱法(ICP-MS)已经成为单质元素分析中最重要的技术之一,它以 ICP 火焰作为原子化器和离子化器。溶液试样经过常规或超声雾化后直接导入 ICP 火焰,而固体试样采用火花源、激光或辉光放电等方法气化后导入。在众多元素分析中,ICP-MS 均具有较高的选择性、较低的检测限及良好的精密度和准确度。同时,ICP-MS 质谱图比常规的 ICP 光学图谱更简单,仅由单纯的元素同位素组成,可用于不同元素的定性及定量分析。ICP-MS 的主要优点归纳如下。

① 试样在常压下引入。
② 气体的温度很高,使试样完全蒸发和解离。
③ 试样原子电离的百分比很高。
④ 产生的主要是一价离子。
⑤ 离子能量分散小。
⑥ 外部离子源,即离子并不处在真空中。
⑦ 离子源处于低电位,可配用简单的质量分析器。

ICP-MS 可以用于物质试样中的一个或多个元素的定性、半定量或定量分析。ICP-MS 可以测定的质量范围为 3～300 原子单位,分辨能力小于 1 原子单位,能测定化学元素周期表中 90%的元素,大多数检测限在 0.1～10 $\mu g \cdot mL^{-1}$,有效测量范围可达 6 个数量级,标准偏差为 2%～4%,每个元素的测定时间仅为 10 s,非常适合多元素的同时测定分析。其应用主要包括以下几个方面。

① 在环境监测领域的应用。由于 ICP-MS 具有在极低浓度下检测许多分析物的能力,将它应用于环境监测领域具有明显的好处。ICP-MS 在环境监测领域的应用集中在地表水、地下水、饮用水中痕量金属和非金属监测,污水中重金属监测等方面;在大气颗粒物及气

溶胶中重金属监测分析方面；同时在土壤、灰渣、污泥等的金属监测分析方面积累了很多经验。

② 在医疗领域的应用。ICP-MS 在各种医疗应用中具有显著的效用，特别是在医疗诊断、生物医学成像和治疗方法等应用上。在这一领域的应用中，ICP-MS 的关键优势包括它能以极高的灵敏度识别成分，即使是在复杂的环境中，如人体中发现的成分。ICP-MS 在中药领域重金属及有害元素分析中的应用前景广阔，由于 ICP-MS 具有极低的检出限，灵敏度高，同时可以测定多种元素，因此其特别适合大量样品的微量、痕量元素的分析。据报道，ICP-MS 可对 10 000 多个中药样品进行综合分析。

③ 在食品检测领域的应用。ICP-MS 在茶叶质量检测中，能实现茶叶原产地判别和安全性分析等；可对葡萄酒中的多元素进行分析，建立葡萄酒溯源分类等。

④ 在法医检测领域的应用。在法医检测领域，ICP-MS 已经被用来识别微量物质，确定人员死亡原因和识别犯罪分子。枪击残留物通常使用 ICP-MS 检测，它可以寻找包括铅、钡、锑和锡在内的无机物的存在，以确定枪支施射。在这种情况下使用 ICP-MS 的优势在于其能够同时测量多个物种，并从特定地点取样，以准确确定枪击的位置。在另一个例子中，ICP-MS 被用来确定一位老年妇女的死因，结果显示她死于犯罪者在一次杀人未遂案件中使用的自制子弹的铅中毒。最后，ICP-MS 以极高的灵敏度分析指纹残留物的能力，提供了关于指纹残留物化学成分的信息，促进了识别和逮捕罪犯的执法工作。

⑤ 在新能源检测领域的应用。利用高性能 ICP-MS 分析商业生物柴油和生物燃料中的微量金属元素。生物燃料中的微量重金属会给发动机等造成一些机械问题，因此有必要对这些燃料物种进行精确分析，这对未来生物燃料的应用具有重要意义。

7.3 分子质谱法

分子质谱法又称为有机质谱法，是研究有机化合物分子和生物分子的结构信息，以及对复杂混合物进行定性和定量分析的方法。分子质谱法一般采用高能粒子束使已气化的分子离子化或使试样直接转变成气态离子，然后按质荷比的大小顺序进行收集和记录，得到质谱图。分子质谱图比较复杂，解析相对比较困难。一般根据质谱图中峰的位置，可以进行定性和结构分析；根据峰的强度，可以进行定量分析。在有机质谱中，每个质量峰都是由一定数量的 C、H、O、N、S、Cl 等元素组成的，因此每个质量峰都有它给定的质量，高分辨有机质谱仪可以精确地测出一个质量峰的质量到小数点后 4～5 位。有机化合物分子失去一个或数个电子，形成正离子；获得一个或数个电子，就形成负离子。失去或得到一个电子形成的正离子或负离子叫单电荷离子，失去或得到数个电子形成的正离子或负离子叫多电荷离子。在质谱分析过程中，产生正离子的机会要比负离子多，一般情况下都取正离子进行分析，特殊情况下也取负离子进行分析，如分析有机氮农药等。分子失去一个电子所形成的正离子称为分子离子，它的质荷比值代表了试样分子所对应的分子量数值。分子得到一个质子所形成的正离子称为准分子离子。分子离子有可能进一步转化，由分子离子碎裂产生的离子称为碎片离子，而伴有原子或原子团转移的碎裂过程所产生的离子称为重排离子。质谱是化合物固有的特性之一，除一些异构体之外，不同的有机化合物有不同的质谱，利用这个性质可以进行定性分析。分子质谱定性分析就是根据一张质谱给出的信息确定被分析有机化合物的分子量、分子式，并力求获得结构式。质谱峰的强度与它代表的化合物的含量成正比，混合物的质谱，是各成分的质谱的算术加和谱，利用这些，参照标准样品，可进行定量分析。

分子质谱仪和其他分析仪器相比较的一个显著特点是，它可以和其他仪器联用（GC-MS 和 LC-MS）。这不仅可以集中两种以上分析方法的长处，弥补单一分析方法的不足，还能产生一些新的分析测试功能，大大拓展了质谱仪的应用范围。联用技术的应用起到了一种特殊的作用，满足了灵敏度高、鉴别能力强、分析速度快和分析范围广的要求，是现代分析化学中最重要的一种分析技术。

随着质谱技术的不断有机进步和完善，将有机质谱与核磁共振波谱、红外吸收光谱、紫外吸收光谱联合起来应用，成为解析复杂有机化合物结构的有力工具。有机化合物质谱分析是一种应用广泛的分析技术，但在过去的绝大部分工作只限于小分子，对生物大分子和有机聚合物则缺乏必要的电离方式和检测手段。20 世纪 90 年代，质谱仪及相关技术的改进使蛋白质化学发生了革命性的变化，而促成这一转变的关键因素就是 20 世纪 80 年代末两项"软电离"技术的突破性进展：电喷雾电离（ESI）和基体辅助激光解吸电离（MALDI）。其"软"性能够在特定条件下保持生物大分子的非共价相互作用，这对蛋白质和多肽的组成和功能分析极为重要，促进了分子质谱的大力发展。它解决了极性大、热稳定性差的蛋白质、多肽、核酸和多糖等生物大分子化合物的离子化和分子量测定问题，成为有机质谱中发展最快和最活跃的一个领域。美国科学家约翰·芬恩和日本科学家田中耕一因此而获得了 2002 年的诺贝尔化学奖。

7.4 电喷雾电离质谱（ESI-MS）

电喷雾电离（electrospray ionization，ESI）质谱法是大气压电离（atmospheric pressure ionization，API）方法组中最突出的技术，也是液相色谱-质谱联用的主要分析方法。ESI 是一种软电离技术，可完成离子从溶液到气相的转移。该技术对于分析大型、非挥发性、带电分子（如蛋白质和核酸聚合物）非常有用。在 ESI 中，溶液由挥发性溶剂组成，其中含有非常低浓度的离子分析物，通常为 $10^{-6} \sim 10^{-4}$ M。

此外，离子从凝聚相转移到分离的气相离子状态从大气压开始，然后逐渐进入质量分析器的高真空。这导致电离显著柔软，并使 ESI 成为"分子大象的翅膀"。ESI 具有非凡的高质量能力的另一个原因是在高质量分析物的情况下多电荷离子的特征形成。多次充电还通过电荷数折叠质荷比标度，因此可将离子转移到大多数质量分析仪器可访问的质荷比范围内。ESI 同样适用于小极性分子、离子金属络合物和其他可溶性无机分析物。

电喷雾电离源主要应用于液相色谱-质谱联用仪。它既是液相色谱和质谱仪之间的接口装置，又是电离装置。它的主要部件是一个由多层套管组成的电喷雾喷嘴。最内层是液相色谱流出物，外层是喷射气，喷射气常采用大流量的氮气，其作用是，使喷出的液体容易分散成微滴。另外，在喷嘴的斜前方还有一个补助气喷嘴，补助气的作用是使微滴的溶剂快速蒸发。在微滴蒸发过程中表面电荷密度逐渐增大，当增大到某个临界值时，离子就可以从表面蒸发出来。离子产生后，借助于喷嘴与锥孔之间的电压，穿过取样孔进入分析器。

电喷雾电离质谱法大致划分为 3 个过程。

① 形成带电液滴：溶剂由液相泵输送到 ESI Probe，经其内的不锈钢毛细管，从毛细管的顶端流出，这时毛细管被加了 2～4 kV 的高压，由于高压和雾化气的作用，流动相从毛细管顶端流出时，会形成扇状喷雾（含样品和溶剂离子的小液滴）。

② 溶剂蒸发和液滴碎裂：溶剂蒸发，离子向液滴表面移动，液滴表面的离子密度越来越大，当达到瑞利极限时，即液滴表面电荷产生的库仑排斥力与液滴表面的张力大致相等时，液滴会非均匀破裂，分裂成更小的液滴，在质量和电荷重新分配后，更小的液滴进入稳定态，然后再重复蒸发、电荷过剩和液滴分裂这一系列过程。

③ 形成气相离子：对于半径小于 10 nm 的液滴，液滴表面形成的电场足够强，电荷的排斥作用最终导致部分离子从液滴表面蒸发出来，而不是液滴的分裂，最终样品以单电荷或多电荷离子的形式从溶液中转移至气相，形成了气相离子。

ESI 常与四极杆质量分析器、飞行时间质量分析器或傅里叶变换离子回旋共振仪联用。它具有以下优点。

① 电喷雾可以提供一个相对简单的方式使非挥发性溶液相离子（具有高的离子化效率，对蛋白质而言接近 100%）转入气相（主要用来产生分子离子），使质谱仪可进行灵敏的直接检测。

② 电喷雾电离质谱法不但可以用于无机物（如化学元素周期表中的大部分元素）的检测分析，还可以用于有机金属离子复合物及生物大分子的检测分析。

③ 最显著的优点（这是仅电喷雾电离质谱法才具有的优点）是可以获得多电荷离子信息，从而使相对分子质量人（相对分子质量在 300 kPa 以上）的离子出现在质谱图中，使质量分析器检测的质量范围提高几十倍，适合测定极性强、热稳定性差的生物大分子的相对分子质量，如多肽、蛋白质、核酸等。

④ 快速，可在数分钟内完成测试。

⑤ 多种离子化模式供选择：正离子模式 ESI（+）、负离子模式 ESI（-）。

⑥ 能有效地与各种色谱联用，用于复杂体系分析。

7.5 基质辅助激光解吸电离飞行时间质谱法（MALDI-TOF-MS）

7.5.1 基质辅助激光解吸电离源

2002 年，基质辅助激光解吸电离（MALDI）与另一"软电离"技术电喷雾电离（ESI）

得到了诺贝尔奖委员会的关注，日本岛津公司的田中耕一和电喷雾电离的发明人约翰·芬恩因"开发了用于生物大分子质谱分析的软解吸电离方法"而获得了 2002 年的诺贝尔化学奖。尽管田中耕一使用了基于激光的软解吸电离方法从而获得诺贝尔化学奖，但他经常被错误地认为是 MALDI 的发明人。其实 MALDI 是首次由德国科学家希伦坎普（Hillenkamp）及卡拉斯（Karas）提出的，它与田中耕一所发现的方法有一些本质上的区别。尽管两种方法都使用了激光，但在 MALDI 方法中，分析物混入基质中并被基质包围，基质分子吸收激光能量并将其中一部分转移到分析物（如蛋白质、核酸分子）上。而田中耕一的方法则是在甘油中使用金属纳米粒子的悬浮液，分析物位于纳米颗粒的表面上。

通过实践验证，希伦坎普和卡拉斯所开发的基质辅助激光解吸的离子化效率更高，成为之后被广泛采用的技术。但田中耕一首先发表了可以使用激光解吸电离来分析和检测蛋白质类生物大分子的研究成果，同时提醒了我们只是蛋白质离子化还是不够的，必须通过改进仪器的其他部分，尤其是探测器，才能达到分析生物大分子的目的。

从严格意义上讲，当今被广泛采用的 MALDI-TOF 质谱技术实际上是两个核心技术的组合。MALDI 除与 TOF 结合外，同样可以与其他离子分离手段如四极杆、离子阱等相连接。但脉冲式的激光解吸电离方式无疑与在飞行时间质谱中同样采用脉冲离子提取方式在耦合上有着许多优势，从而促成了 MALDI-TOF 这一质谱技术的出现。这一质谱仪器的发展史也是 MALDI 分子电离技术与 TOF 离子分离技术的相互依赖、相互推进的发展历程。

脉冲触发飞行时间的质谱仪设计在 MALDI 出现之前十几年就已经出现。美国德州农工大学的麦克法兰（Macfarlane）等通过放射性元素 Californium-252 轰击样本表面，以放射性自然脉冲触发飞行时间计时的原理设计了等离子体解吸电离（Plasma Desorption Ionization）飞行时间质谱仪，并用来分析较高极性的有机生物分子，该质谱仪成为当时最为成功、被认为最有潜力的蛋白质大分子分析的质谱工具。1984 年，首款基于这类原理的商业化产品由 Bio-Ion Nordic AB 生产并销售，该公司于 1989 年被 Applied Biosystems Inc. 收购。这一技术可谓是昙花一现，很快就被崭露头角的激光解吸电离技术所取代。

激光电离（Laser Desorption）被研究得更久，但是直到适当吸收激光能量的基质被引入前的几十年中，在生物分子分析中的应用都非常有限。希伦坎普和卡拉斯在 20 世纪 80 年代中期发现将丙氨酸与色氨酸混合并用 266 nm 激光脉冲照射可以更容易地将其电离，从而推断色氨酸吸收激光能量并帮助丙氨酸电离，因而赋予了基质辅助激光解吸电离这个术语。当与这种"基质"混合时，分子量高达 2843 Da 的多肽 Melittin 同样可被电离。对更大分子的激光解吸电离的突破发生在 1987 年，岛津公司的田中耕一和他的同事使用了将甘油中的 30 nm 钴金属粉末与 337 nm 氮气激光器相结合的"超细金属加液体基质法"用于电离。使用这种基质与激光的组合，田中耕一完成了对分子量为 34 472 Da 的羧肽酶-A 蛋白生物分子的电离，证明了激光波长和基质的适当结合可以使蛋白质电离。随后，希伦坎普和卡拉斯使用烟酸基质和 266 nm 激光电离了 67 kDa 的白蛋白（Albumin）。

希伦坎普和卡拉斯在 1988 年 Bordeaux 国际质谱会议上发布了使用静态电场反射式飞行时间质谱仪结合 MALDI 电离获得的 β-半乳糖苷酶（分子量 116 900）的光谱图，首次展示了单电荷离子质量大于 100 kPa 的质谱图，标志着 MALDI-TOF-MS 新时代的来临。

7.5.2 飞行时间质量分析器

1955 年,威利(Wiley)和麦克拉伦(Mclaren)已设计了一台飞行时间质谱仪。由于在原理上它的质量范围是无限的而广受重视。20 世纪 60 年代,飞行时间质谱仪采用的是脉冲激光电离源,20 世纪 70 年代中期又发展出了激光微探针,在此期间的绝大部分工作是分析研究小分子。直到 1988 年,希伦坎普教授和他的同事用固体作基质引入基质辅助激光解吸电离技术以后,MALDI-TOF-MS 在分析生物大分子和有机聚合物方面才取得了重大进展。

飞行时间质量分析器的主要组成部分是一个离子漂移管,其原理是使具有相同动能、不同质量的离子,因其飞行速度不同而分离。离子在漂移管中飞行的时间与离子质量的平方根成正比。对于能量相同的离子,离子的质量越大,达到接收器所用的时间越长;质量越小,所用时间越短。根据这一原理,可以把不同质量的离子分开。飞行时间质量分析器的特点是,其质量范围宽,扫描速度快,既不需电场也不需磁场。但是,长时间以来一直存在分辨率低这一缺点。造成分辨率低的主要原因在于,离子进入漂移管前的时间分散、空间分散和能量分散。这样,即使是质量相同的离子,由于产生时间的先后、产生空间的前后或初始动能的大小不同,达到检测器的时间就不相同,因而降低了分辨率。目前,通过采取激光脉冲电离方式、离子延迟引出技术和离子反射技术,可以在很大程度上克服上述三个原因造成的分辨率下降。现在飞行时间质量分析器的分辨率可达 20 000 以上,最高可检的相对分子质量超过 300 000 Da,并且具有很高的灵敏度,尤其适合蛋白质等生物大分子分析。这种分析器已广泛应用于气相色谱-质谱联用仪、液相色谱-质谱联用仪和基质辅助激光解吸飞行时间质谱仪中。

第一台用于大分子分析的实用 MALDI-TOF 质谱仪是由美国洛克菲勒大学的比维斯(Beavis)和蔡特(Chait)在希伦坎普发现 MALDI 后的几个月内搭建的。这是一个简单的线性飞行时间质谱,采用单静态加速电场、漂移管和探测器。该仪器的加速电压高达 30 kV,飞行长度为 2 m。线性飞行时间分析仪的一个主要优点在于,飞行过程中解离破碎的离子与稳定离子几乎同时到达离子探测器,从而消减了希伦坎普等在反射式分析器中观察到的"离子色散"现象,提高了质量分辨能力。比维斯和蔡特还对 MALDI 的基质进行了广泛的研究,实现了 MALDI 的进一步改进。其开发的肉桂酸衍生物基质表明在 260 nm 和 360 nm 紫外波段间的任何波长都可以用来激光解吸蛋白质,使得波长为 337 nm 的更小型和相对便宜的氮气激光器同样可以应用在 MALDI 仪器上,取代了笨重昂贵的 Nd:YAG 激光器,受到 20 世纪 90 年代初商用仪器开发研究人员的青睐,直到如今还被广泛采用在商业化产品中。

MALDI-TOF-MS 主要由两部分组成:MALDI 和 TOF。MALDI 的原理是用激光照射样品与基质形成的共结晶薄膜,基质从激光中吸收能量传递给生物分子,而电离过程中将质子转移到生物分子或从生物分子中得到质子,而使生物分子电离的过程。因此,它是一种软电离技术,适用于混合物及生物大分子的测定。TOF 的原理是离子在电场作用下加速飞过飞行管道,根据到达检测器的飞行时间不同而被检测,即测定离子的质荷比与离子的飞行时间成正比。MALDI-TOF-MS 具有灵敏度高、准确度高及分辨率高等特点，为生命科学等领域提供了一种强有力的分析测试手段，并起着越来越重要的作用。

7.5.3　应用与进展

MALDI-TOF MS 主要用于生物大分子的分析，如蛋白质的鉴定、多肽的检测、多糖及核糖的测定等。在代谢组学、药学、环境科学和材料学领域具有广阔的应用前景，其主要局限性在于低质量范围内基质的强背景离子会严重干扰小分子化合物（$m/z<1\,000$ Da）的分析。

基质材料对在 MALDI-TOF MS 分析中获得理想的质谱图起着至关重要的作用，其选择是近年来的研究热点。常用的传统基质材料，如 2，4，6-三羟基苯乙酮（THAP）、α-氰基-4-羟基肉桂酸（CHCA）、3-羟基吡啶甲酸（3-HPA）、2，5-二羟基苯甲酸（DHB），虽然对分析物的离子化效果良好，但是由于其为低分子量的有机基质，在激光的照射下将发生电离，在低分子量的区域内产生大量的基质本身离子干扰峰，严重干扰小分子质谱图的分析，因此很难用于小分子化合物的分析检测。近年来，为了解决 MALDI-TOF MS 分析小分子时背景干扰的问题，实现对小分子化合物的精准检测。新型的基质材料如纳米材料基质（碳基纳米材料类基质、金属有机框架类基质、硅基纳米材料类基质和金属/金属氧化物类基质）、有机小分子基质和有机聚合物基质得到了广泛关注。

用于 MALDI-TOF MS 分析小分子化合物的新型基质研究，推动了 MALDI-TOF MS 技术在小分子化合物检测中的应用，使其在代谢组学、药学、环境科学和材料学等领域发挥了越来越重要的作用。但是在以下方面还有待进一步研究和提升。

① 需要进一步探索能用于相关生物标志物的高通量筛选和定量检测的新型基质材料。

② 开发的新型基质材料应考虑应用广泛性、实用性、低价性和适用性，并满足对检测复杂样品和检测灵敏度的要求。

③ 基质材料促进解吸和电离的机理过程有待进一步地深入研究。

④ 能用于生物体内内源性小分子化合物原位检测和成像的新型基质材料的开发，将在各领域呈现良好的应用前景。

7.6　质谱联用技术

质谱法是分析和鉴定各种化合物的主要工具，质谱仪能够对单一组分提供高灵敏度和特征的质谱图，但是分析混合物时，因为生成了大量质荷比不同的碎片离子，使质谱图无法得到圆满的解释。为此，化学家将各种有效的分离手段与质谱仪联用，成为一类新的有效的分析方法，即所谓的联用技术。联用技术是指两种或两种以上的分析技术结合起来，重新组合成一种以实现更快速、更有效地分离和分析的技术。最常用的是将分离能力强的色谱技术和结构鉴别能力强的质谱或光谱检测技术相结合的联用技术。气相色谱和高效液相与质谱联用，使得气相色谱和高效液相的鉴定、分离能力大大增强。色谱-质谱联用技术不仅可以进行定性分析，提供详细的结构信息，同时也可以进行定量分析。它已成为验证性分析的常用检测手段，既可以对复杂样品进行总离子扫描，也可以进行选择离子扫描。

色谱分离原理主要依据气相与液相的分离原理。色谱-质谱联用技术的原理一般是采用高速电子来撞击气态分子或原子，将离子化后的正离子加速导入质量分析器，然后按质荷比的大小顺序进行收集和记录，即得到质谱图。依据质谱峰的位置进行物质的定性和结构分析，依据峰的强度进行定量分析。

7.6.1 气相色谱-质谱联用（GC-MS）

1. 基本配置

气相色谱-质谱联用（简称气质联用，GC-MS）技术，GC-MS 技术的发展经历了半个多世纪，是非常成熟且应用极其广泛的分离分析技术。目前专用型 GC-MS 系统的基本配置如下。

① 气相色谱部分，可选择进样系统、色谱柱、柱箱，一般不带色谱检测器。
② 质谱部分，有直接进样器、不同类型离子源、质量分析器和离子检测器。
③ 真空系统，有不同抽速的前级真空泵和高真空泵。
④ 数据系统，有不同的硬件配置和软件功能。
⑤ 必要的辅助设备。

从原理上讲，所有的质谱仪都能与气相色谱仪联用，最理想的是使用傅里叶变换离子回旋共振质量仪。GC-MS 是分析复杂有机化合物和生物化学混合物的最有力的工具之一。色谱技术广泛应用于多组分混合物的分离和分析。将色谱仪和质谱仪进行联用，对混合物中微量或痕量组分的定性和定量分析具有重要的意义。就色谱仪和质谱仪而言，两者除工作气压以外，其他性能十分匹配。因此，可以将色谱仪作为质谱仪的前分离装置，质谱仪作为色谱仪的检测器而实现联用。由于色谱仪的出口压力为 $1.013\ 25\times10^5$ Pa，流出物必须经过色谱-质谱连接器进行降压后，才能进入质谱仪的离子化室，以满足离子化室的低压要求。

2. 连接方式

GC-MS 具有直接连接、分流连接和分子分离器连接 3 种连接方式。

① 直接连接多用于毛细管气相色谱仪和化学离子化质谱仪的联用。
② 分流连接器在色谱柱的出口处，对试样气体利用率低，因此大多数的联用仪器采用分子分离器。
③ 分子分离器是一种富集装置，通过分离，使进入质谱仪气流中的样品气体的比例增加，同时维持离子源的真空度。常用的分子分离器有扩散分离器、半透膜分离器和喷射分离器等类型。

3. 应用

GC-MS 是解决复杂样品全组分定性、定量分析的有力工具。在分析检测和研究的领域中起着越来越重要的作用，特别是在有机化合物常规检测工作中几乎成为一种必备的手段。

（1）环境分析

在环境分析方面，GC-MS 正在成为跟踪持续有机物污染所选定的工具。如大气污染分析（有毒有害气体，气体硫化物、氮氧化物等）、水资源分析（包括淡水、海水和废水中有机污染物分析）、土壤分析（有机污染物）、固体废弃物分析等。

（2）食品分析

GC-MS 广泛用于农药残留、香精香料、食品添加剂、食品材料等挥发性成分的分析。GC-MS 也可用于测定由于腐坏和掺假所造成的食品问题。

（3）药物和临床分析

随着医疗技术的发展，先天性代谢缺陷现在都可通过新生儿筛检试验检测到，特别是利用 GC-MS 进行监测。GC-MS 可测定尿中的化合物，甚至该化合物在非常小的浓度下都可被测出，GC-MS 法日益成为早期诊断先天性代谢异常的常用方法。

（4）其他领域

刑事鉴别：GC-MS 分析人身体上的小颗粒可帮助警察将罪犯与其罪行建立联系。在这种分析中，GC-MS 分析显得尤为重要，因为试样中常常含有非常复杂的基质，并且法庭上使用的结果要求有很高的精确度和可信度。反兴奋剂检测：GC-MS 也可用于反兴奋剂实验室测试，在运动员的尿样中测试是否存在被禁用的体能促进类药物的主要工具。

7.6.2 液相色谱-质谱联用（LC-MS）

1. 发展过程

对于分离热稳定性差、不易蒸发、含有非挥发性的样品，常常采用液相色谱法。液相色谱-质谱联用（简称液质联用，LC-MS）技术，主要用于氨基酸、肽、核苷酸及药物、天然产物的分离分析。但由于液相色谱分离要使用大量的流动相，因而在进入高真空度的质谱仪之前如何有效地去除流动相而不损失样品，是 LC-MS 技术的难题之一。

从 20 世纪 70 年代开始，LC-MS 经过多年的发展，直至采用了大气压电离（API）技术之后，才发展成为可常规应用的重要分离分析方法。API 既是质谱离子化技术，也是 LC-MS 的接口技术。API 包括电喷雾电离（ESI）、大气压化学电离（APCI）和大气压光电离（APPI）等。同时，液相分离技术也在不断发展。现在与 MS 联用的仪器有高效液相色谱仪（HPLC）、毛细管液相色谱仪（CapLC）和超高效液相色谱仪（UPLC）等。随着真空、电子、计算机和质谱离子化技术的发展，质谱仪也得到了迅速发展。现在 LC-MS 常用的质谱仪有扇形磁场质谱仪、四极杆质谱仪、三重四极杆质谱仪、离子阱质谱仪、傅里叶变换回旋共振质谱仪和飞行时间质谱仪等。

2. 应用

LC-MS 的在线联用将色谱的分离能力与质谱的定性功能结合起来，实现对复杂混合物更准确的定量和定性分析，而且也简化了样品的前处理过程，使样品分析更简便，也扩展了应用范围。主要包括以下 4 个方面。

（1）药物代谢研究

近年来，LC-MS 在药物代谢研究中的应用取得了显著进展。电喷雾电离、大气压化学电离及大气压光电离是 LC-MS 主要的离子源，由于具有高灵敏度（ng/mL～pg/mL）、高选择性（检测特定的碎片离子）、高效率（每天可检测几百个生物样品）和对药物结构的广泛适用性，LC-MS 广泛应用于药物代谢研究中一期生物转化反应和二期结合反应产物的鉴定、复杂生物样品的自动化分析及代谢物结构阐述等。

（2）天然产物、天然药物研究

LC-MS 可对十几种乃至几十种化学成分进行指纹图谱分离鉴定。再从指纹图谱中选择四五种指标成分（有效成分或特征成分）进行定量，可确定出简化的指纹图谱和指标成分，是研究天然产物、天然药物复杂体系的有力工具。

（3）临床诊断和疾病生物标志物的分析

在一些发达国家，LC-MS 作为一种高效、高质的分析技术，已被广泛应用于临床诊断，以及疾病生物标志物的研究、检测。LC-MS 具有专一性好、灵敏度高、成本低、分析快速、经济效益可观等特点，可用于新生儿遗传疾病筛选、新生儿性激素变异的检测、男女激素的监测、老年痴呆症的早期诊断等。

（4）法医学和环境样品测定

随着人类对生存环境的关注，要求对环境中各种污染物、有害或有毒物，以及法庭科学中毒物、滥用药物等进行更加严格的监控。而配以电喷雾电离和大气压化学电离及大气压光电离技术的 LC-MS，以分析速度快、灵敏度高、特异性好等特点被广泛应用于残留和毒物分析。

7.6.3 毛细管电泳-质谱联用（CE-MS）

1. 特点

毛细管电泳（Capillary Electrophoresis，CE）是 20 世纪 80 年代初发展起来的一种基于待分离物组分间淌度和分配行为差异而实现分离的电泳新技术。其具有快速、高效、分辨率高、重复性好、易于自动化等优点。然而由于 CE 的进样量少，采用紫外检测器时又因为光程短而导致检测灵敏度比较低。当利用激光诱导荧光检测器检测时，虽然灵敏度较高，但是只适用于有荧光性质的物质，对其他物质进行分析往往需要比较复杂的衍生化处理。

质谱分析技术（MS）是通过对样品离子的质量和强度的测定进行定量和结构分析的一种分析方法。其具有分析灵敏度高、速度快等优点。自 1987 年史密斯（Smith）等首次提出 CE-MS 以来，CE-MS 作为具有高分离效率和高灵敏度的方法，其应用受到了广泛关注，并得到了迅速发展，成为分析生物大分子物质的有力工具。

由于大气压电离（API）、电喷雾电离（ESI）及新型质谱仪的快速扫描等新技术的出现，足以满足 CE 窄峰形的特点，使得 CE-MS 得到了快速发展，并成为实验室的重要常规分析方法之一。

2. 应用

近几年来，CE-MS 在生命科学，以及与人类生存息息相关的食品、药品领域发挥着重要的作用。

（1）生物大分子及相关物质分析

蛋白质、糖类、脂类等生物大分子与人的生命健康息息相关，然而这些生命物质样品通常基质复杂、目标化合物含量低、纯化和分析检测较为困难。CE-MS 联用技术作为高分离能力和高灵敏度的手段能够很好地解决生命物质的分析问题。

（2）中草药及其他天然产物中活性和毒性成分分析

天然产物与人的生活息息相关，具有食用、药用或者经济价值，其中一类重要的天然产物就是中草药。中草药成分复杂，如何对其有效成分进行分析和质量控制一直是研究的难点。CE-MS 除了在生命物质分析中起着重要的作用，在中草药分析中的应用也日益广泛。

（3）食品、药物分析及其他领域的应用

CE-MS 在食品分析中的应用主要是两个方面：一是分析食品成分，对食品质量进行控制，例如通过对奶中 β-乳球蛋白等乳清蛋白质的分析对羊奶中掺杂的牛奶含量进行检测；二是对蔬菜、肉、奶等食品中残留的农药和抗生素类药物等进行检测。在药物分析方面，CE-MS 除了可以用于药物有效成分和杂质的检测，更主要的应用是通过对血样或尿样中药物或其代谢物及其与其他分子间的相互作用的分析，获得药物的性质和代谢动力学参数，从而进行药物的筛选或指导合理用药。

CE 的许多模式都能与质谱检测器成功连接，其中应用较多的仍是 CE-MS 技术。胶束电动毛细管色谱（MEKC）由于添加表面活性剂形成的胶束会抑制样品离子的信号，所以 MEKC-MS 使用较少。与 CE 联用的 MS 最常用的电离方式是 ESI，可以直接把样品分子从液相转移到气相，而且可以测定分子量较大的样品。与 CE 联用的质谱仪主要有三重四极杆质谱仪、离子阱质谱仪、傅里叶转换离子回旋加速器共振质谱仪和飞行时间质谱仪等，其中前两者较为常用。CE-MS 常用的接口有无套管接口、液体接合接口和同轴套管流体接口三种，后两种接口均在毛细管流出部分引入补充流体，以维持一个稳定的电喷雾流。CE-MS 所使用的缓冲液最好是易挥发、低浓度，可获得较好的离子流响应。与质谱联用的 CE 中常使用加入较高含量的有机溶剂（如甲醇、乙腈）的缓冲液或者使用非水毛细管电泳，有利于离子喷雾过程，可以增进检测的灵敏度。此外，离子喷雾、大气压化学电离等也被应用在 CE-MS 中。

7.6.4 MS-MS 串联质谱

1. 基本原理及作用特点

两个或更多的质谱连接在一起，称为串联质谱。串联质谱又称质谱-质谱联用（MS-MS）技术，是由亚稳离子质谱发展而来的，它使离子化过程与裂解过程分开，能增加从样品中得到的信息。MS-MS 与单级质谱相比，能明显改善信号的信噪比；MS-MS 还可以使得对样品测定的需求量大大减少，其检测水平可以达到 pg 级；在进一步分离之前能对个别化合物进行筛选，以节约时间和费用。

通常认为质谱仪是分析仪器而不是分离器，但这二者有着紧密的联系。最简单的串联质谱（MS-MS）由两个质谱串联组成，其中第一质量分析器（MS_1）将离子预分离或添加能量修饰，由第二级质量分析器（MS_2）分析结果。根据 MS_1 和 MS_2 的扫描模式，如子离子扫描、母离子扫描和中性碎片丢失扫描，可查明不同质量数离子间的关系。最常见的串联质谱为三重四极杆串联质谱，现在出现了多种质量分析器组成的串联质谱，如四极杆-飞行时间串联质谱（Q-TOF）和飞行时间-飞行时间串联质谱（TOF-TOF），大大扩展了应用范围。

MS-MS 更适合于混合物中痕量组分的分析，其特点是样品不必经过色谱预分离，由第一个质量分析器逐个取出软电离所产生的分子离子（或质子化分子离子），通过碰撞诱导解离（或光解离）产生丰富的碎片离子，再由第二个质量分析器分离、收集成谱。这种联用技术解决了混合物中各组分的结构分析问题。使用 MS-MS 技术不仅简化了分析步骤，减少了样品前处理的工作量，更重要的是，能获得混合物专一的特征信息，提高了检测灵敏度，因而成为快速、灵敏地研究混合物结构的有效手段。

2. 串联质谱仪的两种类型解析

下面介绍两种常见的串联质谱仪。

（1）磁式质谱-质谱仪

磁式质谱-质谱仪是一种使试样分子电离成离子，并通过磁场，根据相同动能的离子在相同磁场中的偏转结果不同，使它们按质荷比不同进行分离，并以此检测它们的强度，对它们进行定性和定量分析的一种仪器。高分辨磁式质谱-质谱仪采用了新设计的水平和垂直方向双向弯曲的环形静电场，使电场系统不但在水平方向有能量聚焦作用，而且在垂直方向也能校正离子束通过磁场后所产生的球状弯曲，极大地增强了在垂直方向对离子束的利用能力，可加大磁、电场的通过气隙，提高灵敏度。磁式质谱-质谱仪具有新颖的磁场和电场分析器设计提供目标化合物的最高灵敏度，使常规分析飞克数量级目标化合物变得容易实现。磁式质谱-质谱仪具有质量分辨率较高、定量分析较准确的特点，但其灵敏度一般，结构复杂，体积较大。磁式质谱-质谱仪多用于元素分析，如地质、矿产、考古、材料表面分析，以及新药开发和研究、石油化工、化学成分分析等多种分析领域，成为强有力的分析手段。

（2）三重四极杆质谱仪

三重四极杆质谱仪由两个四极杆质量分析器及串接在中间的惰性气体碰撞室组成，因为分析器内部可允许较高压力，所以很适合在大气压条件下电离。三重四极杆质谱仪由离子源、前四极杆分析器 Q_1（第一分析器）、惰性气体碰撞室（Q_2）和后四极杆分析器 Q_3（第二分析器）及接收器构成，另外还有液相系统、高真空系统和供电系统等。前四极杆分析器为 MS_1，后四极杆分析器为 MS_2。第一分析器 Q_1 处于全扫描模式，碰撞室 Q_2 处于碰撞碎裂模式，第二分析器 Q_3 也处于全扫描模式。第二分析器所起的作用是将从第一分析器得到的各个峰进行轰击，实现母离子碎裂后进入第二分析器再行分析。

7.6.5 微流控芯片-质谱仪联用

1. 优点及发展优势

当前，一些新型的技术，如微流控芯片与质谱仪相结合的联用技术正变得越来越普遍。

微流控芯片由于具有尺寸小、集成程度高、结构功能多样化和样品用量少等优点被广泛应用于化学、生命科学和医学等多个领域。质谱仪具有灵敏度高、检测速度快和便于定性定量分析等优点。微流控芯片与质谱仪的联用充分结合了二者各自的优势，通过简便的操作实现对微量样品的快速分析检测。接口的研究是二者联用的前提和关键，经过30余年的发展，微流控芯片与质谱仪的接口技术逐渐成熟，实现了高效稳定的离子化效果，保证了分析的效率和准确性。

自20世纪90年代初推出以来，微流体装置极大地影响了分析化学领域。这些设备采用多种先进技术和材料制成，与同类台式仪器相比具有众多优势。小型化以及随后样品、试剂体积的减少是一个关键优势，现在可以使用和操纵比几十年前低几个数量级的体积。微流控芯片设备的另一个优势是，将多个分析过程集成到一个平台上，从而提高了检测的整体灵敏度。制造过程的性质还允许可靠地生产用于自动化和高通量分析的并行分析域，从而减少与手动操作相关的样品处理，也减少了出错概率。与光学或电化学方法相比，质谱法提供了一种近乎通用的检测方法。微流控芯片与MS的联用利用了这两种技术的优势，解决了传统分析方法中效率、灵敏度和通量等方面的问题。

微流控芯片与质谱仪的联用产生了相辅相成的效果。芯片上较易实现的试样前处理操作，如固相萃取（SPE）、酶解、预浓集和分离等均有利于质谱仪的高效率、高灵敏度和高通量检测，正满足了基因组学与蛋白质组学的分析需要。目前在微流控芯片-质谱仪联用中，ESI和MALDI是两种常用的离子化方式。有学者统计了2012—2014年间微流控芯片-质谱仪联用中的离子化方式，其中ESI占比70%，MALDI占比28%。迄今为止，大多数工作集中在将微流控芯片连接到ESI-MS以实现微芯片注入、分离、酶消化和样品净化等功能。尽管大多数工作仍然是基础研究和概念验证，但一些微流控芯片已成功商品化，并可与ESI-MS联用，如Advion Biosciences的NanoMate系统和安捷伦的HPLC-Chip。与ESI源相比，MALDI源从原理上难以与微流控芯片实现在线联用，目前主要采用离线方式进行联用。虽然微流控芯片与MALDI源联用的研究相对ESI源较少，但由于MALDI源适合做高通量分析，这与微流控芯片的发展趋势一致，因此二者联用有着广阔的发展前景，通过寻找新的基质，优化接口设计，缩短共结晶时间从而加快微流控芯片与MALDI分析的速度将是未来的研究重点。

2. 应用

目前，微流控芯片-质谱仪联用技术的应用有两个代表性领域。

（1）蛋白质组学

蛋白质组学作为一项新兴技术和方法，对疾病诊断和治疗具有重要意义。

在蛋白质组学研究中，质谱技术是最为常用和重要的技术之一。由于复杂的样品基质和质谱离子源中的离子抑制，质谱仪在蛋白质组学中的应用仍然面临技术挑战。从复杂的生物样品中纯化目标蛋白质是蛋白质组学研究的关键步骤，其通常需要一系列纯化操作，包括脱盐、杂质去除、目标物分离和富集。然而，传统的样品前处理程序费力、耗时并且存在样品损失的风险。将必要的分析过程集成到微流控芯片中，实现自动化和高通量的样品前处理，开发基于微流体的蛋白质组学技术，大大加快了各种翻译后修饰蛋白质

（2）细胞分析

基于细胞的药物代谢分析为人们理解疾病的产生与治疗机制提供了重要信息。传统分析方法通过 CE、LC 等分离技术结合 ESI 质谱研究复杂的细胞，包括分析细胞组分、药物代谢和信号转导，以获得研究者关注的分子结构。然而，现有的技术存在低通量和需要离线分析等缺点，导致研究中的成本较高。微流控芯片-质谱仪联用技术已成为细胞分析中强大的分析工具。

7.7 质谱计量

当已经证明仪器的设计可以做某种分析时，需要判断其现在的状态是否可以完成这种分析。有两种质谱仪的性能检验方法被广泛采用：一种方法是用质谱仪进行常规检验，判断其性能是否适用；另一种方法是用质谱仪分析检验用混合物。两种方法都可使用，二者结合使用会更好。后一种方法在判断质谱仪分析指定样品的性能方面，更为切实可行。

一般应考虑样品、本底、准确性、灵敏度、精密度、分辨率、干扰等内容，以有助于进行调节。

① 样品。质谱仪及其辅助的部件和应用的材料，不得与样品反应而显著地改变样品的组成。如果在进样系统中有分馏现象或选择吸附某些组分，并且其效应能够检测出来，则对分析方法进行校正时，应考虑到这些效应。

② 本底。应保证在分析时得到满意的低水平本底，若本底信号过大，应检查其产生原因。造成仪器本底过大的原因主要有：柱流失、进样器污染、连接处泄漏、离子源及分析器污染等。对本底水平的要求，取决于实际样品中待分析组分的浓度。仪器的本底，标志着真空系统抽除先前样品后尚存留的物质或少量泄漏进来的空气。但少量吸附得很牢的物质，在检查本底时显示不出来，而在样品分析时却会造成干扰。这种情况下，就要用净化气体（如纯氮）流过进样系统进行吹扫。更有效的办法是用待测样品冲刷（放入样品，再加以抽除，反复进行多次），以减少这些残留物，使其达到可以接受的水平。

③ 准确性。质谱仪的准确性包括质量准确性和定量分析的浓度准确性。其中，质量准确性是质谱仪最重要的性能参数之一，质量准确性的要求取决于样品的化学组成和质荷比，以及质谱仪的分辨率。

使用质谱仪进行分析前应确保仪器经过有效的校准和调谐。仪器校准和调谐可以通过直接进样方式测定有证标准物质或高纯试剂，也可以通过色谱等联用仪器分析测定有证标准物质或高纯试剂。质谱仪校准和调谐所需有证标准物质或高纯试剂及校准项目可参考表7-4。标准样品或检验用混合物的质谱，原则上在样品分析前后都要进行测定。但在日常分析中，可以只测仪器校准样品，以校正测定灵敏度。

表 7-4 质谱仪校准常用的标准物质或试剂

质谱类型	标准物质或试剂	校准项目
同位素质谱仪	同位素标准物质，高纯气体	灵敏度、丰度灵敏度、峰形系数、系统稳定性、重复性
GC-MS 联用	全氟煤油、全氟三丁胺	分辨率、质量准确性
	八氟萘-异辛烷标准溶液	EI 源、负 CI 源信噪比
	苯甲酮-异辛烷标准溶液	正 CI 源信噪比
	硬脂酸甲酯-异辛烷标准溶液	质量准确性、谱库检索
	六氯苯-异辛烷标准溶液	测量重复性
LC-MS 联用	利血平标准溶液	分辨率、信噪比、峰面积重复性、离子丰度比、重复性
	咖啡因标准溶液、黄体酮标准溶液、利血平标准溶液、甲酸钠异丙醇溶液	质量准确性（质量数不大于 1 000）
	PPG425、1 000、2 000 混合溶液、碘化钠、碘化铯混合溶液、环四磷腈类化合物溶液	质量准确性（质量数大于 1 000）
TOF 质谱仪	人纤维蛋白肽 B 标准物质	质量准确性、信噪比、分辨率、重复性、漂移
	磷酸溶液、碘化钠、碘化铯混合溶液、环四磷腈类化合物溶液	质量准确性

④ 灵敏度。质谱仪的灵敏度，应达到预期的待测样品最低浓度组分的水平，并且有合乎要求的准确度。其他如重复性、样品量及时间限制等因素，也是应考虑的。为获得最高灵敏度，在分析方法中，应对进样、离子源温度和电离能量的数据做出规定。并应分别说明低质量端和高质量端的灵敏度要求。仪器可达到的质量范围内各点上的灵敏度和分辨能力，可以通过扫描适当的化合物估算出来。

⑤ 精密度。对于给定的物质，质谱仪的响应值会随短期因子及长期因子而变化。短期因子是同一天中同一样品在同一台质谱仪上做多次试验所表现出来的统计现象。长期因子是在较长时间间隔在一台质谱仪上进行分析试验所表现出来的统计现象。对分析方法的评价，应包括若干个样品的数据，并把操作者、时间周期、仪器、实验室等可能的影响因素考虑在内。这会比可变因素单次取样法提供更为可靠的精密度。仪器的精密度，可通过反复扫描检验用混合物测定出来。

⑥ 分辨率。质谱仪所需的分辨率取决于分析方法所要求的精密度、准确性和灵敏度，并取决于所测离子的质量数。仪器的分辨能力，应按分析任务要求的质量范围和质量准确度来确定。

⑦ 干扰。有时一台能够提供精确数据的质谱仪会产生不精确的结果，特别是在样品类型改变的时候。当样品混合物中的一种成分影响质谱仪准确测定其他成分的浓度时，就是产生了干扰。这种干扰是由样品的记忆效应引起的。不同的化合物产生干扰的程度不同。通常无害的化合物偶然也会产生干扰。若认为有干扰存在，应对仪器进行清洗、烘烤、渗漏检测或采取其他校正措施。评价干扰效应对准确性的影响，最有效的试验方法是，进行检验用混合物的分析。如果得到了准确的分析结果，就可以认为仪器的状况对于所用的检验用混合物来说，不存在干扰。但对于其他类型的样品，仍可能有干扰。若检验用混合物

的分析结果不满意，则应根据仪器规定的办法进行校正处理。用重复分析的办法考核干扰的影响，直到分析结果可用为止。

7.8 质谱测量

7.8.1 定性分析

利用质谱图对物质进行定性分析和结构分析，对于有机化合物最好的方法就是将得到的质谱图与标准谱图进行比较，现已有很多标准谱图出版。若是未知物可根据质谱图上提供的信息进行分析推测。

定性分析主要包括以下步骤。

1. 样品测定

按标准样品同样的试验条件，测定仪器校准样品、待测的未知样品及本底。

2. 数据分析

根据同位素丰度，判断某些杂原子的元素组成；若获得高分辨精确质量测定的数据，利用精确质量数据可直接计算获得元素组成，计算不饱和度。根据质谱仪所得到的重要低质量碎片离子、重要的特征离子、分子离子及由 MS-MS 法、联动扫描法、亚稳分析法所获得的母离子与子碎片离子的关系等，进行可能结构的推测。按推断的分子结构，对照标准谱图和类似化合物标准谱图，或者根据该推断结构化合物断裂机理进一步做出确认。

3. 结果报告

如采用直接进样的方式，应提供质谱图；如采用色谱-质谱联用方式进样，应提供总离子流图及确定保留时间的质谱图。

注： 质谱法在定性方面最主要的应用是进行物质鉴定，它是鉴定纯净物最好的工具，根据质谱图可以确定物质的相对分子质量、确定物质的化学式、鉴定物质结构等。

① 确定相对分子质量。从图谱上寻找分子离子峰确定相对分子质量。有机分子被热电子流轰击后失去一个电子而成为分子离子，由于其电荷 e=1，故分子离子的质荷比即为相对分子质量。

② 确定化学式。由于高分辨质谱仪能测得化合物的精确质量（可至小数点后 4 位），将其输入计算机数据处理系统即可得到该分子的元素组成，从而确定分子式。这种确定化合物分子式的方法称为精密质量法，该法准确、简便，是目前有机质谱分析中应用最多的方法。

③ 鉴定物质结构。根据质谱图上的信息确定相对分子质量，推出分子式，计算不饱和度，再根据质谱图上分子离子峰的强度、碎片离子质荷比、碎片离子与分子离子之间的质荷比差值等信息，寻找特征碎片离子，分析推测可能的断裂类型。

如图 7-6 所示，采用 MALDI-TOF-MS 进行磺胺类药物的定性测量。图 7-6（a）为样品的质谱图。除了在 m/z 297.9 和 314.9 处的内标物特征峰，还在负离子模式下观察到 m/z 276.9

处的一个强峰。特别的是，m/z 276.9 的 MS-MS 谱图也提供了额外的结构信息[图 7-6（b）]。m/z 106.2，121.2 和 185.2 都确认了样品中 SM_2（磺胺二甲基嘧啶）的存在。

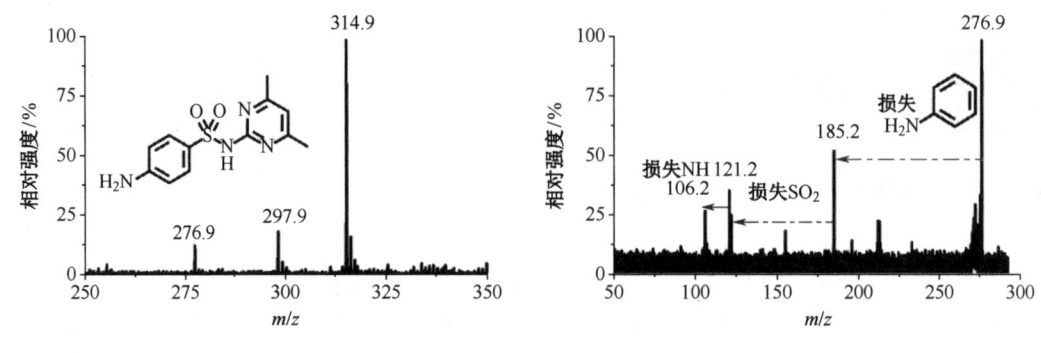

（a）食品中磺胺类药物的测量　　　　　　　（b）用相应的 MS-MS 光谱进一步鉴定结构

图 7-6　磺胺类药物的定性测量

7.8.2　定量分析

定量分析主要包括以下步骤。

1. 样品测定

按标准样品同样的试验条件，测定仪器校准样品、待测的未知样品及本底。当一般方法的灵敏度达不到要求时，可采用多离子检测定量法。

2. 数据分析

样品定量分析可以通过标准曲线法、内标法、标准加入法等方法进行测定。按具体样品分析方法的规定，采用标准样品或添加的内标样品，测量选择离子的强度，或在总离子流曲线中，选定对应的峰强度，做出校准曲线，再测未知样品。由校准曲线求出待测成分的含量。各成分的含量，应按具体分析方法的规定，表示为质量分数、体积分数或物质的量浓度。

（1）标准曲线法

通过配制不少于 5 个非空白的分析物梯度浓度的标准溶液，按优化方法进样测定，记录其色谱图，计算分析物色谱峰的峰面积。以分析物的量为横坐标、分析物色谱峰峰面积为纵坐标，绘制校准曲线图。在相同条件下进样分析样品溶液，记录色谱图，计算分析物色谱峰峰面积，并以峰面积根据校准曲线计算得分析物的量及样品中分析物的浓度。本方法也称为外标法，外标单点法为该方法在校准曲线横坐标截距较小时的特例。

（2）内标法

通过配制含一定浓度内标物的分析物梯度浓度标准溶液，按优化方法进样测定，并记录色谱图，计算内标物和分析物色谱峰的峰面积。梯度浓度除空白点外，应不少于 5 个。以分析物浓度和内标物的量之比为横坐标、分析物和内标物色谱峰峰面积之比为纵坐标，绘制校准曲线图。在相同条件下进样分析加入内标物的样品溶液，记录色谱图，计算内标物和分析物色谱峰峰面积，并以分析物和内标物色谱峰峰面积之比根据校准曲线计算得分析物和内标物的量之比，再以所加入内标物的量计算分析物的量及样品中分析物的浓度。

（3）标准加入法

使用样品溶液加入不同量分析物标准溶液，配制不少于 5 份梯度浓度的试样溶液。按优化方法进样测定，记录色谱图，计算分析物色谱峰的峰面积。以添加的分析物的量为横坐标、分析物色谱峰峰面积为纵坐标，绘制校准曲线图，由校准曲线与横坐标的截距，可计算出样品中分析物的浓度。

3. 结果报告

应提供总离子流图和确定保留时间的质谱图，以及校准曲线、相关系数。数据及数据处理应符合定量分析的质控要求。

采用 MALDI-TOF-MS 进行磺胺类药物的定量测量。通过配制含一定浓度内标物的分析物梯度浓度标准溶液，按优化方法进行 MALDI-TOF-MS 测定，获得一系列的质谱图，如图 7-7 所示。以分析物磺胺二甲氧嘧啶浓度为横坐标、分析物磺胺二甲氧嘧啶浓度与内标物磺胺二甲氧嘧啶-d6 的质谱峰强度的比值为纵坐标，绘制校准曲线图。

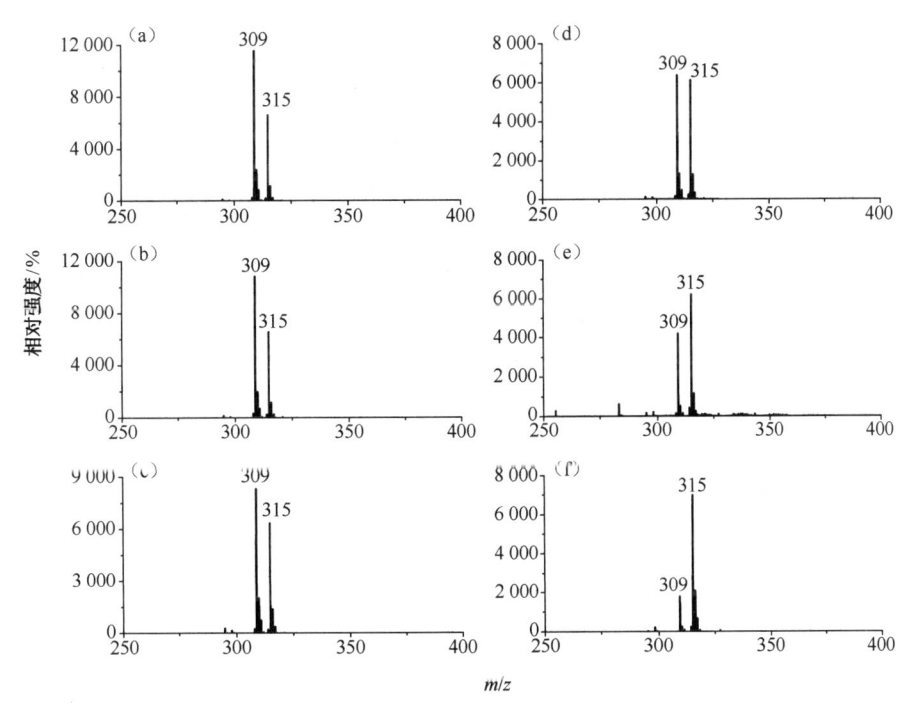

图 7-7 磺胺类药物的定量测量

7.9 质谱技术应用实例

案例1

喹诺酮类药物（QNs）是一种常用的合成抗菌药物，用于预防和治疗动物感染。如果使用不当，例如不遵守停药时间等，QNs 的残留物可能会进入食物链从而导致公共健康问题。例如，牛奶中抗菌药的存在会引发某些过敏个体的过敏反应，或者增加病原体对人类临床药物的抵抗力，因此对人类健康构成潜在危害。为了保护消费者免受 QNs 残留的影响，许多国家已经为牛奶中的几种 QNs 设定了最大残留限量（MRLs）。这些 QNs 建立的 MRL 范围在 100～300 μg/kg（恩诺沙星）和 300～1 900 μg/kg（二氟沙星）之间。为了监测牛奶中的 QNs 浓度水平，开发灵敏、准确、有效的 QNs 定量方法是十分有必要的。

有学者开发了一种免疫亲和微流控芯片-ESI 质谱平台，用于在线自动化富集和定量牛奶样品中七种不同的 QNs。该集成微流控芯片装置由具有八个平行通道的三个功能单元组成：用于样品提取的微流体反应区域及微柱-阵列-微滤区域，用于目标物富集的微流体反应区域和用于样品分离和洗脱的磁分离腔室。基于抗体的特异性，开发了全扫描模式下的直接 ESI 质谱和进一步的串联质谱（MS-MS）分析，用于鉴定 QNs。此外，采用无须 LC 分离的 IS 方法对多项 QNs 进行定量分析。作为一种高通量、低成本和自动化的在线分析平台，该系统对食品基质中兽药残留的筛选具有可行性和潜在的应用价值。

1. 样本采集与处理

牛奶样品购自超市。在与微流控芯片串联的 ESI LTQ 质谱仪（ESI-LTQ-MS，Thermofisher，Germany）上进行在线定量分析。芯片-质谱系统的操作包括样品上样、在线样品提取、免疫亲和富集反应、磁分离、在线洗脱和 ESI 质谱检测。

为了建立标准校准曲线，等量的 QN-mAb/MB（1 mg/mL，配置于 1×PBS 溶液）和含有内标 ENR-d5 的标准样品溶液同时通入微流控芯片的入口中，流速为 15 μL/min，持续 20 min。设计有混合区域以促进通道中的相互作用。设计有微阵列柱区域，以去除牛奶中聚集的蛋白质。然后通过放置在磁分离腔室下方的磁铁［Nd-Fe-B，3×3×13(mm)，N45］将捕获了目标物的磁珠固定在磁分离腔室中。然后通入 15 μL 超纯水进行洗涤。

对于质谱检测，将芯片直接与 ESI 源组合，将甲醇通入磁分离腔室中洗脱富集的 QNs，并进行在线质谱检测。洗脱液流速为 3 μL/min。质谱分析在正离子模式下进行。离子源的参数如下：毛细管电压 33 V，离子喷射电压 3.5 kV，管透镜 105 V，毛细管温度 300 ℃，鞘气流 8（任意单位），辅助气流 5（任意单位）和吹扫气体 0（任意单位）。在质量分析之前通过碰撞诱导解离，使用氩气作为碰撞气体来分离，对前体离子进行 MS-MS 分析。

2. 定性分析

将一种无须 LC 分离的全扫描模式直接 ESI 质谱检测策略用于识别七种最常测试的 QNs。在执行微流控芯片操作之前，标准样品在芯片外与 QN-mAb/MB 反应，然后通过 ESI 质谱分析。用纯溶剂 1×PBS 缓冲液制备由相同量的 NOR、OFL、PEF、LOM、ENR、CIP

和 ENO 组成的一系列标准 QNs 溶液，并通过免疫亲和富集法进行富集和检测。首先获得标准 QNs 混合物（浓度为 10 ng/mL）经过免疫亲和富集后获得的代表性质谱图。进一步通过 MS-MS 分析鉴定这些质谱峰。所有片段都证实了可识别的 QNs 的结构（NOR 的片段的质荷比为 302 和 276，ENO 的片段的质荷比为 257、277 和 303，CIP 的片段的质荷比为 288 和 314，PEF 的片段的质荷比为 290 和 316，LOM 的片段的质荷比为 265、288 和 308，ENR 的片段的质荷比为 316 和 342，OFL 的片段的质荷比为 318 和 344）。QNs 的结构和监测离子见表 7-5。

表 7-5 QNs 的结构和监测离子

分析物	结构	分子式	分子量 m/z	[M+H]$^+$ m/z	特征峰 m/z
Norfloxacin (NOR)		$C_{16}H_{18}FN_3O_3$	319.331	320	302/276
Enoxacin (ENO)		$C_{15}H_{17}FN_4O_3$	320.319	321	257/277/303
Ciprofloxacin (CIP)		$C_{17}H_{18}FN_3O_3$	331.346	332	288/314
Pefloxacin (PEF)		$C_{17}H_{20}FN_3O_3$	333.358	334	290/316
Lomefloxacin (LOM)		$C_{17}H_{19}F_2N_3O_3$	351.348	352	265/288/308
Enrofloxacin (ENR)		$C_{19}H_{22}FN_3O_3$	359.395	360	316/342

续表

分析物	结构	分子式	分子量 m/z	$[M+H]^+$ m/z	特征峰 m/z
Ofloxacin (OFL)		$C_{18}H_{20}FN_3O_4$	361.368	362	318/344
Enrofloxacin-d5 (ENR-d5)		$C_{19}D_5H_{17}FN_3O_3$	364.430	365	—

3. 定量分析

传统的基于 ESI 质谱的定量方法是 LC 分离后基于目标峰面积来进行定量的。然而，它们仍存在诸如分析时间长、溶剂和试剂消耗量大及样品通量低的缺点。有学者提出了一种使用直接 ESI 质谱在全扫描模式下对目标分析物进行定量分析的策略。该方法不需要 LC 分离，是一种不基于色谱峰面积的定量方法。与不使用内标相比，使用稳定同位素稀释法有助于得到优异的线性响应。然而，对于多重代谢物的定量分析需要用到多个 IS。因此，在这里探讨七个 QNs 的定量能否只使用一种物质作为 IS。用甲醇溶剂制备了一系列由相同量的 NOR、OFL、PEF、LOM、ENR、CIP、ENO 和 50 ng/mL 的 ENR-d5 组成的标准 QNs 混合物溶液。图 7-8（a）为混合物溶液（浓度范围为 10～250 ng/mL）的代表性的质谱图。使用相对峰强度得到的标准工作曲线如图 7-8（b）～（h）所示。相对峰强度与浓度之间呈现良好的线性关系（对于 NOR，$R^2=0.9939$；对于 ENO，$R^2=0.9938$；对于 CIP，$R^2=0.9930$；对于 PEF，$R^2=0.9958$；对于 LOM，$R^2=0.9952$；对于 ENR，$R^2=0.9981$；对于 OFL，$R^2=0.9995$），这证明了仅使用一种 IS 方法可以获得令人满意的定量行为。这种现象可能归因于这些化学物质的结构的相似性。因此，使用单个 IS 可以实现多个 QNs 的定量，这将大大降低 IS 的使用成本。

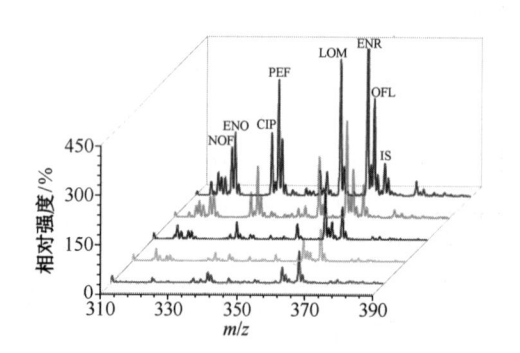

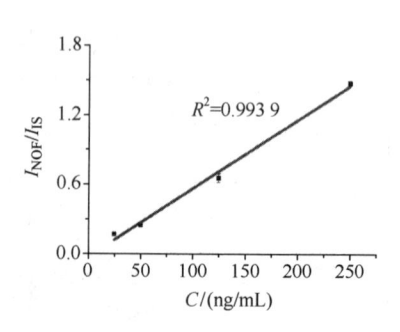

（a）具有 50 ng/mL ENR-d5 的 QNs（10～250 ng/mL）系列稀释的代表性 ESI 质谱　　（b）NOR 的校准曲线

图 7-8　混合物溶液（浓度范围为 10～250 ng/mL）的代表性的质谱图

(c) ENO 的校准曲线　　(d) CIP 的校准曲线　　(e) PEF 的校准曲线

(f) LOM 的校准曲线　　(g) ENR 的校准曲线　　(h) OFL 的校准曲线

图 7-8　混合物溶液（浓度范围为 10～250 ng/mL）的代表性的质谱图（续）

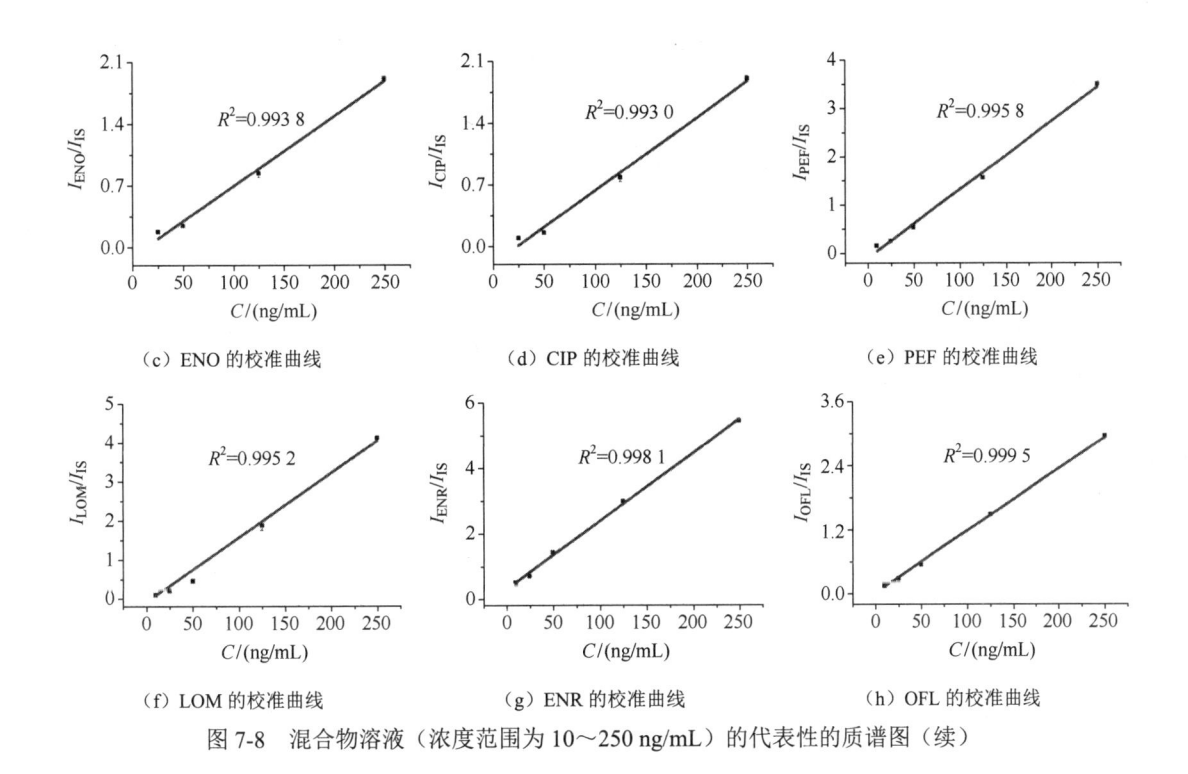

案例 2

头孢菌素是一种常用的抗生素，其分子结构中含有头孢烯，它是 β-内酰胺类抗生素中的 7-氨基头孢烷酸的衍生物，不同的头孢菌素具有类似的杀菌机制。然而在饲养家禽过程中频繁、大量地使用抗生素，可能会造成动物机体中抗生素蓄积的情况，抗生素残留可使动物体内的细菌产生耐药性，而耐药性会导致病菌感染人体，扰乱人体微生态而产生副作用。因此，对动物源性食品中的头孢菌素残留展开风险监测具有现实意义。

有学者采用特异性较高的分子印迹技术，制备头孢菌素的分子印迹材料作为净化吸附剂，结合液相色谱-同位素稀释质谱法测定鸡肉中多种头孢菌素。为保证检测数据的准确可靠，对高效液相色谱-串联质谱同位素内标法测定鸡肉中头孢菌素进行不确定度的评定。

1. 仪器分析条件

流动相：A 为体积浓度为 0.1% 的甲酸溶液；B 为乙腈。

LC 洗脱条件：0～1.0 min，5% B；1.0～8.0 min，5%～95% B；8.0～10.0 min，95% B；10.0～10.1 min，95%～5% B；10.1～14.0 min，5% B。流速 0.50 mL/min，进样量为 1 μL；柱温 40 ℃。

质谱条件：离子源为正 ESI 源，喷雾电压为 5 500 eV，离子源温度为 110 ℃，扫描方式为多重反应监测模式。

2. 数学模型

本实验中，头孢菌素的数学计算模型为：

$$X = C \times V \times 1\,000 / (m \times f_{rec} \times 1\,000)$$

式中：X 为试样中头孢菌素的含量，单位为 µg/kg；

C 为从校准曲线上计算得到头孢菌素的质量浓度，单位为 µg/L；

V 为提取液定容体积，单位为 mL；

m 为试样质量，单位为 g；

f_{rec} 为样品加标回收率。

3. 不确定度的主要来源

根据上述建立的方法测量鸡肉样品中的头孢菌素时，可能引入不确定度的有：标准品纯度、标准溶液稀释过程、标准曲线拟合、样品前处理、回收率和分析仪器的重复性等因素，鸡肉中头孢菌素残留不确定度来源如图 7-9 所示。

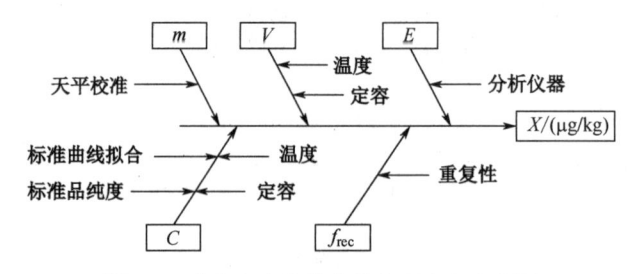

图 7-9 鸡肉中头孢菌素残留不确定度来源

4. 结论

结果显示不确定度的主要来源为：计量器具（0.076 2）、重复性（0.033 7）、分析仪器（0.025 0）以及添加内标（0.022 4）。计量器具的不确定度较高，主要是由于使用了微量移液器，若采用体积较大的计量器具配制标准溶液，将会降低由计量器具引入的不确定度，从而减小测量数据的不确定度。通过对高效液相色谱-串联质谱同位素内标法测定鸡肉中头孢菌素的不确定度进行评定，找出了影响不确定度的主要因素，为今后测量方法的改进提供了依据，从而保障检测结果的准确性。

习 题

1. 质谱仪的组成有哪些结构？
2. 质谱的软电离方法有哪些？请说明它们的特点。
3. 质谱的仪器性能检验应考虑哪些方面？
4. 质谱测量主要包括几方面？请简述其作用。

参考文献

[1] 张俊霞，王利．仪器分析技术[M]．重庆：重庆大学出版社，2015．

[2] 周梅村．仪器分析[M]．武汉：华中科技大学出版社，2008．

[3] 邹红海，伊冬梅. 仪器分析[M]. 银川：宁夏人民出版社，2007.

[4] 冯晓群，包志华. 食品仪器分析技术[M]. 重庆：重庆大学出版社，2013.

[5] 黑育荣. 仪器分析技术[M]. 重庆：重庆大学出版社，2017.

[6] 徐幸，张燕，舒平，等. 高效液相色谱-串联质谱同位素内标法测定鸡肉中头孢菌素的不确定度评定[J]. 食品工业科技，2022，43（8）：312-319.

第8章

磁学计量与测量

电磁计量是应用电磁测量仪器、仪表和设备,采用相应的方法对被测量物品进行定量分析,研究和保证电磁量测量的统一和准确的计量学分支。其主要研究内容包括:精密测定与电磁量有关的物理常数,确定电磁学单位制,按定义研究、复现和保存电磁学单位的计量基准和标准,研究电磁量的测量方法,研究进行电磁量量值传递的标准量具和专用测量装置,以及研究制定相应的检定系统、检定规程、技术规范等技术法规。

电磁计量是科研生产的技术基础,是产品电磁质量的保证,为确保电磁量的单位统一及量值准确可靠,需要加强电磁学计量测试新方法、新技术、新仪器的研究,不断提高计量测试水平。

本章主要讲解磁学计量与测量的相关内容,包括磁学基础知识、核磁共振、磁学计量及磁学测量。

8.1 磁学基础知识

磁现象的研究与应用(磁学)是一门古老而又年轻的学科。其历史悠久,可追溯至古代人们对天然磁石的认识;而现代磁学的内容及应用则日益广泛,并已发展出多个与之相关的交叉学科。磁现象是一种普遍现象,即一切物质都具有磁性,任何空间都存在磁场。

磁性是物质的一种基本属性,正像物质具有质量一样,它的特征是:物质在非均匀磁场中要受到磁力的作用。使物质具有磁性的过程称为磁化。被磁化或能被磁性物质吸引的物质叫作磁性物质或磁介质。

如果用 χ 表示物质的磁化率,则 χ 一般是温度和磁场的函数,偶尔是常数。磁化率的正负和大小可以反映出物质磁性的特征。磁介质大体分为以下三类。

① 铁磁质:$\chi>1$,如铁、钴、镍等。
② 顺磁质:$0<\chi\leqslant1$,如氧、铝、铂等。

③ 抗磁质：$\chi<0$，$|\chi|\ll1$，如水、铜、银等。

相比较而言，顺磁质和抗磁质属于弱磁性物质，铁磁质属于强磁性物质。

能保持磁性的磁性物质称为永久磁铁。磁铁两端磁性最强的区域称为磁极。将棒状磁铁悬挂起来，磁铁的一端会指向南方，另一端则指向北方。指向南方的一端为南极（S），指向北方的一端为北极（N）。如果将一个磁铁一分为二，则会生成两个各自具有南极和北极的新的磁铁。南极或北极不能单独存在。

如果将两个磁极靠近，在两个磁极之间会产生作用力——同性相斥和异性相吸。磁极之间的作用力是在磁极周围空间传递的，这里存在着磁力作用的特殊物质，我们称之为磁场。磁场与物体的万有引力场、电荷的电场一样，都具有一定的能量。

为形象化地描述磁场，把小磁针放在磁铁附近，在磁力的作用下，小磁针排列成如图 8-1（a）所示的形状。从磁铁的 N 极到 S 极小磁针排成一条光滑的曲线，此曲线称为磁力线，如图 8-1（b）所示，又称为磁感线或磁通线。磁力线在磁铁的外部和内部都是连续的，是一个闭合曲线。曲线每一点的切线方向就是磁场方向。在磁铁外部，磁力线从 N 极指向 S 极；在磁铁内部，磁力线从 S 极指向 N 极。以下用磁力线方向代表磁场正方向。磁力线的多少代表磁场的强弱，例如在磁极的附近，磁力线密集，就表示这里磁场很强；在两个磁极的中心面附近磁力线很稀疏，表示这里磁场很弱，如图 8-1（c）所示。

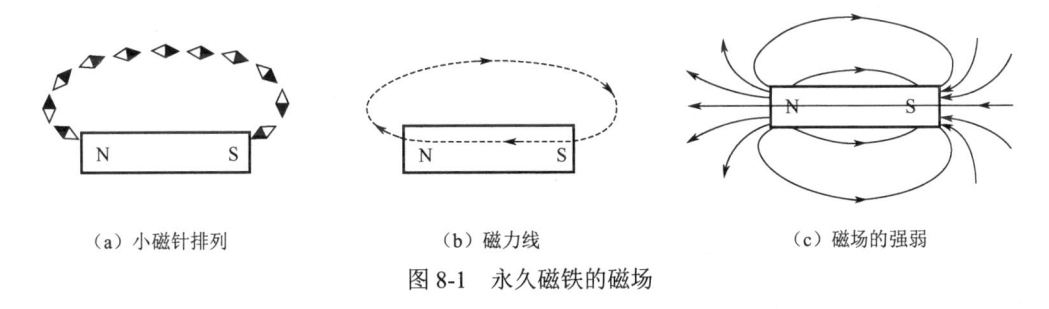

（a）小磁针排列　　　　　　（b）磁力线　　　　　　（c）磁场的强弱

图 8-1　永久磁铁的磁场

8.1.1　磁场

1. 安培定律

安培（A. M. Ampere）从载流螺线管与条形磁铁的等效性实验中认识到磁可以还原为电流，从平行载流直导线相互作用的实验中认识到电流之间的相互作用是一种支配电磁现象的基本作用。两个载流回路间的作用力与这两个回路的形状、相对位置、回路中电流的方向和电流的大小等因素都密切有关，这一情况类似于带电体之间的相互作用。在研究带电体间的相互作用时，先引进点电荷这一理想模型；再研究点电荷之间相互作用力的库仑定律，然后，根据叠加原理，把任意形状的带电体看作点电荷的集合，就可计算出带电体间的相互作用力。安培在研究电流之间的相互作用时，首先把全部注意力放在探索电流元间的相互作用规律上。我们可以把载流回路看作是大量无限短的载流线段元的集合，每一线段元的长度 Δl 乘以其中的电流 I 称为电流元。只要找到一对电流元之间的相互作用力的规律，就可计算出任意两个载流回路间的作用力。然而，与点电荷不同，通有稳恒电流的孤立电流元在原则上无法获得，因而根本无法通过测量它们之间的作用力来研究电流元之间的相互作用规律。为此，安培在 1821 年以后，设计了许多精巧新颖的实验，得到了一些重要的结论。例如：当导线中的电流反向时，电流产生的作用也反向；把电流元连接成折线与连接成直线产生的效应是相同的，表明电流元具有矢量性质；作用于电流元的力与电流元垂直；若两电流元的长度都增加若干倍，而两电流元间的距离增加同样倍数，则作用力不变；等等。安培在其实验工作的基础上首先导出了电流元相互作用的公式，被称为安培定律，经过修正，安培定律的现代形式是

$$d\vec{F_{21}} = k\frac{I_2 d\vec{l_2} \times \left(I_1 d\vec{l_1} \times \vec{e_{r_{21}}}\right)}{r_{21}^2}$$

式中：I_1 和 I_2 分别是两个回路中的电流；$d\vec{l_1}$ 和 $d\vec{l_2}$ 分别为这两个回路上的线段元，通常把电流元表示成矢量 $I d\vec{l}$，其中 I 是该载流线段元中的电流，$d\vec{l}$ 为线段元的长度，电流元的方向规定为载流线段元中电流的方向。r_{21} 是电流元 $I_1 d\vec{l_1}$ 到电流元 $I_2 d\vec{l_2}$ 的距离，$\vec{e_{r_{21}}}$ 是沿 r_{21} 的单位矢量，方向从 $I_1 d\vec{l_1}$ 指向 $I_2 d\vec{l_2}$，两个载流回路上的电流源之间的相互作用如图 8-2 所示。k 为比例系数，其值取决于单位制的选择。$d\vec{F_{21}}$ 表示电流元 $I_1 d\vec{l_1}$ 对电流元 $I_2 d\vec{l_2}$ 的作用力。

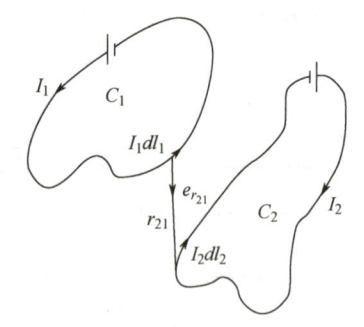

图 8-2　两个载流回路上的电流源之间的相互作用

在 SI 单位制（国际单位制）中，电流的单位是 A，长度的单位是 m，力的单位是 N，这时比例系数 k 为

$$k = \frac{\mu_0}{4\pi} = 10^{-7} \text{N} \cdot \text{A}^{-2}$$

其中 μ_0 为真空磁导率，它是一个有量纲的恒量。安培定律的表示式为

$$d\vec{F_{21}} = \frac{\mu_0}{4\pi} \frac{I_2 d\vec{l_2} \times \left(I_1 d\vec{l_1} \times \vec{e_{r_{21}}}\right)}{r_{21}^2}$$

2. 磁场及磁感应强度

磁的相互作用是通过场来传递的，这种场就是磁场。这就是说，电流或磁铁在其周围空间产生磁场，磁场对处在场内的电流或磁铁有力的作用。磁相互作用可表示为

电流（磁铁）⇔磁场⇔电流（磁铁）

磁铁或电流所产生的磁场都是由运动电荷产生的，磁场对磁铁或电流的作用归根到底都是磁场对运动电荷的作用。因此，磁相互作用可以归结为

运动电荷⇔磁场⇔运动电荷

运动电荷与静止电荷的性质很不一样。静止电荷只产生电场,运动电荷除产生电场外,还产生磁场。静止电荷只受电场的作用力,运动电荷除受电场的作用力外,还受磁场的作用力。

当空间存在电流时,做定向运动的载流子不仅产生磁场,还产生电场。处在附近的其他电流中的载流子将同时受到磁场和电场的作用。两种相互作用总是混杂在一起的,当导线中通有传导电流时,做定向运动的电子游弋在静止的正电荷之间,它既产生电场,又产生磁场,而静止的正电荷只产生电场,不产生磁场,故载流导线间的相互作用就表现为磁场的相互作用。

研究磁场时,将引入一个描述磁场的物理量,它是通过磁场对电流的作用力引入的。电流为 I 的载流回路 C 所产生的磁场对电流元 $I_1d\vec{l_1}$ 的作用力为

$$\vec{F} = \frac{\mu_0}{4\pi} I_0 d\vec{l_0} \times \oint_C \frac{Id\vec{l} \times \vec{e_r}}{\vec{r}^2}$$

式中:$\vec{r}$ 是从回路 C 上的电流元 Idl 指向电流元 $I_0d\vec{l_0}$ 的矢径;$\vec{e_r}$ 是沿 $\vec{r}$ 方向的单位矢量。对确定的载流回路,式中的积分值与 $I_0d\vec{l_0}$ 的大小和方向都无关,但与 $I_0d\vec{l_0}$ 所在的位置有关。如果用 $\vec{B}$ 表示这一积分所确定的值,即

$$\vec{B} = \frac{\mu_0}{4\pi} \oint_C \frac{Id\vec{l} \times \vec{e_r}}{\vec{r}^2}$$

那么 $\vec{B}$ 就反映了 $I_0d\vec{l_0}$ 所在处的磁场的强弱,这个磁场是由载流回路 C 所产生的。我们把 $\vec{B}$ 称为磁场的磁感应强度。引入磁感应强度后,磁场对电流元的作用力可表示为

$$\vec{F} = I_0 d\vec{l_0} \times \vec{B}$$

磁场对电流元的作用力比电场对点电荷的作用力复杂,因为它不仅与磁感应强度的大小和方向有关,而且与电流元的大小和方向有关。根据矢积的定义,F 的大小为 $I_0dl_0\sin\theta$,θ 为 $I_0d\vec{l_0}$ 与 $\vec{B}$ 之间的夹角,$\vec{F}$ 的方向垂直于电流元和磁感应强度所组成的平面,并满足"右手螺旋法则"。当电流元与磁感应强度所组成的平面确定以后,作用力 F 仍与电流元 $I_0d\vec{l_0}$ 的方向密切相关。电流元平行于磁感应强度时,$F=0$;电流元垂直于磁感应强度时,$F=F_{max}=BI_0dl_0$。利用这些特性,电流元可以用来检测磁场内各点磁感应强度的大小和方向。例如,如果电流元取某一方向时,作用于电流元的磁场力为零,则电流元的指向就给出电流元所在处 $\vec{B}$ 的方向(这时仍可有两个指向,具体指向应由右手螺旋法则确定)。若电流元取某一方向时受到的作用力为最大,则最大作用力 F 与电流元 I_0dl_0 的比值就是电流元所在处磁感应强度的大小。

在 SI 单位制中,磁感应强度的单位为特斯拉,用 T 表示,1 T=1 N·A^{-1}·m^{-1}。此外,在高斯单位制中,还常用 Gs(高斯)作为磁感应强度的单位,1 T=10^4 Gs。

3. 洛伦兹力

实验发现,静止的电荷在磁场中不受磁场的作用力,当电荷运动时,才受到磁场的作用力。测量结果表明,在磁场内同一点,运动电荷受到的作用力与运动电荷的电量 q、运

动速度 $\vec{v}$ 的大小和方向都密切相关，力的大小为 $F=qvB\sin\theta$。其中 B 是电荷所在处的磁感应强度，θ 是 $\vec{v}$ 与 $\vec{B}$ 的夹角，力的方向垂直于 $\vec{v}$ 和 $\vec{B}$ 组成的平面，$q>0$ 时，$\vec{F}$、$\vec{v}$、$\vec{B}$ 三个量的方向符合右手螺旋法则，洛伦兹力的方向如图 8-3 所示。

利用矢积的特性，可以把磁场对运动电荷的作用力表示为

$$\vec{F}=q\vec{v}\times\vec{B}$$

这种磁场对运动电荷的作用力称为洛伦兹力，洛伦兹力始终垂直于电荷的速度方向和磁场方向确定的平面，因而它对电荷不做功，它只改变电荷运动的方向，不改变运动电荷的速率和动能。

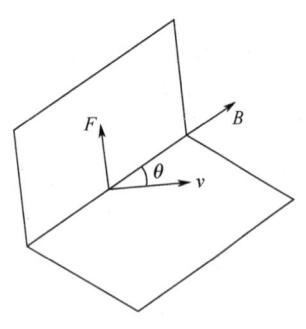

图 8-3 洛伦兹力的方向

4. 例题

例题 8.1 求无限长载流直导线的磁场。

解：设无限长直导线中的电流为 I，考察点离导线的距离为 R。在导线上任取一电流元 $Id\vec{l}$，它离考察点的距离为 r（见图 8-4），电流元在考察点处产生的磁场垂直于纸面向里，其大小为

$$dB=\frac{\mu_0}{4\pi}\times\frac{Id\vec{l}\sin\theta}{r^2}$$

由图 8-4 可知，$l=R\tan\varphi$，$R=r\cos\varphi$，$\sin\theta=\cos\varphi$，代入上式并进行积分得

$$B=\frac{\mu_0 I}{4\pi R}\int_{\varphi_1}^{\varphi_2}\cos\varphi d\varphi=\frac{\mu_0 I}{4\pi}(\sin\varphi_2-\sin\varphi_1)$$

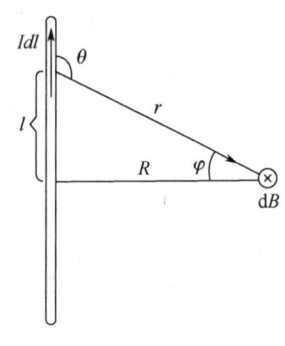

图 8-4 示意图

其中 φ_1 和 φ_2 分别为从考察点到导线两端的连线与 R 的夹角。对于无限长的直导线，$\varphi_1\to-\frac{\pi}{2}$，$\varphi_2\to\frac{\pi}{2}$，于是得

$$B=\frac{\mu_0}{2\pi}\cdot\frac{I}{R}$$

即磁感应强度的大小与导线中的电流成正比，与离开导线的距离成反比。方向沿着以导线为中心的圆周的切线，与电流方向组成右手螺旋。

8.1.2 基本磁参量

在国家标准 GB/T 3102.5—1993《电学和磁学的量和单位》中列出的磁参量有：磁场强度 H、磁位差（磁势差）U_m、磁通势（磁动势）F（F_m）、磁感应强度 B、磁通 Φ、磁矢位 A、自感 L、互感 M（L_{12}）、耦合系数 k（κ）、漏磁系数 σ、磁导率 μ、真空磁导率 μ_0、相对磁导率 μ_r、磁化率 κ（χ_m，χ）、磁矩 m、磁化强度 M（H_i）、磁极化强度 J（B_i）、磁阻 R_m、磁导 Λ（P）等。在国家计量总局 1981 年编印的《计量技术考核纲要》中还列出了剩磁 B_r、矫顽力 H_r、起始磁导率 μ_i、最大磁导率 μ_m、增量磁导率 μ_0、振幅磁导率 μ_a、回复磁导率 μ_{rec}、

最大磁能积$(BH)_{max}$、退磁因子N等来表示材料或器材特性的磁参量。

上一小节已介绍了磁感应强度，本小节将主要介绍以下基本磁参量：磁矩、磁场强度、磁通。

1. 磁矩

磁矩是表征电流线圈的磁性质以及微观粒子磁性质的物理量。物质磁性最直观的表现是两个磁体之间的吸引力或排斥力。磁体中受引力或排斥力最大的区域称为磁体的极，简称磁极。这样，上述现象就可以用磁极之间的相互作用来描述，这种相互作用与静电荷之间的作用相类似。迄今为止所发现的磁体上都存在两个自由磁极。考虑强度为m'_1（Wb）和m'_2（Wb）、距离为r（m）的两个磁极，相互之间的作用力F为

$$F = \frac{m'_1 m'_2}{4\pi\mu_0 r^2}$$

式中：μ_0为真空磁导率，其值为$4\pi \times 10^{-7}$ H·m^{-1}。

磁极之间能发生相互作用，是由于在磁极的周围存在着磁场。磁体周围磁场的分布可用磁力线表示，磁力线具有以下特点。

① 磁力线总是从N极出发，进入与其最邻近的S极，并形成闭合回路。

② 磁力线总是走磁导率最大的路径，因此磁力线通常呈直线或曲线，不存在呈直角或锐角拐折的磁力线。

③ 任意两条同向磁力线之间相互排斥，因此不存在相交的磁力线。

对于微小磁体所产生的磁场，可以由平面电流回路来产生。这种可以用无限小电流回路所表示的小磁体，定义为磁偶极子。设磁偶极子的磁极强度为m'，磁极间距离为$\vec{l}$，则用下式来表示磁偶极子所具有的磁偶极矩：

$$\vec{j} = m'\vec{l}$$

$\vec{j}$的方向由S极指向N极，单位是Wb·m，磁偶极矩如图8-5所示。

虽然磁偶极子磁性的强弱可以用磁偶极矩来表示，但实际上很难精确地确定磁极的位置，从而确定磁偶极矩的大小。磁偶极子磁性的大小和方向可以用磁矩来表示。磁矩定义为磁偶极子等效的平面回路的电流和回路面积的乘积，即

$$\vec{m} = iS\vec{n}$$

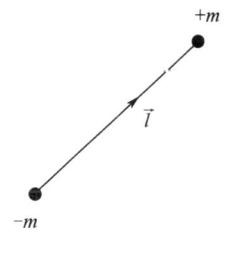

图8-5 磁偶极矩

式中：i为电流强度；S为回路面积；$\vec{n}$为与i呈"右手螺法则"所示方向的单位矢量；$\vec{m}$的单位是A·m^2。由闭合电流产生的磁矩如图8-6所示。

j和m虽然有自己的单位和数值，却都是表征磁偶极子磁性强弱和方向的物理量，两者之间存在关系：

$$\vec{j} = \mu_0 \vec{m}$$

上式表明，磁偶极矩等于真空磁导率与磁矩的乘积。

在原子中，电子绕原子核做轨道运动。电子在原子壳层

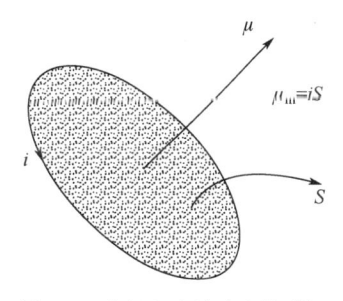

图8-6 由闭合电流产生的磁矩

中的轨道运动是稳定的，因而这种运动与通常的电流闭合回路比较，在磁性上是等效的。因此，原子中电子的轨道运动，同无限小尺寸的电流闭合回路一样，可以视为磁偶极子。

2. 磁场强度

如果不考虑空间的性质。只考虑磁体对其周围产生的影响（我们称之为"磁化场"，以区别于磁场），可以定义一个新的量来表示这种影响的大小或磁化场的强弱，称它为磁场强度，用符号 H 表示，单位为安培每米（A/m）。

磁场强度与磁感应强度的关系式如下：

$$H = \frac{B}{\mu_0} - M$$

式中：B 为磁感应强度，磁场强度 H 在介质中产生磁化强度 M，对于各向同性介质有

$$M = \chi_m H$$

式中：χ_m 为介质的磁化率，是个无量纲量。代入磁场强度与磁感应强度的关系式可得

$$H = \frac{B}{\mu_0(1+\chi_m)} = \frac{B}{\mu_0 \mu_r} = \frac{B}{\mu}$$

式中：$\mu = \mu_0 \mu_r$ 为介质磁导率，单位为亨利每米（H/m）。$\mu_r = 1 + \chi_m$ 为介质的相对磁导率，是个无量纲量。

磁场强度 H 并不代表一个实际的物理量，把 H 称为磁场强度则完全是历史上的原因。H 并不能反映磁场对运动电荷或载流导体作用力的强弱，实际上，磁感应强度是反映磁场强弱的物理量，才具有"磁场强度"的含义。但历史上认为磁极上存在类似于电荷的磁荷，磁力是磁场对磁荷的作用力，在这种观点下，H 反映了磁场对单位磁荷的作用力，故把 H 称为磁场强度。

3. 磁通

磁通表示物体（通常指电流回路）在空间某处所接受的磁性。以下给出它的两种定义方程式。

① 通过一面积元 $\vec{ds}$ 的磁通是面积元与该处的磁感应强度（磁通密度）$\vec{B}$ 的标量积。即

$$d\Phi = \vec{B} \cdot \vec{ds}$$

式中：$\vec{ds}$ 的方向即其法线方向。

根据磁场中的高斯定律，由于载流导线产生的磁感应线是无始无终的闭合线，可以想象，从一个闭合曲面的某处穿进的磁感应线必定要从另一处穿出，通过任何闭合曲面的磁通量恒等于零。

$$\oint_s \vec{B} \cdot \vec{ds} = 0$$

② 一个通过电流为 I 的线圈在另一个线圈中所产生的磁通，等于 I 乘以这两个线圈之间的互感 M。即

$$\Phi = MI$$

磁通的 SI 单位为韦伯（Weber），符号为 Wb。1 Wb=1 T·m^2=1 V·S =1 H·A。

8.1.3 电磁感应

自从奥斯特（H. C. Oersted）发现电流的磁效应后，人们一直设法寻找其逆效应，即由磁产生电流的现象。法拉第（M. Faraday）在奥斯特的启发下发现了电磁感应现象，这是制造电动机的基础理论之一，从此他开始对电学研究产生兴趣。1831年，法拉第终于找到了正确的实验方法，他发现磁的电效应仅在某种东西正在变动的时刻才会发生。例如，让两根导线中的一根通过电流，当电流变化时，在另一根导线中将出现电流；一块磁铁位于导线旁边，当磁铁运动时，导线中就出现电流。这种电流称为感应电流。这就是法拉第所发现的电磁感应现象。下面我们概括地介绍一些典型的电磁感应实验现象。

① 一个闭合的导线回路和永久磁铁之间发生相对运动时，回路中出现电流，这种电流称为感应电流，实验装置如图 8-7（a）所示。观察的结果表明：只有当磁铁移近或离开闭合回路时，回路中才有感应电流，一旦磁铁的运动停止，感应电流就消失，即产生感应电流的关键是磁铁的运动。感应电流的大小取决于磁铁运动的快慢，运动越快，感应电流越大。感应电流的方向与磁铁的运动方向有关，磁铁移近回路时感应电流的方向与磁铁离开回路时感应电流的方向相反。若磁铁固定不动，让回路移近或远离磁铁，亦会发生类似的现象。

② 一个闭合的导线回路与一个载流线圈之间发生相对运动时，回路中也出现电流，如图 8-7（b）所示。结果与上一个实验相同，唯一的差别是载流线圈代替了永久磁铁。

③ 闭合回路和载流线圈间虽无相对运动，但载流线圈中电流的大小发生变化，如在图 8-7（b）中，打开或闭合开关 K 或改变变阻器 R 的值，都会使回路中出现感应电流。感应电流的大小取决于载流线圈中电流变化的速率。

④ 处在磁场中的闭合导线回路中的一部分导体在磁场中运动，如在图 8-7（c）中，导线回路上的一段导线 AB 在磁场中运动时，回路中亦产生感应电流。感应电流的大小取决于导线 AB 运动的速率。

概括起来，电磁感应现象可分为两大类。一类是导线回路或回路上的部分导体在恒定不变的磁场中运动，结果回路中出现电流。至于磁场，它可以是磁铁产生的，也可以是电流产生的。另一类是固定不动的闭合导线回路所在处或其附近的磁场发生变化，结果回路中出现电流，磁场变化的原因是多种多样的，可以是产生磁场的载流线圈或磁铁的位置发生变化，也可以是电流发生变化或电流的分布情况发生变化。

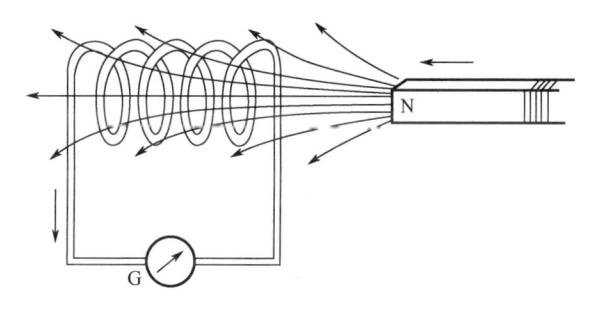

（a）当磁铁与闭合导线回路发生相对运动时，回路中出现电流

图 8-7 典型的电磁感应实验现象

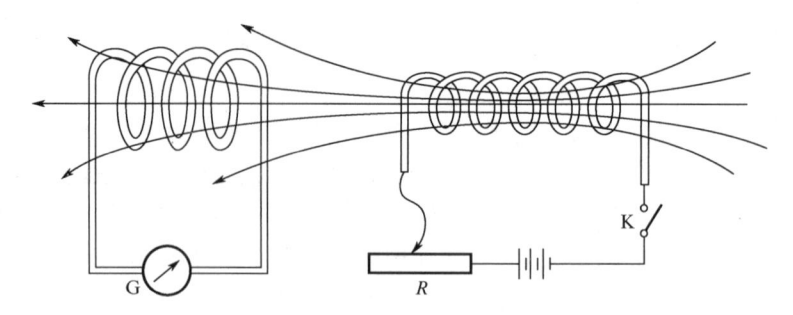

（b）当载流线圈与闭合导线回路发生相对运动或线圈中电流发生变化时，回路中出现电流

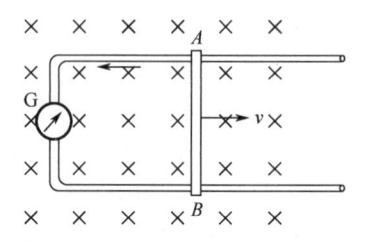

（c）当导线回路上的一段导线 AB 在磁场中运动时，回路中出现电流

图 8-7 典型的电磁感应实验现象（续）

以上列举的各类电磁感应现象的共同点是闭合回路所包围的磁通量发生了变化。磁通的变化可能是磁场的变化引起的，也可能是回路本身在磁场中运动引起的。不管是哪一种原因，只要通过闭合导线回路圈围面积的磁通发生变化，回路中都将产生感应电流。法拉第的研究还发现，在相同条件下，不同金属导体中的感应电流与导体的导电能力成正比。由此，他意识到感应电流是由与导体性质无关的电动势产生的，他认为，即使不形成闭合回路也会有电动势，这种电动势称为感应电动势。对于给定的导线回路，感应电流与感应电动势成正比。电磁感应现象就是磁通的变化在回路中产生感应电动势的现象。德国物理学家纽曼（F. Neumann）和韦伯（W. Weber）在建立电磁感应定律的表达式方面进行了富有成效的工作，他们得出结论：对于任一给定回路，其中感应电动势的大小正比于回路圈围面积的磁通的变化率。

根据楞次定律，闭合回路中感应电流的方向，总是企图使感应电流产生的磁场去阻止引起该感应电流的磁通的变化。当磁场减小时，感应电流产生的磁场与原磁场同向；当磁场增大时，感应电流产生的磁场与原磁场反向。

下面我们用数学公式把这些结论表示出来，用 ξ 表示导线回路中的感应电动势，Φ_m 表示通过回路圈围面积的磁通，因感应电动势的大小正比于磁通的变化率，故有

$$\xi \propto \frac{d\Phi_m}{dt}$$

感应电动势的方向由楞次定律给出。对于给定的回路，可以规定一个绕行的正方向，如为顺时针方向或逆时针方向，从而用正和负来区分两种不同方向的电动势。当电动势方向与回路绕行方向一致时为正，与绕行方向相反时为负。电流（包括感应电流）的正或负也可根据它与绕行方向一致或相反确定。磁场对回路圈围面积的磁通也可以为正或为负。磁通 Φ_m 的正、负与磁场的方向有关，也和回路圈围面积的正法线方向的取向有关。当磁

场方向一定后，Φ_m 的正、负可用法线方向表示。而一个回路圈围面积的法线也有两种不同的方向，因此规定：对于任一给定的回路，其绕向的方向与该回路圈围面积的正法线方向应符号右手螺旋法则。

① 磁通 $\Phi_m>0$，如图 8-8（a）所示。当磁通随时间增加即 $\mathrm{d}\Phi_m/\mathrm{d}t>0$ 时，回路中感应电流的方向总是使其产生的磁场去抵消磁通的增加。即感应电流的磁场对回路的磁通必须是负的，如图中虚线所示。感应电流的方向与回路的绕行方向相反。感应电流是负的，因而感应电动势也是负的。这就是说，当 $\mathrm{d}\Phi_m/\mathrm{d}t>0$ 时，$\xi<0$。

② 磁通 $\Phi_m>0$，但随时间减少，即 $\mathrm{d}\Phi_m/\mathrm{d}t<0$，如图 8-8（b）所示。回路中感应电流的方向总是使其产生的磁场去补偿磁通的减少，即感应电流的磁场对回路的磁通应该是正的，如图中虚线所示。感应电流的方向与回路绕行方向一致，感应电流是正的，因而感应电动势也是正的。这就是说，当 $\mathrm{d}\Phi_m/\mathrm{d}t<0$ 时，$\xi>0$。

进一步分析，当 $\Phi_m<0$，但 $|\mathrm{d}\Phi_m/\mathrm{d}t|>0$ 或 $|\mathrm{d}\Phi_m/\mathrm{d}t|<0$ 时，所得的结论仍然是 ξ 与 $\mathrm{d}\Phi_m/\mathrm{d}t$ 异号。总之，不管磁通是正还是负，按照我们所做的回路绕行方向和回路圈围面积的正法线方向的规定，楞次定律要求 ξ 与 $\mathrm{d}\Phi_m/\mathrm{d}t$ 异号，即

$$\xi = -k\frac{\mathrm{d}\Phi_m}{\mathrm{d}t}$$

这就是法拉第电磁感应定律公式，负号可以看作是楞次定律的数学表述。在 SI 单位制中，电动势的单位是 V（伏特），磁通的单位是 Wb（韦伯），这时比例系数 $k=1$，故在 SI 单位制中，法拉第电磁感应定律为

$$\xi = -\frac{\mathrm{d}\Phi_m}{\mathrm{d}t}$$

若回路由 N 匝导线组成，当磁场对每一匝导线回路圈围面积的磁通都是 Φ_m，则 N 匝回路中感应电动势为

$$\xi = -N\frac{\mathrm{d}\Phi_m}{\mathrm{d}t}$$

通常把 $N\Phi_m$ 称为磁通匝链数。

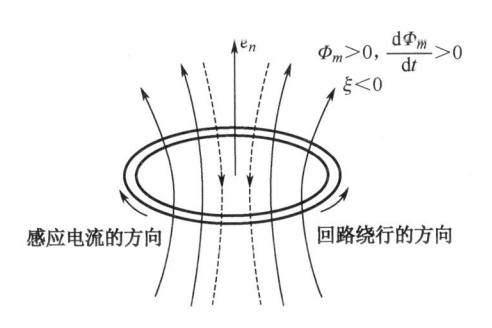

（a）当 $\Phi_m>0$，$\mathrm{d}\Phi_m/\mathrm{d}t>0$ 时，感应电流和感应电动势为负　　（b）当 $\Phi_m>0$，$\mathrm{d}\Phi_m/\mathrm{d}t<0$ 时，感应电流和感应电动势为正

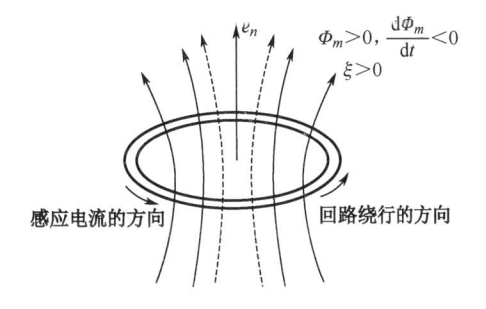

图 8-8　感应电流和感应电动势的方向判断

..... 质量计量与测量

8.2 核磁共振

核磁共振是磁矩不为零的原子核在外磁场作用下对特定频率电磁波的吸收或发射的物理现象。核的自旋产生核磁矩,只有那些核自旋量子数不等于零的核具有核磁矩。在化学元素周期表中,有 118 种元素的同位素的核具有核磁矩,原则上都可以用核磁共振来进行研究。核磁共振已广泛应用于物理、化学、生物、医学、地质等各个领域和工业、农业、商业、有机化工等各个行业,是当代很有发展前途的一项高精尖技术。

8.2.1 核磁共振的基本原理

1. 处于外加磁场中的原子核

含有奇数质子或中子的原子核(以 1 H 为代表)自旋在其周围产生磁场,如同一个小磁体有南北极。磁场用磁矩 $\vec{m}$ 来表述,磁矩有其长度(或强度、模数)、方位和方向,如图 8-9 所示。

无外加磁场时,质子群中的各个质子以任意方向自旋,因而单位体积内生物组织宏观磁矩 $\vec{M} = 0$。如将生物组织置于一个大的外加磁场中(用矢量 $\vec{B_0}$ 表示),则质子磁矩方向发生变化。结果是较多的质子磁矩指向与主磁场 $\vec{B_0}$ 方向相同,而较少的质子与 $\vec{B_0}$ 方向相反,后者具有较大的位能。在常温下,顺主磁场排列的质子数目较逆主磁场排列的质子数目稍多(约多 10^{-6}),因此出现与主磁场方向一致的净宏观磁矩(或称为宏观磁化矢量)。

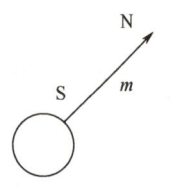

图 8-9 以磁矩表示的核磁磁场

氢原子核在绕着自身轴旋转的同时,又沿主磁场 $\vec{B_0}$ 方向做圆周运动,质子磁矩的这种运动称为进动或旋进。在主磁场中,宏观磁矩像单个质子磁矩那样做旋进运动,磁矩进动的频率 f(速度),可用拉莫尔(Larmor)公式表示:

$$f = \frac{\tau}{2\pi} B_0$$

公式说明,原子核旋进频率与主磁场强度成正比 [B_0 以特斯拉(T)为单位],τ 对每种原子核是恒定的常数,称为磁旋比。主磁场为 1.0 T 时,氢原子核的旋进频率为 42.5 MHz。沿主磁场旋进着的质子类似在重力作用下旋进着的陀螺。

2. 共振

共振现象为能量从一个客体或系统传送至另一个,而接收者以供应者相同的频率振动,这种能量传送只有在驱动者能源频率与被激励系统固有振荡频率相一致时才能发生,在物理学的一些领域中可见到这种共振现象。如有两个质量很好且振动频率也完全一样的音叉,敲击其中一个,另一个虽未被敲击,但可接收能量(声波),且以被敲击音叉同样的频率发生振荡。

在核磁共振现象中,被激励者为生物组织中的氢原子团,激励者为射频脉冲,在主磁场内磁矩顺主磁场方向的质子处于低能态,而逆主磁场方向者处于高能态。从微观上讲,共振即诱发两种质子能态间的跃迁,产生磁共振所需能量即为质子两种基本能态之差。在主磁场中,以 Larmor 频率施加射频脉冲,被激励质子从低能态跃迁到高能态,出现核磁共振现象。有一点需强调,射频脉冲的频率只有在与质子群的旋进频率一致时,才能出现共振,如主磁场为 1.0 T 时,只有 42.5 MHz 的射频脉冲频率方能使质子群出现共振。

从宏观上讲,受射频脉冲激励的质子群发生核磁共振时,质子群宏观磁化矢量 $\vec{M}$ 不再与原来主磁场 $\vec{B_0}$ 平行,$\vec{M}$ 的方向和值将离开原来的平衡状态而发生变化,其变化的程度取决于所施加射频脉冲的强度和时间。施加的射频脉冲越强,持续时间越长,在射频脉冲停止时,$\vec{M}$ 离开其平衡状态越远。一般研究核磁共振现象时使用较多的是 90°和 180°射频脉冲,而在梯度回波脉冲序列时使用的是小于 90°的射频脉冲。施加 90°脉冲时,宏观磁化矢量 $\vec{M}$ 以螺旋运动的形式离开其原来的平衡状态。脉冲停止时,$\vec{M}$ 垂直于主磁场 $\vec{B_0}$。如用以 $\vec{B_0}$ 为 z 轴方向的直角坐标系表示 $\vec{M}$,则宏观磁化矢量 $\vec{M}$ 平行于 xy 平面,而纵向磁化矢量 $\vec{M}_z=0$,横向磁化矢量 $\vec{M}_{xy}$ 最大(见图 8-10),这时质子群几乎在同样的相位旋进。施加 180°脉冲后,$\vec{M}$ 与 $\vec{B_0}$ 平行,但方向相反,横向磁化矢量 $\vec{M}_{xy}$ 为零(见图 8-11)。

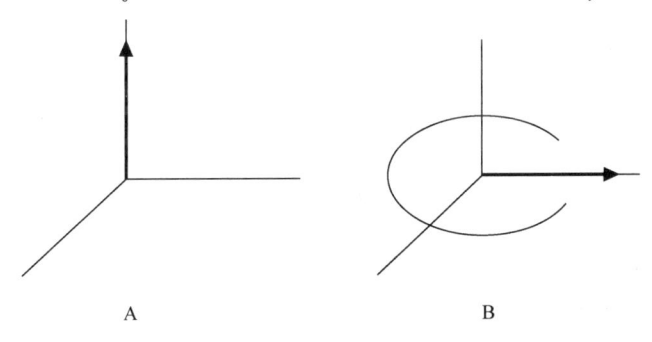

图 8-10 施加 90°脉冲后,横向磁化矢量最大

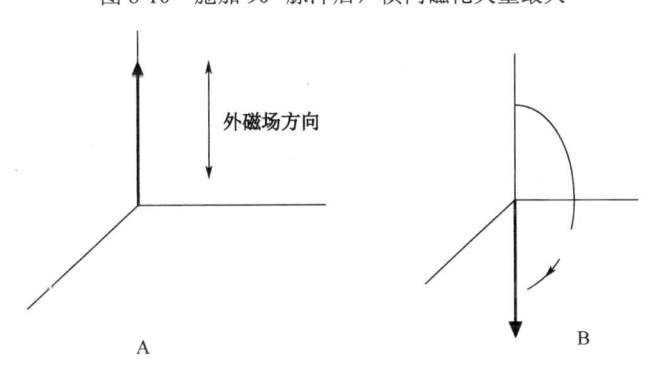

图 8-11 施加 180°脉冲后,纵向磁化矢量为负

3. 核磁弛豫

如射频脉冲符合 Larmor 频率,被激励的质子群发生共振,宏观磁化矢量离开平衡状态。

但脉冲停止后，宏观磁化矢量又自发地回复到平衡状态，这个过程称为"核磁弛豫"。当 90°脉冲停止后，$\vec{M}$ 仍围绕 $\vec{B_0}$ 轴旋转，$\vec{M}$ 末端沿着上升螺旋逐渐靠向 $\vec{B_0}$（见图 8-12）。在脉冲结束的瞬间，$\vec{M}$ 在 xy 平面上的分量 $\vec{M}_{xy}$ 达最大值，在 z 轴上的分量 $\vec{M}_z$ 为零。当恢复到平衡时，纵向部分 $\vec{M}_z$ 重新出现，而横向部分 $\vec{M}_{xy}$ 消失。由于在弛豫过程中磁化矢量 $\vec{M}$ 强度并不恒定，纵、横向部分必须分开讨论。弛豫过程可用两个时间值描述，即纵向弛豫时间（T_1）和横向弛豫时间（T_2）。

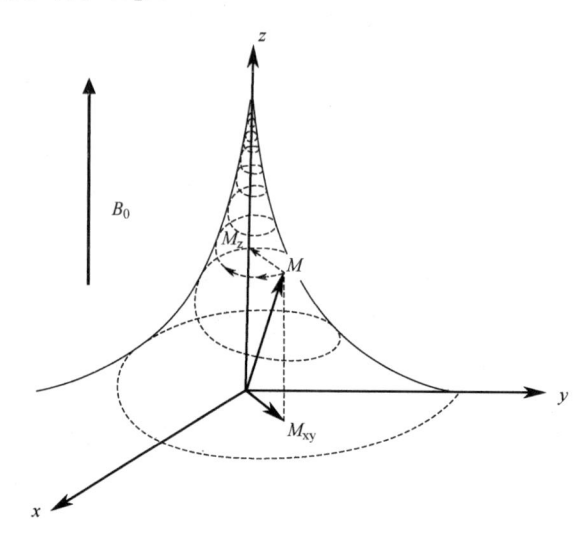

图 8-12　90°脉冲停止后，宏观磁化矢量的变化

(1) 纵向弛豫时间

90°脉冲停止后，纵向磁化矢量要逐渐恢复到平衡状态。测量时间距射频脉冲终止的时间越长，所测的磁化矢量信号幅度就越大。鉴于弛豫过程表现为一种指数曲线，T_1 值规定为 $\vec{M}_z$ 达到其最终平衡状态 63% 的时间。

T_1 的物理学意义需要从微观的角度进行分析。由于质子从射频波吸收能量，处于高能态（被激励）的质子数目增加。T_1 是质子群通过释放已吸收的能量以恢复原来高、低能态平衡的过程。高能态质子将吸收的能量分散到其周围磁环境可用热运动解释。布朗运动说明，原子核处于一个剧烈运动的环境。在生物体体温下，构成磁环境的水和其他分子持续运动，相互任意撞击，此即热运动。液态水分子运动极快，每秒轰击其他粒子和分子达数百万至数千万次。当相互撞击或即将撞击时，其运动方向发生变化且出现滚动。水中某一个分子和另一分子撞击或即将撞击是一种磁性活动，每个原子核要经历一次短暂的磁场波动。每个水分子每秒撞击千百万次，每个原子核每秒也就要经历千百万次磁场波动。此外，每次撞击还会改变水分子运动的速度、方向，以及产生滚动运动等，都使磁波动更趋复杂。因此不难想象，质子是处于一个频带相当宽的混合磁波动环境中。纵向弛豫指高能态的质子受到激发，使其能量扩散到周围环境（晶格），两种能态的质子恢复到平衡状态，也称为自旋-晶格弛豫。

(2) 横向弛豫时间

90°射频脉冲的一个作用是激励质子群使之在同一方位、同步旋进（相位一致），这时

横向磁化矢量 $\vec{M}_{xy}$ 值最大，但射频脉冲停止后，质子同步旋进很快变为异步，旋转方位也由同而异，相位由聚合一致变为丧失聚合而互异，磁化矢量相互抵消，$\vec{M}_{xy}$ 很快由大变小终于到零。因为横向磁化矢量衰减也表现为一种指数曲线，所以 T₂ 值是指横向磁化矢量衰减到其原来值 37% 的时间。

横向磁矢量由大变小以至消失的原因是：组织中水分子的热运动持续产生磁场的小波动，周围磁环境的任何波动可造成质子共振频率的改变，使质子振动稍快或稍慢，因为 2 个质子经受不同的磁场波动，不同的共振频率使相位丧失聚合。任何频率的磁环境波动都可使质子非振频率发生改变，使质子群由相位一致变为互异，即热运动的作用使质子间的旋进方位和频率生异，但无能量的散出。因此，横向弛豫（T_2）也称为自旋-自旋弛豫。

弛豫时间虽被分为 T_1 及 T_2，但对于每一核磁来说，它在某一较高能级平均起来所能停留的时间，只取决于 T_1 及 T_2 之较小者。例如，固体样品的 T_1 虽长，但 T_2 特别短，后者使每一核磁在单位时间内高速往返于高低能级之间。

弛豫时间（T_1 或 T_2 之较小者）对谱线宽度的影响很大，其原因来自测不准原理（Uncertainty Principle）：$\Delta E \Delta t \approx h$，现因 $\Delta E = h \Delta v$，故 $\Delta v \approx 1/\Delta t$。

可见谱线宽度（以周/秒为单位）与弛豫时间成反比。固体样品的 T_2 值很小，所以谱线非常宽，若欲得到高分辨率的共振谱，须先配成溶液，但黏度较大的溶液亦不适宜。

由弛豫作用引起的谱线加宽是"自然"宽度，不可能由仪器的改进而使之变窄。但仪器的磁场若不够均匀，也会使谱线变宽，这种情况通常被纳入到 T_2（横向弛豫时间）的影响因素中。样品管的旋转虽能部分克服磁场的不均匀性，但对于沿管轴方向的磁场不均匀性则无能为力，因此不能得到改善。

弛豫时间的大小对于谱线宽度的影响，对于红外及紫外光谱来说，可以不加考虑（相对地说，影响太小）。

8.2.2 核磁共振成像

核磁共振成像的核心问题是，把核磁共振原理同空间编码技术结合起来，同时把物体内部各位置的特征信息显示出来。

如何进行空间编码呢？磁核在静磁场 $\vec{B}_0$ 作用下的共振频率 f 与空间位置无关，不能提供物体内的空间分布信息，起不到空间编码的作用。如果在静磁场 $\vec{B}_0$ 上叠加一个梯度磁场，就可以把物体的共振频率与物体内部的空间分布联系起来，从而达到空间编码的目的。

现以一维梯度磁场为例，其作用如图 8-13 所示。设梯度磁场与 $\vec{B}_0$ 的方向一致，沿 x 方向的梯度为 G_x，则坐标为 x 处的磁感应强度 $B_x = B_0 + G_x \cdot x$，对应的核磁共振频率 $f = \dfrac{\tau}{2\pi}(B_0 + G_x \cdot x)$。这样，共振频率 f 与

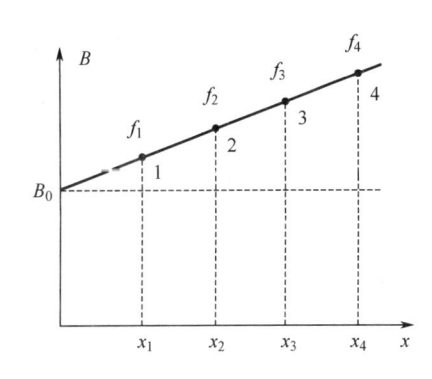

图 8-13 一维梯度磁场的作用

坐标 x 之间就有了一一对应的关系。如物体内部的四个位置 1，2，3，4，对应的频率分别是 f_1，f_2，f_3，f_4，那么这四个位置的坐标 x_1，x_2，x_3，x_4 是唯一确定的。

若梯度磁场是三维的，可根据 $f = \tau G_y \cdot y / 2\pi$ 和 $f = \tau G_z \cdot z / 2\pi$ 确定各位置的 y，z 坐标。如果定义空间某一体积元 ΔV_{xyz} 中频率 $f_{xyz} = \tau(B_0 + G_x \cdot x + G_y \cdot y + G_z \cdot z) / 2\pi$，就可据此式对物体内部的各个微小部分进行空间编码了。在空间编码的基础上，通过同步射频磁场的激发产生核磁共振。在停止射频脉冲后，任其自由衰减并通过电磁感应转化为自由感应衰减信号，测出衰减的时间即弛豫时间 T_1 和 T_2，最后通过傅里叶变换并以图形的形式表示出来，就得到物体的核磁共振像。在物体内部取一个垂直于 $\vec{B_0}$ 的平面，作出它的核磁共振像，即得平面像。将彼此邻近的平面像汇集起来，就可以得到三维的核磁共振像。

8.2.3 核磁共振的应用

核磁共振的应用主要包括核磁共振波谱和核磁共振成像。下面将介绍几种比较常见的核磁共振的应用。

1. 地质研究

在用核磁共振研究无机固体硅酸盐中 ^{29}Si 的谱线时发现，第一近邻氧原子的数目对 ^{29}Si 的谱线有极大的影响。例如，SiO_2 的高压相斯石英（八面体配位多面体）中的 ^{29}Si 比硅酸盐矿物中四配位硅的化学位移大许多，很容易被核磁共振技术探测到。科学家曾利用核磁共振技术发现，斯石英在白垩纪与第三纪交换的黏土淤积层中存在。这一发现有力地证实了曾发生过引发了大规模生物灭绝的灾难性的小星球撞击。

2. 癌症诊断

癌症患者与健康人的水的弛豫时间见表 8-1。此表说明，癌组织中水的弛豫时间 T_1 和 T_2 比正常组织中水的弛豫时间大 1～2 倍。癌组织中水的弛豫时间介于正常组织水和自由水之间，这一结果有助于早期癌症的诊断。

表 8-1 癌症患者与健康人的水的弛豫时间

	正常乳腺	癌前期	癌肿	自由水
T_1/s	0.380	0.451	0.920	3.100
T_2/s	0.039	0.053	0.091	1.430

将白血病患者的核磁共振谱与正常人的进行比较，发现白血病患者血清核磁共振谱中的 α 峰明显变窄。如果用峰高 h 和 $h/2$ 对应的频率宽度 $\Delta f'$ 的比值作为衡量标准，则健康人的 $h/\Delta f'=1.3$，白血病人的 $h/\Delta f' \geqslant 2$。这一结果同样可用于诊断癌症。α 峰变窄也是弛豫时间 T_1 和 T_2 增大所致。

人体组织中的水（结合水）比自由水的弛豫时间短，这是因为它以多极性层的形式吸附在细胞膜及细胞中的蛋白质、核酸等分子上，偶极-偶极作用增强。癌组织中水的有序性介于正常组织水与自由水之间，弛豫时间比正常组织水长，说明癌组织中的蛋白质、核酸等分子数目有所减少或功能衰退，这在一定程度上也为治疗癌症提供了研究的方向。

3. 人体核磁共振成像

因为磁场可以穿过人体，而人体的 75% 是水，所以这些水以及其他富含 1 H 的分子的分布可因疾病而发生变化，因而可以利用 1 H 的核磁共振来进行医疗诊断。

核磁共振成像诊断仪的结构框架如图 8-14 所示。患者躺在一个空间不均匀的磁场中，磁场在人体内各处的分布为已知（由编码的梯度磁场分布决定）。激发单元用来产生射频电磁波以激发人体内各处的 1 H 发生核磁共振，接收单元用以接收信号。由于人体内各处的磁场不同，与人相应的核磁共振频率也不相同，这样就可以得到人体内各处不同的信号。信号经过计算机处理得到三维立体像或二维断面像，图像由显示单元显示出来。将病变组织的图像与正常态组织的图像进行对比，就可以作出医疗诊断。

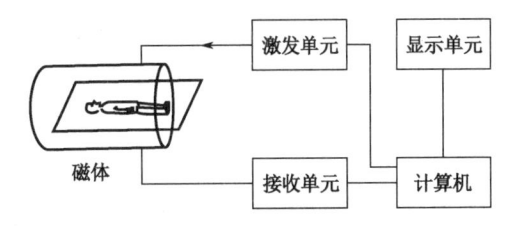

图 8-14　核磁共振成像诊断仪的结构框架

核磁共振成像诊断的优点是，射频电磁波对人体基本无害。核磁共振成像可以获得内脏器官的功能状态、生理状态及病变状态的图像，因而对中枢神经系统、脑部、心脏、肝、胆、盆腔、肌肉、骨骼各组织的病变都有很好的诊断效果，有助于发现早期癌症和肿瘤。

4. 核磁共振仪

核磁共振仪的结构原理如图 8-15 所示。兆周频率器的兆周数是固定的，亥姆霍兹（Helmholtz）线圈中通有直流电，所产生的附加磁场可用来调节磁铁原有磁场，以便记录各种化学位移。若不改变磁场而改变兆周数，也能得到同样的结果，但实践上改变磁场比较方便，一般共振谱均以低磁场从左画起，向右直线递增，即扫描，磁场强度增加的数值折合成频率（周/秒）而被记录下来。常规操作中也有由右向左扫描（逐步降低磁场）。改变磁场的扫描方式叫作扫场。有的仪器扫描时改变频率，即所谓扫频，但往往仅限于双照。

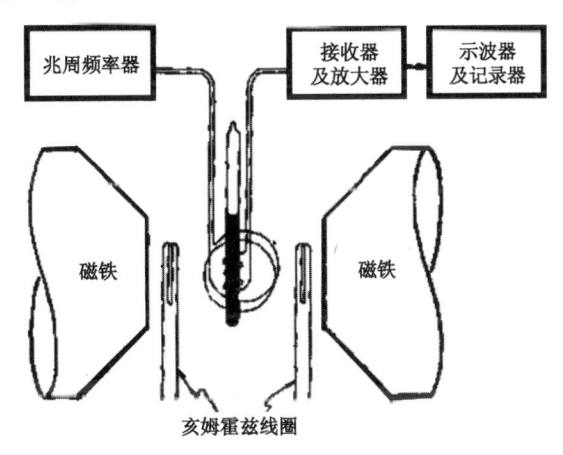

图 8-15　核磁共振仪的结构原理

围绕样品管的线圈，除兆周频率器外，还有接收器的线圈（也有单线圈的共振仪）。二者相互垂直，并与亥姆霍兹线圈亦相互垂直，因而三者互不干扰。在一定的磁场下，当某种氢原子核的回旋频率与兆周频率相同时（所谓"共振"条件），即发生跃迁，跃迁时核磁发生改变,为接收器线圈所感受,放大后即可显示于示波器上或用记录器描记下来。

研究氢核的仪器通常有 60 MHz 和 100 MHz 两种,初期还有 30 MHz 和 40 MHz。电磁铁的磁场基本上以 100 MHz 为上限。200 MHz 或更高的频率(如 220 MHz 及 300 MHz),磁场系采用低温超导装置,需用液氮(有一种型号于两周时间内消耗 50 L)及液氦(耗量更大),不适于一般实验室的常规应用。简易型号的共振仪(有 60 MHz 和 100 MHz)价格较低,操作也比较方便,适用于一般的化学实验室。一个共振谱描记时间一般虽仅为 5~20 min,但描记前的调试可能相当费时间。

8.2.4 核磁共振磁强计

按照磁场的强弱和样品的不同,观测核磁共振的方法可分为吸收法、感应法、流水式预极化法等,并制成了各种类型的核磁共振磁强计。

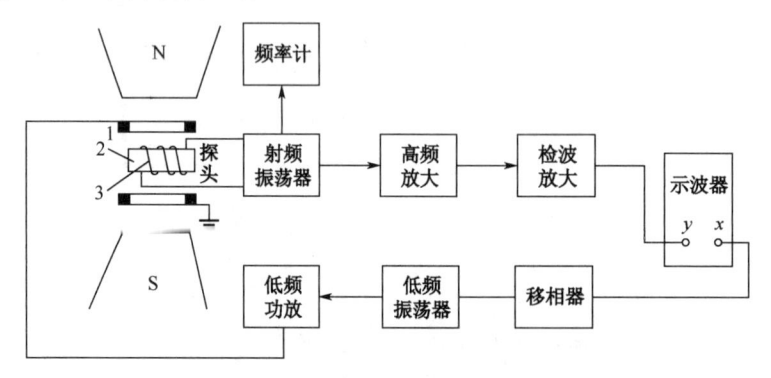

1. 吸收式核磁共振磁强计

吸收式核磁共振磁强计的结构框图如图 8-16 所示,它主要包括探头、射频振荡器、低频振荡器、频率计和示波器等。探头由样品、振荡线圈和调场线圈组成,图中数字标识 1 为调场线圈、2 为样品、3 为振荡线圈。将样品盒放入射频振荡线圈内,线圈的自感 L 和振荡器的可变电容 C 组成振荡回路,处于边缘振荡状态。当满足共振条件时,振荡器的品质因数 Q 下降,引起振荡电压幅值降低。调场线圈将低频调制磁场加到被测恒定磁场上,使共振信号周期性出现。被共振信号调制的高频信号经放大、检波,在示波器上显示。低频调场信号经移相送到示波器 x 轴扫描,使共振吸收信号显示在示波器中心线上,由频率计读出射频频率,即可求得被测磁场。

图 8-16 吸收式核磁共振磁强计的结构框图

核磁共振信号的幅值往往只有微伏数量级,甚至被外来的干扰和噪声淹没,因此提高信噪比成为提高测量精度的关键。为了提高信噪比,可用选频放大和快速重复扫描等方法。共振线的宽度按下式计算:

$$\Delta \omega = \frac{2}{T_2} + \gamma \Delta B$$

式中:ΔB 为样品所在处磁场的不均匀性;T_2 为自旋-自旋弛豫时间;γ 为旋磁比。

当 T_2 较大时,由共振线的宽度可判断样品所在处的磁场不均匀性。使用本方法时最主要的困难是共振效应本身很小，往往和仪器中外来的干扰可以相比。所以必须采取一切有效的措施来提高信噪比，如合理选择放大器通频带等。

共振信号具有一定的宽度，它除取决于样品本身外，还取决于磁场的不均匀性。由于任何磁场都具有一定的不均匀性，样品范围内的核实际上处于不同的外磁场中，因而不是样品内所有的核都是在同一频率下达到共振，磁场不均匀度越大，共振信号线宽就越宽，信号越小，甚至消失在干扰信号中。所以磁场越均匀，本方法越能发挥作用，一般来说，在中等磁场下磁场梯度最好低于每厘米 10^{-3} T。为了降低调制磁场的影响，在寻找共振信号时，用较高的调制磁场，当找到信号后可使调制场尽量降低（约小于 1×10^{-4} T），磁场的测量就不会受到影响了。

用共振吸收法可以测量 $5\times10^{-4}\sim2$ T 的恒定磁场，磁场越均匀准确度越高，在低磁场范围内，因为核的取向性小，所以测量是比较困难的。

2. 感应式核磁共振磁强计

（1）交叉线圈感应法

在垂直待测磁方向加一射频激励磁场，在和它们都垂直的方向上放置接收线圈，如图 8-17 所示。

当射频场的频率满足共振条件时，由于磁次能级间的能量跃迁，接收线圈将感应到电势，经放大、检波，可记录到核磁共振吸收或色散信号。

（2）自由核感应法

自由核感应法示意图和自由进动信号如图 8-18 所示。

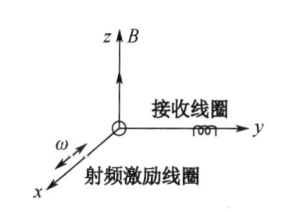

图 8-17　交叉线圈感应法

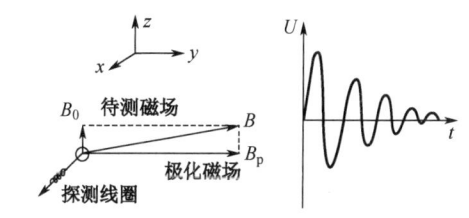

图 8-18　自由核感应法示意图和自由进动信号

当被测场低于 1×10^{-2} T 时，无论吸收法或交叉线圈感应法都得不到足够强的测量信号，这时在垂直待测场方向加上超过被测场几十倍的直流极化场 B_p，使样品极化几秒钟（$\geqslant T_1$，T_1 为自旋-晶格弛豫时间）；断开 B_p，这时样品中被极化了的核磁矩从几乎垂直 B_0 的方向自由进动到被测场方向，在探测线圈中感应一个衰减的自由进动信号，频率为 ω_0。

当采用质子作样品时，由于磁场弱，对应的共振频率不高，因此 ω_0 是通过测量 N 个信号周期所对应的时间而求得的。这种方法的测频误差可以达到 10^{-7} 数量级，磁场分辨力最高可达 10^{-11} T。

3. 流水式核磁共振磁强计

流水式核磁共振磁强计结构如图 8-19 所示。它的样品是流动的水，操作者在测量前用强磁场对流动水进行预极化，随后水流到远离极化场的测量点，再对待测磁场进行测量。预极化的作用是使共振信号增强，流动水使测量可以连续进行。

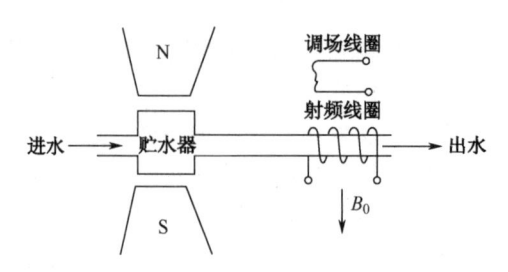

图 8-19　流水式核磁共振磁强计结构示意图

改进后的流水式核磁共振磁强计将信号显示与共振频率测量这两部分分开，也称为章动流水式核磁共振磁强计，其结构如图 8-20 所示。

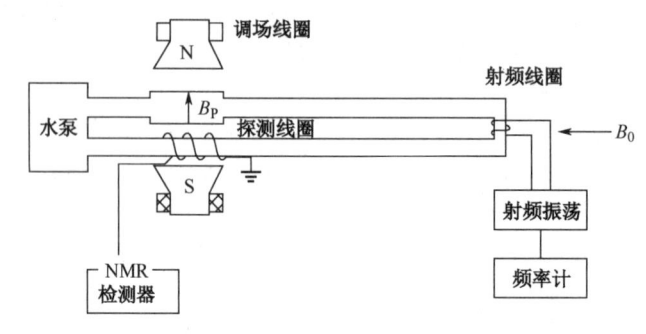

图 8-20　章动流水式核磁共振磁强计结构示意图

经极化场 B_P 预极化的水在小于弛豫时间 T_1 的时间内流到同样位于极化场中的探测线圈内，如线圈所加射频频率 f_P 满足共振条件 $\omega_P=\gamma B_P$，则将在 NMR 检测器中观测到共振信号。如水在流向探测线圈前从待测磁场 B_0 流过，并产生对应于 B_0 的共振吸收 $\omega_0=\gamma B_0$，则使原先在 NMR 检测器中观测到的共振信号发生改变，这时测出 ω_0 就得到待测磁场 B_0 的值。

这种方法除测量范围宽（$10^{-5}\sim25\ \text{T}$）并可连续测量外，还可测量不均匀磁场，甚至在样品范围内磁场不均匀度达到百分之几时仍能工作。

8.2.5　核磁共振测量不确定度

利用核磁共振原理进行磁场测量是一种准确度很高的方法，它直接把磁场值与原子核的旋磁比常数联系起来，所得的测量结果与环境温度、湿度、气压等条件无关。上文介绍了几种核磁共振磁强计，在使用核磁共振磁强计测量磁场时，测量结果的不确定度来自两个方面：测量共振频率引入的不确定度和样品核的旋磁比 γ 值引入的不确定度。下面将依据 JJF 1059.1—2012《测量不确定度评定与表示》对测量结果的不确定度进行分析与评定。

根据 JJF 1059.1—2012 的规定，标准不确定度依据其评定方法分为 A、B 两类。A 类不确定度来源于实际测得的数据。B 类评定中，往往会在一定程度上带有某些主观因素，应当恰当合理地给出 B 类评定的标准不确定度。

以上文的章动流水式核磁共振磁强计为例，被测量 B_0 有两个输入量，分别是 f_0（$\omega_0=2\pi f_0$）

和 γ。计算被测量 B_0 的不确定度应该分别计算输入量 f_0 的标准不确定度和输入量 γ 的标准不确定度，再将两者按照不确定度传播定律合成。

1. 输入量 γ 的标准不确定度

用核磁共振法测量磁场时，原子核 γ 值的不确定度发挥着重要作用。对于水样品中的氢原子核，国际数据委员会（CODATA）2012 年公布的国际平均测量值为

$$\gamma/2\pi = 42.577\ 480\ 6\ \text{MHz/T}$$

其相对标准不确定度为 2.4×10^{-8}，由于 γ 是一个客观存在的常数，不存在统计性变化，数据来源是引入的国际测量结果，所以此项不确定度属于 B 类。故 γ 引入的相对标准不确定度为

$$u_{\text{rel}}(\gamma) = 2.4\times10^{-8}$$

2. 输入量 f_0 的标准不确定度

频率测量的不确定度来源于四个方面，即实际测得的数据的分散性、探头的附加磁化引入的不确定度、频率计引入的不确定度，以及射频场分量引起共振峰偏移引入的不确定度。

（1）实际测得的数据的分散性

要计算频率测量引入的不确定度，即 A 类标准不确定度，需要计算频率和磁场的最佳估计值，计算单次测量的标准偏差，再根据贝塞尔公式，A 类标准不确定度用测量结果平均值的标准差表示。相对标准不确定度用 $u_{\text{rel}}(f_1)$ 表示。

（2）探头的附加磁化引入的不确定度

实际使用的探头一般采用无磁性材料制作，包括无磁性黄铜、漆包线、聚四氟乙烯、德银管等。这些材料的磁化率均为 10^{-6} 量级，磁化率最大的为德银管，但也小于 1×10^{-5}。按保守估计，探头附加磁化所引起的测量不确定度为 1×10^{-5}，这种不确定度来源于经验估计，属于 B 类。相对标准不确定度用 $u_{\text{rel}}(f_2)$ 表示。

（3）频率计引入的不确定度

频率计引入的不确定度，数据来源为设备中实际使用频率计的技术手册，属于 B 类。相对标准不确定度用 $u_{\text{rel}}(f_3)$ 表示。

（4）射频场分量引起共振峰偏移引入的不确定度

按核磁共振原理，射频场会引起共振频率发生偏移，其函数关系为

$$\frac{\Delta f}{f} = 2\frac{B_1^2}{B_0^2}$$

式中，B_1 为射频场幅值；B_0 为被测场幅值。一般射频场幅值为被测场的千分之一，即 B_1/B_0 约为 1×10^{-3}，所以 $\Delta f/f$ 为 2×10^{-6}。属于 B 类不确定度，故射频场分量造成的共振频率的偏移引入的相对标准不确定度为 $u_{\text{rel}}(f_4) = 2\times10^{-6}$。

以上分析了影响频率测量的各项相对标准不确定度分量，近似认为 4 个不确定度分量彼此独立，频率测量的合成不确定度按下式计算可得

$$u_{\text{rel}}(f) = \sqrt{\sum_{i=1}^{4} u_{\text{rel}}^2(f_i)}$$

3. 两者按照不确定传播定律合成

被测量 B_0 的不确定度由输入量频率 f_0 的不确定度和旋磁比 γ 的不确定度决定，两者需要按照不确定度传播定律合成。由于两者互不相关，测量结果的相对合成标准不确定度根据下式计算：

$$u_{\mathrm{rel}}(B_0) = \sqrt{\left[u_{rel}(f)\right]^2 + \left[u_{rel}(y)\right]^2}$$

测量结果的不确定度评定要合理，分析不确定度的来源要全面。本节依据测量模型，将测量结果的不确定度来源归成频率测量的不确定度和旋磁比常数的不确定度。目前国际上旋磁比常数的测量准确度很高，但是很多因素导致频率测量的合成标准不确定度并不高，两者按照不确定度传播定律合成时，致使测量结果的合成标准不确定度不能达到很高的水平。

8.3 磁学计量

电磁计量在计量领域有其独特的优点：电磁计量可以直接进行检测；电磁计量测试所采用的测量方法具有较高的准确度和灵敏度；电磁信号便于处理和传输，能够实现快速测量、连续测量、连续记录和进行数据处理；另外，电磁计量还可以离开被测对象一定距离，实现远距离的遥测等。随着科学技术的发展，现代计量的各个领域，如长度、热工、力学、光学、电离辐射、标准物质等，都借助于各种传感器把待测量变换成电磁信号进行处理。电磁计量技术中的各种概念和方法也被其他学科所借鉴。电磁计量已成为整个计量科学的重要基础。

电磁计量分为电学计量和磁学计量，根据米、千克、秒三个基本单位，基于量子基准和绝对测量来建立电磁计量基准，复现电磁计量单位。本节主要介绍磁学计量。磁学计量基准包括磁感应强度、磁通和磁矩。磁学计量的主要内容包括：①磁学基本量，如磁通、磁感应强度、磁矩等；②磁学测量仪器与仪表，如磁通表、特斯拉计等模拟或数字式仪器仪表；③材料磁特性，如磁化率、饱和磁矩等。

8.3.1 磁学计量单位的复现

作为导出单位的磁学单位通常由磁学量的定义方程式来确定。主要涉及的磁学概念有磁矩（包括由其派生出的磁化强度、磁极化强度、比磁化强度、比磁极化强度等）、磁感应强度、磁场强度（包括磁导率、磁化率等）和磁通等。

磁学单位量值的确定是靠有关量的基准装置实现的，而复现磁学单位的实物称为磁学量具。常用的磁学量具有磁矩量具、磁场量具、磁通量具和标准测量线圈。

1. 磁矩量具

磁矩量具分为两大类型：永磁体和载流线圈。

（1）永磁体

永磁体一般以钴钢为材料，通常做成旋转椭球或圆柱形，其磁矩量值范围为 0.1～

$100\,\text{Am}^2$，不确定度为 $0.1\% \sim 0.2\%$。

采用永磁体作磁矩量具时，体积小、不需电源、使用方便；但是磁矩值不连续，而且磁矩值随时间缓慢变化，受环境条件（温度、外磁场及机械振动）影响较大。

（2）载流线圈

任意电流回路的磁矩为线圈内的电流与线圈总面积的乘积。即

$$m = IK_{sw}$$

式中：K_{sw} 表示线圈的面积常数，也称为线圈的磁矩常数。K_{sw} 可根据线圈尺寸计算得到，也可由实验方法确定。对于圆柱形线圈：

$$K_{sw} = SW$$

式中：S 为绕组的平均截面积；W 为绕组匝数。

采用载流线圈作磁矩量具，要求在线圈外部产生的磁场足够均匀。由绕组尺寸计算线圈磁矩常数的不确定度优于 1×10^{-4}。

2. 磁场计量标准

（1）磁场基准

我国的磁场基准分为强磁场基准和弱磁场基准两部分。它建立在基本物理常数及频率测量的基础上，因此也属于量子基准。

强磁场基准由电磁铁系统和磁天平系统组成。磁场由双轭对称型电磁铁提供，磁场均匀性为 1×10^{-6}，采用核磁共振稳场仪可使磁场稳定度达到 10^{-7} 量级。载流矩形线圈在磁场中受的力由特殊设计的磁天平系统来测量。我国强磁场基准的复现不确定度为 1.6×10^{-6}（1σ），磁场范围为 $0.5 \sim 1$ T。

弱磁场基准采用线圈骨架为直径 300 mm 的石英管，在线圈中心点复现磁场单位的标准不确定度小于 1×10^{-6}，磁场范围为 $0.05 \sim 1$ mT。

（2）弱磁场标准

我国的弱磁场标准由三米线圈系统、零场检测仪、标准场稳压电源、补偿场稳压电源、电流测量装置、地磁自动补偿装置、标准测场仪等几部分组成，其组成见图 8-21。

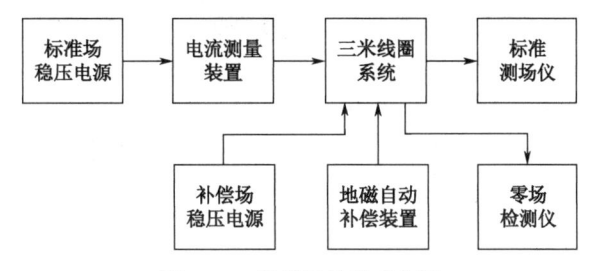

图 8-21 弱磁场的组成框图

（3）磁场（磁感应强度）量具

一切磁现象的研究与应用均离不开磁场，产生磁场的物体称为磁场源。如果磁场（磁感应强度）的量值足够准确，则称为标准磁场；提供标准磁场的磁场源就称为磁场（磁感应强度）量具。

磁场量具总是与测量仪器配套使用。它所产生的磁场必须有足够的稳定性和均匀性，

此外还应有相应的工作空间。

磁场（磁感应强度）量具同时也是磁化场（磁场强度）量具，主要有永磁体、磁场线圈和电磁铁。不需要功率来维持其磁场的磁体称为永磁体，它常用剩磁较高的一类材料制作，永磁体产生的磁场恒定，磁场稳定性好，携带和使用方便，但磁场均匀区不大。电磁铁相当于一个带有空气间隙的铁心线圈，当线圈中通过电流时，铁心被磁化，在空气间隙中产生比空心线圈高数十倍的磁场，它是应用极广的产生强磁场的装置，电磁铁一般由磁轭、铁心、极头和绕在铁心上的线圈构成。磁场线圈是应用广泛的一种磁场量具，其中又以亥姆霍兹线圈和螺线管最为常见，线圈内部磁感应强度为

$$B=KI$$

式中：I 为线圈绕组中通过的电流；K 为线圈的磁场常数，即线圈绕组通过单位电流时产生的磁场，单位为 T/A。磁场量具的种类见表 8-2。

表 8-2 磁场量具的种类

名称		磁场范围	均匀区	稳定性
永磁体		0.01～1 T	小	好
电磁铁		0.01～2 T	较小	取决于电源及温升
磁场线圈螺绕环	亥姆霍兹线圈	$10^{-9}\sim10^{-1}$ T	大	取决于电源
	螺线管	$10^{-3}\sim10^{-1}$ T	较大	取决于电源及温升
	螺绕环	$10^{-5}\sim10^{-3}$ T	较大	取决于电源及温升
超导磁体		1～20 T	较小	好

3. 磁通计量标准

（1）磁通基准

常用计算互感作为磁通基准，以康贝尔线圈最为常见。康贝尔线圈是一种互感线圈，由一个多层绕组的次级绕组与一个分段绕制、同轴放置的单层螺旋形绕组的一级绕组所组成。我国磁通主基准线圈就是康贝尔线圈。

（2）磁通量具

磁通量具有两类：一是互感线圈；二是磁场线圈与测量线圈组合。在直流（冲击）条件下工作的互感线圈的磁通常数就是它的互感值。即

$$K_\Phi=\Phi/I=M$$

在磁场常数为 K_B 的磁场线圈中，同轴放置面积常数为 K_{sw} 的测量线圈，则这种组合式磁通量具的磁通常数为

$$K_\Phi=K_B K_{sw}\cos\alpha$$

式中：α 为两线圈轴线的夹角。

4. 标准测量线圈

标准测量线圈是线匝总面积一定的线圈，其面积常数 K_{sw} 为每匝线圈的平均截面积 S 和总匝数 W 的乘积。

$$K_{sw}=SW$$

单层绕组的标准测量线圈的面积常数由线圈的几何尺寸计算得到，多层绕组的标准测量线圈的面积常数往往由实验确定。线圈面积常数的单位为平方米。标准测量线圈用作磁

场探测器，反映线圈内的平均磁感应强度，它有圆柱形、球形、长方体等多种形状。形状的选择由被测磁场的强弱和形态来定。测量弱磁场时，需选用 K_{sw} 大的线圈；测量不均匀磁场时，需选用体积小的线圈。

8.3.2 磁场线圈

空心磁场线圈是应用最广的一种磁场源，磁场由线圈中电流产生，与电流成正比，线圈中通过单位电流时产生的磁场称为线圈常数，它与线圈的形状、大小、匝数等几何因子有关，磁场的稳定性取决于线圈中通过的电流的稳定性。一般来说，磁场线圈产生的磁场具有较大的均匀区和工作空间。

1. 载流圆线圈轴线上的磁场

如图 8-22 所示为圆线圈轴线上的磁场。设圆线圈的中心为 O，半径为 R，其上任意点 A 处的电流元在对称轴线上一点 P 产生元磁场 $\mathrm{d}\vec{B}$，它位于 POA 平面内且与 PA 连线垂直，因此 $\mathrm{d}\vec{B}$ 与轴线 OP 的夹角 $\alpha = \angle PAO$。由于轴对称性，在通过 A 点的直径的另一端 A' 点处的电流元产生的元磁场 $\mathrm{d}\vec{B}'$ 与 $\mathrm{d}\vec{B}$ 对称，合成后垂直于轴线方向的分量相互抵消，因此只需计算沿轴线方向的磁场分量。对于整个圆周来说也是一样，由于每个直径两端的电流元产生的元磁场在垂直轴线方向一对一对相互抵消，总磁感应强度 $\vec{B}$ 将沿轴线方向，它的大小等于各元磁场沿轴线分量 $\mathrm{d}B\cos\theta$ 的代数和，即

$$B = \oint \mathrm{d}B \cos\alpha$$

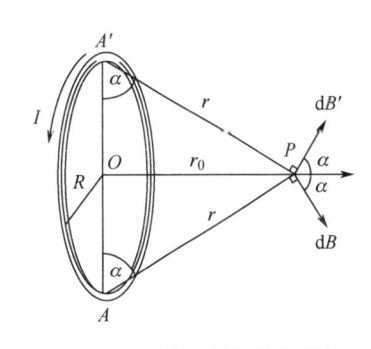

图 8-22 圆线圈轴线上的磁场

根据毕奥-萨伐尔定律，$\mathrm{d}B = \dfrac{\mu_0}{4\pi} \times \dfrac{I\mathrm{d}l}{r^2} \times \sin\theta$，对于轴上的场点 P，$\theta = \pi/2$，$\sin\theta = 1$。令 r_0 为场点 P 到圆心的距离，则 $r_0 = r\sin\alpha$，故

$$B = \oint \mathrm{d}B \cos\alpha = \dfrac{\mu_0}{4\pi} \times \dfrac{I\mathrm{d}l}{r_0^2} \sin^2\alpha \cos\alpha \oint \mathrm{d}l$$

因 $\cos\alpha = \dfrac{R}{\sqrt{R^2 + r_0^2}}$，$\sin\alpha = \dfrac{r_0}{\sqrt{R^2 + r_0^2}}$，$\oint \mathrm{d}l = 2\pi R$，得

$$B = \dfrac{\mu_0 R^2 I}{2\left(R^2 + r_0^2\right)^{3/2}}$$

式中：若 $r_0 = 0$，则

$$B = \dfrac{\mu_0 I}{2R}$$

若 $r \gg R$，则

$$B = \dfrac{\mu_0 R^2 I}{2 r_0^3}$$

以上我们只计算了轴线上的磁场分布，轴线以外磁场的计算则比较复杂。

2. 亥姆霍兹线圈

亥姆霍兹线圈是适当配置的"线圈对"，两线圈中心的距离 L 等于线圈的半径 R（称为"亥姆霍兹条件"）。它的优点是结构简单，使用方便，内部磁场相当均匀，且便于放置样品。

亥姆霍兹线圈的常数值往往根据绕组的几何尺寸由计算确定。在计量部门中，常用作磁场的基准、标准和工作量具。在地质、航海、磁生物学、高能物理研究等方面，也有广泛的应用。

理想的亥姆霍兹线圈由两个完全相同的圆电流组成，如图 8-23 所示。考虑线圈内部任一点 $P(x, y)$。以两线圈的轴线为 x 轴，轴线中心为原点。在 P 点与 x 轴组成的平面上，取垂直于 x 轴的直线为轴，组成一直角坐标系，P 点的坐标为 x、y。在理想情况下，亥姆霍兹线圈内部的磁场只与坐标四次方以上的项有关，因而可以在相当大的区域内产生足够均匀的磁场。理想亥姆霍兹线圈的磁场均匀度（B/B_0）见表 8-3。

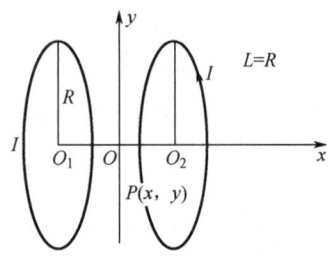

图 8-23 理想的亥姆霍兹线圈

表 8-3 理想亥姆霍兹线圈的磁场均匀度（B/B_0）

y/R	0	0.01	0.05	0.1	0.2	0.3	0.5
0	1.000 000 0	1.000 000 0	0.999 997	0.999 97	0.999 3	0.997	0.97
0.01	1.000 000 0	1.000 000 0	0.999 998	0.999 96	0.999 3	0.997	0.97
0.05	0.999 993	0.999 994	1.000 01	1.000 04	0.999 6	0.997	0.98
0.1	0.999 9	0.999 9	0.999 99	1.000 2	1.000 6	0.999 5	0.98
0.2	0.998	0.998	0.998	0.999 5	1.003	1.007	1.006
0.3	0.991	0.991	0.991	0.994	1.002	1.02	1.04
0.5	0.93	0.93	0.93	0.94	0.96	1.02	1.1

3. 螺线管

绕在圆柱面上的螺线形线圈叫作螺线管。螺线管产生磁场的均匀区比较大，适宜于放置长样品，是提供 $10^{-3} \sim 10^{-1}$ T 磁场的最方便装置。

如果绕螺线管的导线很细，而且是一匝挨着一匝密绕的，可以把它看成是一个导体圆筒，电流连续地沿环向分布，螺线管和电流圆筒模型如图 8-24 所示。严格说来两者是有区别的，圆筒模型忽略了螺线管中匝与匝间电流和磁场的波纹起伏，以及边绕边进时电流的纵向分量。

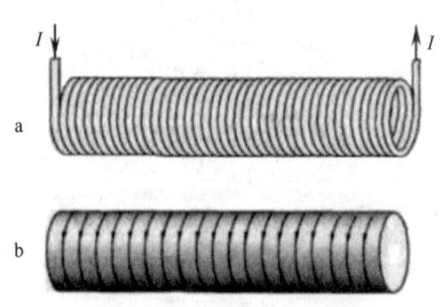

图 8-24 螺线管和电流圆筒模型

计算这个载有环向电流的圆筒在轴线上产生的磁场分布。如图 8-25 为螺线管的圆筒模型在轴线上产生的磁场分布，设其半径为 R，总长度为 L，单位长度内的电流为 η。

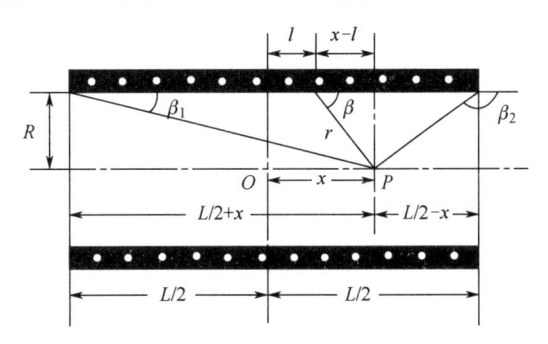

图 8-25 螺线管的圆筒模型在轴线上产生的磁场分布

取圆筒的轴线为 x 轴，取其中点 O 为原点，则在长度 dl 内共有电流 ηdl，所有 dl 在场点 P 处产生的元磁感应强度都沿轴线方向，其大小都可利用下式来计算：

$$dB = \frac{\mu_0 R^2 \eta}{2} \frac{1}{\left[R^2 + (x-l)^2\right]^{3/2}} dl$$

其中 x 为场点 P 的坐标，整个螺线管在 P 点产生的总磁场为

$$B = \frac{\mu_0 R^2 \eta}{2} \int_{-L/2}^{L/2} \frac{1}{\left[R^2 + (x-l)^2\right]^{3/2}} dl$$

令 $r = \sqrt{R^2 + (x-l)^2} = \dfrac{R}{\sin\beta}$，$x - l = R\cos\beta$，由此可得，$\dfrac{x-l}{R} = \cot\beta$，取微分得 $\dfrac{dl}{R} = \dfrac{d\beta}{\sin^2\beta}$，代入可得

$$B = \frac{\mu_0 \eta}{2} \int_{\beta_1}^{\beta_2} \sin\beta \, d\beta = \frac{\mu_0 \eta}{2}(\cos\beta_1 - \cos\beta_2)$$

式中：β_1、β_2 分别是 β 角在圆筒两端时的数值。$\cos\beta_1$、$\cos\beta_2$ 与场点坐标 x 的关系分别为

$$\cos\beta_1 = \frac{L/2}{\sqrt{R^2 + (x+L/2)^2}}, \quad \cos\beta_2 = \frac{-L/2}{\sqrt{R^2 + (x-L/2)^2}}$$

代入前式即可得到轴线上任一点 P 的磁感应强度。计算得到的磁感应强度随 x 变化的关系参考螺线管的圆筒模型在轴线上产生的磁感应强度曲线，如图 8-26 所示。由这一曲线可以看出，当 $L \gg R$ 时，在其中很大一个范围内磁场近乎均匀，只在端点附近才显著下降。

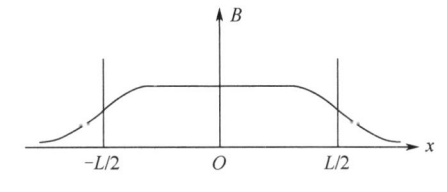

图 8-26 螺线管的圆筒模型在轴线上产生的磁感应强度曲线

接下来考虑两个特殊情形。

① 无限长圆筒。$L \to \infty$，$\beta_1 = 0$，$\beta_2 = \pi$，因而 $B = \mu_0 \eta$，即磁感应强度的大小与场点的坐标 x 无关。这表明在无限环向电流圆筒轴线上

的磁场是均匀的。这一结论不仅适用于轴线上，在整个圆筒内部的空间里磁场都是均匀的，其磁感应强度的大小均为 $\mu_0\eta$，方向与轴线平行。

② 在半无限长圆筒的一端。$\beta_1=0$，$\beta_2=\pi/2$，或 $\beta_1=\pi/2$，$\beta_2=\pi$，无论哪种情形都有 $B=\mu_0\eta/2$，即在半无限长圆筒端点轴上的磁感应强度比中间减少了一半。可以设想将一个无限长圆筒从任何地方截成两半，这两半在这里产生的磁场方向相同，并且根据对称性，它们对总磁感应强度 $\mu_0\eta$ 的贡献应该是一样的，即每一半单独的贡献是 $\mu_0\eta/2$。

对于有限长圆筒来说，只要 $L\gg R$，上述两种情形也近似地适用。

假设螺线管单位长度内的匝数为 n，每匝的电流为 I，则与它相当的环向电流圆筒中 $\eta=nI$，做这样的代换后，以上各式都对密绕螺线管适用。例如，对于无限长的螺线管，$B=\mu_0 nI$；对于无限长螺线管的一端，则 $B=\mu_0 nI/2$。

例题：一多层密绕螺线管的内半径为 R_1，外半径为 R_2，长 $L=2l$（见图 8-27，图中打叉的区域表示绕阻）。设总匝数为 N，导线中通过的电流为 I，求这螺线管中心 O 点的磁感应强度。

解：取螺线管中一厚为 dr 的绕线薄层（图中阴影区），据式 $B=\dfrac{\mu_0\eta}{2}\int_{\beta_1}^{\beta_2}\sin\beta d\beta=\dfrac{\mu_0\eta}{2}(\cos\beta_1-\cos\beta_2)$，由于对中心点 O 有 $\beta_2=\pi-\beta_1$，故 $\cos\beta_1-\cos\beta_2=2\cos\beta_1$，$dr$ 薄层在 O 点产生的磁感应强度 dB 为

$$dB=\dfrac{\mu_0}{2}\cdot j\cdot 2\cos\beta_1 dr$$

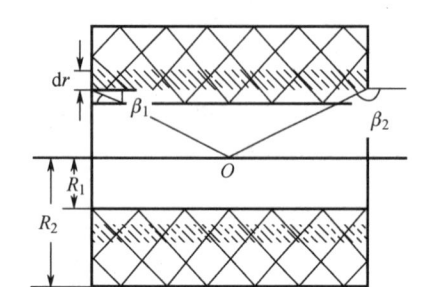

图 8-27 求多层螺线管的磁场

其中 $j=\dfrac{NI}{2l(R_2-R_1)}$，其物理意义相当于把电流看成连续分布时的电流密度，jdr 相当于上述公式中的 η，因为 $\cos\beta_1=\dfrac{l}{\sqrt{l^2+r^2}}$，代入得

$$dB=\dfrac{\mu_0}{2}\cdot j\cdot \dfrac{2l}{\sqrt{l^2+r^2}}dr$$

对 r 积分即得 O 点的磁场：

$$B_O=\mu_0 jl\int_{R_1}^{R_2}\dfrac{dr}{\sqrt{l^2+r^2}}=\mu_0 jl\ln\dfrac{R_2+\sqrt{R_2^2+l^2}}{R_1+\sqrt{R_1^2+l^2}}。$$

8.3.3 磁参量单位及单位换算

前文介绍了一些比较重要的磁参量，表 8-4 列出了 19 个与国家标准相关的磁参量及其单位。

表 8-4 磁参量及其单位

序号	量的名称	符号	定义	备注	单位名称	符号	备注
1	磁场强度	H	磁场强度是一个矢量，其旋度等于电流密度（包括位移电流）		安[培]每米	A/m	
2	磁位差（磁势差）	U_m	$U_m = \int_1^2 H \cdot dr$ 式中 r 为距离	IEC 还给出符号 U	安[培]	A	
3	磁通势 磁动势	F (F_m)	$F = \oint H \cdot dr$ 式中 r 为距离		安[培]	A	
4	磁通[量]密度 磁感应强度	B	是一个矢量 $F = I\Delta s \times B$ 式中 s 为长度，$I\Delta s$ 为电流元		特[斯拉]	T	1 T=1 Wb/m² =1 N/(A·m) =1 V·S/m²
5	磁通[量]	Φ	$\Phi = \int B \cdot dA$ A：面积		韦[伯]	Wb	1 Wb=1 V·S
6	磁矢位（磁矢势）	A	是一个矢量 $B = \text{rot } A$		韦[伯]每米	Wb/m	
7	自感	L	$L=\Phi/I$		亨[利]	H	1 H=1 Wb/A =1 V·S/A
8	互感	M (L_{12})	$M=\Phi_1/I_2$ Φ_1：穿过回路 1 的磁通量，I_2：回路 2 的电流				
9	耦合系数	$k(\kappa)$	$k = M/\sqrt{L_1 L_2}$	$0 \leq k \leq 1$			
10	漏磁系数	σ	$\sigma = 1-k^2$				
11	磁导率	μ	$\mu = B/H$		亨[利]每米	H/m	
12	真空磁导率，磁常数	μ_0		$\mu_0 = 4\pi \times 10^{-7}$ H/m $= 1.256\,637 \times 10^{-6}$ H/m			
13	相对磁导率	μ_r	$\mu_r = \mu/\mu_0$				
14	[面]磁矩	m	$m \times B = T$ T：转矩 B：均匀场的磁通密度	IEC 还定义了磁偶极矩，$j = \mu_0 m$	安[培]平方米	A·m²	磁偶极矩的单位为 Wb·m
15	磁化强度	$M(H_i)$	$M = (B/\mu_0) - H$		安[培]每米	A/m	
16	磁极化强度	$J(B_i)$	$J = B - \mu_0 H$		特[斯拉]	T	
17	磁化率	$\kappa(\chi_m, \chi)$	$\kappa = \mu_r - 1$				
18	磁阻	R_m	$R_m = U_m/\Phi$		每亨[利]	H⁻¹	1 H⁻¹=1 A/Wb
19	磁导	Λ (P)	$\Lambda = 1/R_m$		亨[利]	H	1 H=1 Wb/A

本书全部采用 SI 单位，考虑到某些实际需要，下面列出主要磁参量的 SI 单位与 CGSM 单位之间的换算关系，主要磁参量单位换算见表 8-5。

表 8-5 主要磁参量单位换算表

磁参量	符号	1SI 单位=（ ）CGSM 单位
磁矩	m	1 A·m² = (10^3) CGSM 磁矩单位
磁偶极矩	j	1 T·m³ = $\left(\dfrac{1}{4\pi}10^{10}\right)$ CGSM 磁偶极矩单位
磁感应强度	B	1 T = (10^4) Gs
磁通	Φ	1 Wb = (10^8) Mx
磁场强度	H	1 A/m = $(4\pi \times 10^{-3})$ Oe
磁化强度	H_i	1 A/m = (10^{-3}) CGSM 磁化强度单位
磁极化强度	B_i	1 T = $\dfrac{1}{4\pi}$ 10⁴ CGSM 磁极化强度单位
真空磁导率	μ_0	$4\pi \times 10^{-7}$ H/m = (1) CGSM 单位
磁导率	μ	1 H/m = $\left(\dfrac{1}{4\pi} \times 10^{-7}\right)$ CGSM 单位
磁化率	$\kappa(\chi_m)$	1SI 单位 = $\left(\dfrac{1}{4\pi}\right)$ CGSM 单位
磁能积	$(B·H)$	1 T·A/m = $(4\pi·10)$ Gs·Oe
磁通势	F_m	1 A = $(4\pi/10)$ Ge
磁阻	R_m	1 A/Wb = $(4\pi \times 10^{-9})$ Gs/Mx
电感	L M	1 H = (10^9) CGSM 电感单位

8.4 磁学测量

无论是磁介质内部的磁场（磁感应强度）或磁化场（磁场强度）的测量，都是以空间磁场的测量为基础。本节主要介绍空间磁场的测量。

我们生活在一个处处有磁的世界，从遥远的太空到人身体的每一个细胞，到处都有磁性。天体物理学的观测表明，有些脉冲星的磁场高达 10^8 T 以上，而茫茫太空的星际磁场只有 10^{-10} T 的数量级，大约与测得人体心脏的磁场相当；地质勘探和地震预报中需要测量的磁场，约 10^{-5} T；而用爆炸法获得的脉冲磁场高达 $10^2 \sim 10^3$ T 以上，由于个同的场合所测量的磁场性质和强弱差别很大，所以要研究多种测量磁场的方法。

8.4.1 冲击法

冲击法是测量磁场的经典方法，在直流磁测量中得到广泛的应用。目前各界仍推荐它作为直流磁测量的标准方法。

1. 测量磁通的基本原理

测量空间磁场时，如果测量线圈范围内磁场均匀，则线圈接收到的磁通：$\Phi = \vec{B} \cdot \vec{S}$。式中：$\vec{B}$ 为待测磁场；$\vec{S}$ 为测量线圈截面积及其法线方向，可以通过 Φ 求出磁感应强度 $\vec{B}$。

Φ 的求法可以依据电磁感应定律，即线圈中的感应电动势为

$$e = -\frac{d\Phi}{dt}$$

Φ 为测量线圈中的总磁通。为了得到不为零的感应电动势 e，就需要使测量线圈中的磁通发生变化。不过，即使利用某种方法完成了 Φ 的变化，我们可能仍得不到所要寻求的 Φ 值，这是因为 e 和 Φ 是微商的关系。现令 Φ_1 和 Φ_2 分别代表 Φ 变化前后的两个状态的值，那么经过积分可以得到

$$\Phi_2 - \Phi_1 = -\int_{t_1}^{t_2} e\,dt$$

其中 t_1、t_2 分别是磁通变化前后对应的时间。如果 Φ_1 或 Φ_2 其中之一是我们所要求得的磁通量，那么另一个磁通量就需事先知道，而且积分 $\int_{t_1}^{t_2} e\,dt$ 也应是已知量。

从前面所述看来，要完成磁通的测量需要满足 3 个条件。
① 使探测线圈中的磁通发生变化。
② 探测线圈中磁通量的初始状态 Φ_1（或终了状态 Φ_2）为已知。
③ 利用仪器仪表测出 $\int_{t_1}^{t_2} e\,dt$。

为使探测线圈内的磁通改变，可以采取下面 3 种措施。

由 $\Phi = \vec{B}\cdot\vec{S} = BS\cos(\vec{B}\char`\^\vec{S})$ 可知：
① 探测线圈内磁场的改变，例如产生磁场的磁化电流开关接通（或断开）、反向等。
② 将探测线圈从磁场中抛移至认为磁场为零的空间。
③ 改变 $\vec{B}$ 和 $\vec{S}$ 的夹角 $\vec{B}\char`\^\vec{S}$，例如从 0 转到某一位置。一般不通过改变 S 来完成 Φ 的改变。

积分 $\int_{t_1}^{t_2} e\,dt$ 的测量，需要从仪器结构、电路设计上考虑。如冲击检流计动圈部分具有大的转动惯量的设计、磁通计扭转力矩为零的设计以及电子积分器的设计，都是为了测量 $\int_{t_1}^{t_2} e\,dt$。下面主要讨论使用冲击检流计测量磁通。

2. 冲击检流计测量磁通

冲击检流计 G 测量磁通的原理如图 8-28 所示，其中 W 是探测线圈的匝数，L 是该线圈的自感系数，R 是测量回路的等效电阻。

当探测线圈内的磁通量发生变化时，线圈两端产生感应电动势 e，检流计回路中形成感应电流 i，这个电流持续时间很短。电路方程为

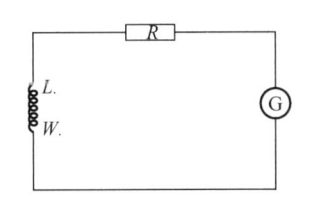

图 8-28 冲击检流计 G 测量磁通的原理图

$$-\frac{d\Phi}{dt} = Ri + L\frac{di}{dt}$$

将上式两边对 t 积分，积分上下限为电流开始通过的时间 $t=0$ 和电流结束的时间 $t=\tau$。有

$$-\int_0^\tau \frac{d\Phi}{dt}\,dt = R\int_0^\tau i\,dt + L\int_0^\tau \frac{di}{dt}\,dt, \quad \text{即} \quad -\int_{\Phi(0)}^{\Phi(\tau)} d\Phi = RQ + L\int_{i(0)}^{i(\tau)} di$$

253

其中 $Q = \int_0^\tau i dt$ 为电流持续时间内通过检流计的电量，$i(0)$、$i(\tau)$ 为开始和结束时刻的电流，都为零。$\Phi(0)$、$\Phi(\tau)$ 为开始时和结束时穿过测量线圈的磁通，它们的差值是磁通的变化量 $\Delta\Phi = \Phi(0) - \Phi(\tau)$。因此我们得到，$\Delta\Phi = RQ$。

当检流计中流过电量 Q，检流计线框要发生冲击偏转，根据冲击检流计的特点，理论上可以证明，冲击电流计的第一次最大偏转 α_m 与流过检流计的电量 Q 成正比：$\alpha_m = S_Q Q$，其中比例系数 S_Q 为检流计的电量灵敏度，或者写成 $Q = C_Q \alpha_m$，其中的 C_Q 与 S_Q 互为倒数，称为电量冲击常数。于是可得 $\Delta\Phi = RC_Q \alpha_m = C_\Phi \alpha_m$，式中 $C_\Phi = RC_Q$，称为检流计的磁通冲击常数，要用实验方法来测定。如果常数 C_Φ 已知，那么根据冲击检流计的第一次最大偏转 α_m 便能计算出磁通的变化量 $\Delta\Phi$。

3. 磁通冲击常数的测量

测量磁通冲击常数的测量电路如图 8-29 所示，使用一个已知互感为 M 的互感器，其次级绕组、检流计和探测线圈构成一个回路，图中右侧回路是互感器的初级回路，它由互感器一级绕组、可变电阻器、开关、电源所组成。当在互感器初级回路中有一个已知的电流变化 ΔI，次级回路所接收到的磁通变化为 $M\Delta I$，这个磁通变化使冲击检流计产生最大偏转 α_m'，则有

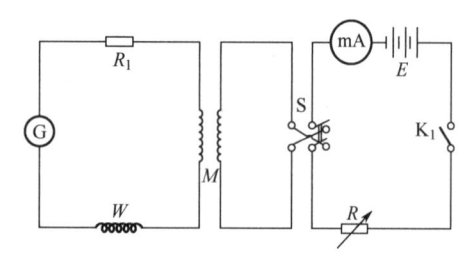

图 8-29 磁通冲击常数的测量电路

$$M\Delta I = C_\Phi \alpha_m' \Rightarrow C_\Phi = \frac{M\Delta I}{\alpha_m'}$$

式中：C_Φ 的单位为 Wb/mm。

4. 冲击法的系统误差及减小误差的方法

（1）磁通非瞬时变化的误差

冲击检流计是基于 $T_0 \gg \tau$ 的条件成立的（其中 T_0 为检流计的自由振荡周期）。但在实际测量中，由于磁化装置具有很大的自感，以及电磁铁铁心和大块金属样品中的涡流延迟作用，都会使磁通量变化速率减小；另外，由于磁化电路中杂散电容的影响，会发生暂态振荡，这样次级回路也要感应出同样波形的暂态振荡电流，同样会使 τ 增加，以至 $T_0 \gg \tau$ 的条件不能很好满足。在这种情况下，冲击检流计的最大偏转不仅与 $\Delta\Phi$ 有关，而且与脉冲形状及延续时间有关。当 $\int_0^\tau e(t)dt$ 一定时，冲击偏转 α_m 将随着脉冲持续时间的延长而减少，这就引入了测量误差，并称为非瞬时性误差。

对于非瞬时性误差我们可用下式估计其数量级为

$$\frac{\alpha_m}{\alpha_m'} = 1 - C\left(\frac{\tau}{T_0}\right)^2$$

式中：α_m 为观测值；α_m' 为无非瞬时性误差的实际值；τ 为电量通过的时间。而 C 是与脉冲性质有关的系数，对于方向不变的电流脉冲，$0 < C < \frac{\pi^2}{8}$。为了使这种误差不超过 0.1%，

则持续时间应该满足 $\tau \leqslant \dfrac{T_0}{30}$。基于非瞬时性误差的考虑，在用冲击检流计与强磁场电磁铁配合进行测量时，最好不要通过改变磁场而得到磁通量的变化，建议采用抛移或转动线圈法。

（2）磁耦合误差

外界变化的杂散磁场会与次级回路产生磁耦合，从而引起误差。例如，测量回路的导线形成明显的回路以及互感器的次级绕组靠近通电导线就会引起这种误差。消除这种误差的办法是使测量回路的连线尽可能短，并把导线绞合在一起，同时也应远离磁化回路。此外，在不测冲击常数时，可以用一个电阻值与互感器次级绕组电阻相等的电阻箱取代它。

（3）漏电及热电势与其他附加电势所引起的误差

测量回路与磁化回路绝缘不良将引起漏电所带来的误差，这种误差在环境潮湿时尤为显著。另外，在次级回路中，导电材料不同的接点处，由于各个接点间存在温差电势也会带来误差。接头有污垢导致接触不良也会引起误差。消除误差的办法是改进绝缘，使环境干燥，电路中（尤其接点处）应避免局部受热，还要注意去污除锈（这些附加电势往往会引起零点漂移）。

（4）检流计安装不正确带来的误差

安装检流计时，必须使悬丝与水平面垂直，否则将引起机械摩擦。若读数标尺安装不当，光标在两边的偏转不等，也会引入测量误差。

（5）标尺为直尺（不是弧尺）引入误差

虽然检流计标尺应为弧尺，但实际上都采用直尺，这时直尺的读数将不与转角成正比，因此将带来误差，所以应在读数中引入修正项 $\Delta\alpha$，若以 α'_m 表示正确值，α_m 为直尺的读数，则

$$\alpha'_m = \alpha_m - \Delta\alpha - \alpha_m - \alpha_m^3 / 3l^2$$

式中：l 为检流计反射镜与标尺之间的距离。不过，在不引入修正项时，其误差一般也不超过 0.3%。

以上仅介绍了常见的几种系统误差，除此之外还有实验的随机误差。不过，在采取了消除系统误差的措施之后，冲击法的不确定度一般为 1%～3%。

5. 磁通表

磁通表又称韦伯计，是利用电磁感应原理来测量磁通变化的仪表，有经典磁通表、光电磁通表、电子磁通表和数字磁通表等。这里主要介绍经典磁通表。

经典磁通表和磁电式检流计的结构相似，它也有产生磁场的永久磁铁及能在磁场中转动的活动线圈。不同之处在于，磁通表没有产生反作用力矩的游丝或悬丝，它的活动线圈的电流是由柔软的导流丝引入的。由于没有反作用力矩，所以磁通计的指针可以停在刻度盘的任何位置上。

当和磁通表连接的测量线圈内的被测磁通量变化时，活动线圈内产生感应电流并带动指针偏转，偏转的大小与磁通变化量成正比。即

$$\Delta\Phi = C_\Phi \Delta\alpha$$

式中：$\Delta\Phi$ 为被测磁通的变化量，单位为 mWb；C_Φ 为磁通表的磁通常数或格值，通常直接标在刻度盘上，单位为 mWb/mm；$\Delta\alpha$ 为磁通表的偏转，单位为 mm。

由于磁通表没有机械反作用力矩，因此表的指针可停留在刻度盘上任意位置，初始位置也可以不在零位，$\Delta\alpha$ 是指针最终位置与初始位置之差。当需要调零时，可以使用表内的电磁调整器。经典磁通表的缺点是灵敏度低，通常比冲击检流计低两个数量级。

8.4.2 转动线圈法和振动线圈法

转动线圈法和振动线圈法，都基于电磁感应原理。这种方法的特点是能简单快速地测定恒定磁场。

1. 转动线圈法

转动线圈法的原理如图 8-30 所示，待测外磁场 $\vec{B}$ 与线圈转动轴垂直，并且转轴在线圈平面内。转轴是用马达带动，线圈以角速度 ω 旋转，令 $\vec{B}$ 与线圈法线方向垂直时为 $t=0$ 时刻，则：$\Phi(t) = NSB\sin\omega t$。其中，$N$ 为线圈匝数，S 为其面积。感应电动势为

$$e(t) = -\frac{d\Phi}{dt} = -NS\omega B\cos\omega t$$

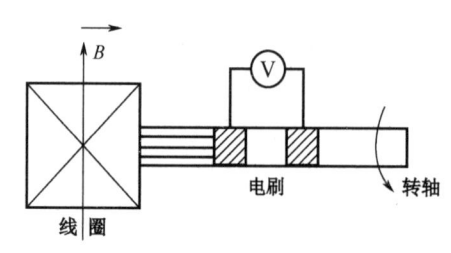

图 8-30 转动线圈法的原理图

用电刷引出的电压 U，可用电压表读出有效值，注意到电压表内阻远大于线圈内阻，则 $U_{eff} = \frac{1}{\sqrt{2}}NS\omega B$，所以 $B = \frac{\sqrt{2}U_{eff}}{NS\omega}$。

转动线圈法可以通过增大探测线圈常数，提高电动机转速及放大电压来提高测量灵敏度。旋转线圈具有较好的线性度，同时不受温度的影响和磁场均匀度的限制，其测量范围可达 $10^{-4} \sim 10$ T。

为了克服由电刷摩擦产生的噪声，可以采用耦合变压器的结构取代电刷和整流子，变压器的一级绕组与旋转线圈相连接，并同旋转线圈一起转动，而其次级绕组固定不动，且与测量装置连接。因此，变压器次级绕组感应的电动势则随测量线圈中感应电动势引起的电流而变化。为避免与旋转线圈相耦合，采用磁屏蔽封闭耦合变压器。

为了提高电压测量的准确度，可用精密衰减器使输出电压保持恒定，从精密衰减器上读出电压。此外，将测量线圈绕成直流马达线圈，利用整流子变为直流电压，从而可用电位差计测量，也是提高电压测量准确度的一个方面。

为了提高旋转线圈法的测量准确度，可采用双线圈结构。用两个结构相同的线圈，一个放在待测磁场中，一个放在标准磁场中，固定在同一轴上，以同样的转速旋转。它们的感应电动势反向串接，当相互抵消时，$B_x = \frac{K_{S\omega_s}}{K_{S\omega_x}}B_s$。其中 $K_{S\omega_s}$ 为放在标准磁场 B_s 中旋转线圈的面积常数，$K_{S\omega_x}$ 为放在待测磁场 B_x 中旋转线圈的面积常数，B_s 为可调标准磁场，单位为 T。

当标准磁场固定时，可将测量回路接成桥路，双线圈结构磁强计如图 8-31 所示，用类似零值冲击比较法的公式计算，即 $B_0 = B_s \dfrac{K_{S\omega_s}}{K_{S\omega_x}} \times \dfrac{R_4}{R_3+R_4} \times \dfrac{R_1+R_2}{R_2}$。

这时，电阻温度系数、电源波动、电机转速不稳定等因素的影响都可消除。

避免旋转速度变化产生误差还可以利用电压表输入放大器的放大倍数 K 与转动角速度 ω 成正比。即电压表读数 $U = KU(t) \propto \omega U(t)$，磁场的测量值 $B \propto \dfrac{U}{\omega K_{S\omega}} \propto \dfrac{U(t)}{K_{S\omega}}$，所以磁场的测量值与转动角速度无关。

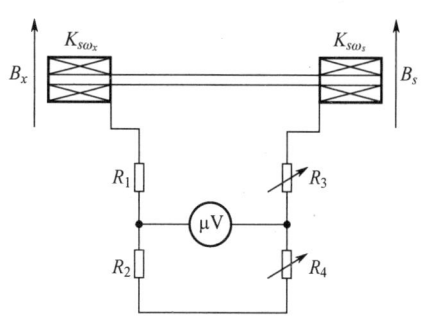

图 8-31 双线圈结构磁强计

由于调整整流器触头、滑环电阻、电阻温度系数、电源的波动、电机转速不稳等因素在上式的平衡条件下都从读数中消除了，因此这种方法可以提高旋转动圈法的准确度。

由于转动线圈法具有灵敏度高、线性度好、精确度高、测量范围广等优点，目前其在 0.1 mT～10 T 的磁场测量中得到了广泛的应用。

2. 振动线圈法

振动线圈法和转动线圈法相似，把线圈平面平行于磁场放置，使线圈绕垂直于磁场的轴线做小角度的周期摆动，则线圈中的感应电动势 e 与磁感应强度 B 及摆动的角频率 ω 成正比。

$$e = NS\omega B\cos\omega t，则 B = \dfrac{\sqrt{2}U_{\text{eff}}}{NS\omega}$$

如图 8-32 所示为一种振动线圈的工作原理。

把自感为 L、电阻为 R 和常数为 NS 的线圈放在磁感应强度为 B 的磁场中，并使线圈轴线与磁场垂直，线圈中通以交变电流，即 $i = i_0 e^{j\omega t}$。线圈在磁场作用下将绕轴振动，其运动方程（忽略阻尼）为

$$D\varphi + J\dfrac{d^2\varphi}{dt^2} = NSBi$$

式中：D 为悬丝扭力系数；φ 为运动线圈与平衡位置之间的夹角；J 为线圈的转动惯量。解上式得

$$\varphi = \dfrac{NSBi}{(D-J\omega^2)}$$

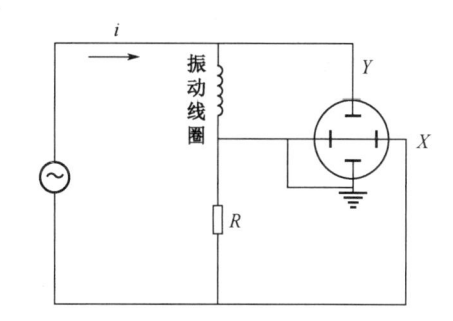

图 8-32 一种振动线圈的工作原理图

线圈的感应电动势为 $e = L\dfrac{di}{dt} + iR + NSB\dfrac{d\phi}{dt}$，代入夹角的解，得

$$e = (j\omega L + R)i + \dfrac{N^2S^2B^2}{(D-J\omega^2)}j\omega i$$

式中后一项是由于线圈的振动，被测磁场的磁感应强度在线圈中的感应电压，这个电压与

线圈的自感电势相位相反。若频率合适，两电压幅值相等，即发生串联谐振。串联谐振频率为：$\omega_\tau = \dfrac{NSB}{\sqrt{JL}}$，即 $B = \dfrac{\sqrt{JL}}{NS}\omega_\tau$，只要 ω_τ 已知，B 就可求出。用示波器作为谐振指示器，当示波器显示的图形为直线时，即发生串联谐振，此时的频率为 $\omega=\omega_\tau$。这种方法不仅可以测量交流磁场，而且可以用来测量各种电磁器件的杂散磁场和干扰磁场。

8.4.3 磁通门磁强计

磁通门磁强计是一种用于测量磁场强度和方向的仪器。20世纪30年代，磁通门磁强计被应用于地球物理、机械工业、军事等领域；近些年来，由于它具有结构简单、性能可靠、灵敏度高、体积小、重量轻、耗能少等优点，被广泛应用到地磁测量、航空航天、海洋、气象、医疗卫生等领域中。它的工作原理是以在恒定磁场和交变磁场的同时作用下的铁磁材料表现的磁特性为依据的。为保证探头有足够的灵敏度和稳定性，一般要求探头磁芯材料的初始磁导率低，而微分磁导率高，矫顽力小，磁滞伸缩系数小，以及矩形比好。

1. 原理和测量方法

根据铁磁材料在缓变磁场和交变磁场同时作用下的非线性性质，用高磁导率软磁合金铁心作为传感器，将其在饱和交变磁场磁化条件下放入被测直流磁场或缓变磁场中，则传感器线圈的感应电势变为非对称性，其偶次谐波与被测磁场成正比，由此制成的磁强计称为磁通门磁强计，又称磁饱和式磁强计或铁磁探针式磁强计。它主要用来测量 10^{-3} T 以下的弱磁场，分辨率可达 10^{-14} T。

它的核心部分是一个磁调制器。在被测直流磁场和交流激励磁场同时存在的情况下，探测线圈中感应电压的奇次谐波分量与交流激励磁场的幅值成正比，而与被测磁场无关。感应电压的各偶次谐波分量则与被测磁场成正比。因此，可由感应电压的任一偶次谐波（通常用二次谐波）或各偶次谐波的总和来测量被测磁场。

测量方法有补偿法、二次谐波法和全谐波法。补偿法是让直流电流通过补偿线圈，使补偿磁场与被测磁场抵消，探测线圈中的感应电压又恢复到对称形式，这时补偿磁场的值就等于被测磁场的值。补偿磁场可预先校准。这种方法可测量 1 T 以下的中强磁场，准确度可达 0.1%。二次谐波法利用感应电压中的二次谐波来测量磁场。全谐波法利用包括所有谐波的感应电压来测量磁场。

接下来重点介绍补偿法。这种方法一般采用一根细长的坡莫合金丝，为了消除应力影响，将细丝放入薄壁的石英管内经过严格退火处理，并用交流励磁在细丝中间部分加一个小探测线圈。探测线圈中将产生感应电动势脉冲，当直流磁场强度为0，则电压是 $T_1=T_2$ 的等间隔正负脉冲形式。若加有直流磁场（被测场）时，感应电压脉冲的时间间隔不等，$T_1 \neq T_2$，但是再加一个产生直流磁场的螺线管，使其产生的磁场与原来的被测磁场方向相反，使细丝内有效恒定磁场为零，则感应电压的对称性又恢复。如果螺线管产生的偏移磁场与电流的关系已进行预先校准，那么通过测量电流就可测出待测磁场。利用这种方法，虽然偏移线圈的形状有些影响，但仍可能得到 10^{-6}T 的灵敏度和 0.1% 的准确度。

2. 线路结构和技术特点

按励磁和检出信号的方式，可将测量线路分为检波式、基频鉴相式、二倍频鉴相式、二次分频式和锁相式等，各类磁通门磁强计的结构如图 8-33 所示。

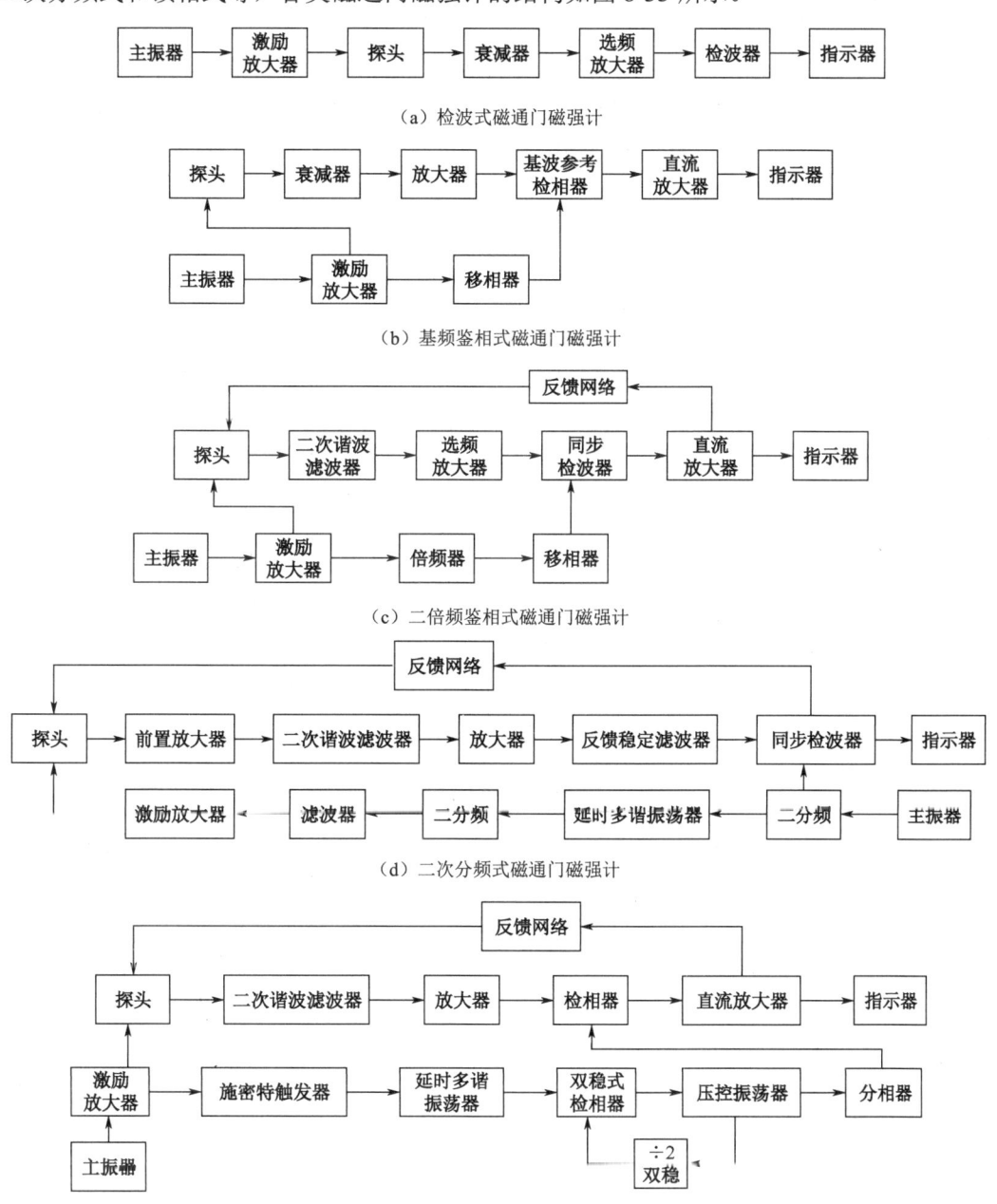

(a) 检波式磁通门磁强计

(b) 基频鉴相式磁通门磁强计

(c) 二倍频鉴相式磁通门磁强计

(d) 二次分频式磁通门磁强计

(e) 锁相式磁通门磁强计

图 8-33 各类磁通门磁强计的结构框图

磁通门磁强计结构简单、抗震性好、分辨力高、体积小、重量轻、耗能少，尽管由于探头固有噪声及温度的影响使测量准确度通常不高于 1%，但在空间磁场测量、物体的剩磁测量等方面有着广泛的应用。

8.4.4 电磁流量计的测量方法

电磁流量计是根据法拉第电磁感应定律制成的一种测量导电性液体的仪表，其基本结构如图 8-34 所示。根据法拉第电磁感应定律，当导体在磁场中运动时，因切割磁力线而产生感应电压。而导电流体在磁场中做切割磁力线的运动时，同样会产生感应电压，这样两个与流体直接接触的点电极 1、电极 2 上会产生电磁感应电动势，当忽略感应电动势的正负，只考虑其绝对值大小时，可用下式表示：

$$E_i = \frac{d\Phi}{dt} = B\frac{dA}{dt} = BD\frac{dl}{dt} = BD\bar{v}$$

式中：B 为磁感应强度，单位为 T（特斯拉）；A 为磁通量变化的面积，单位为 m²（平方米）；Φ 为导体运动时切割磁力线形成的导体回路的磁通量，单位为 T·m²；D 为导体长度，相当于管道直径，单位为 m（米）；l 为导体运动距离，单位为 m（米）；$\bar{v}$ 为导体平均运动速度，单位为 m/s（米/秒）；E_i 为在导体两端得到的感应电动势，单位为 V（伏）。

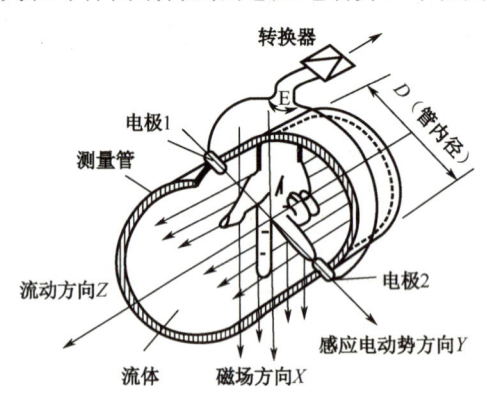

图 8-34 电磁流量计的基本结构

测量 E_i 即可得到流量，由上式可得 $\bar{v} = \frac{E_i}{BD}$，设流量为 Q，则 $Q = \frac{D^2}{4}\pi\bar{v} = k\bar{v}$，其中 $k = \frac{D^2}{4}\pi$。电磁流量计即以此原理实现流量的测量。

最早的关于电磁流量计传感器的理论是建立在测量管无限长及均匀磁场的条件下的，通过研究流体在管内的流速分布对测量精度的影响，得出了当流体以轴对称流速分布流动时，流量测量不受流体流动状态影响的结论，并研究了磁场相对于管径的长度对测量的影响。早期的传感器是根据均匀磁场条件下的理论来设计的，一般的长度直径比大于 3，对于大口径的传感器来说体积可想而知，一个直径 1 m 的传感器，长度达到 3 m，重量达到 10 t。于是后来的理论研究扩展到了非均匀、有限长磁场的条件，特别是三维权重分布函数理论的提出与完善，使电磁流量计理论得到系统发展。

根据权重函数理论设计的传感器，采用非均匀磁场，即使权重函数与磁感应强度的乘积为常数的磁场可解决非对称流的测量问题，同时传感器的长度直径比可以小于 1，从而大大降低了生产和运输费用。

电磁流量计的研究应用是从满管条件下的测量开始的，理论分析表明，电磁流量计对流体在测量截面的速度分布敏感，故而要求在管道中流速分布为轴对称。为了保证各种流速条件下测量精度要求，从而提出了直管段和满管的测量条件限制。通常双点电极结构传感器的电磁流量计要求的使用条件是流速分布相对于管道是轴对称的，这在很多情况下是可以得到满足的，但在部分条件下不能达到这一要求。满管条件下的非轴对称流动一般是因直管段较短，当流速分布不能满足轴对称时，双电极电磁流量计的测量结果将会有不同程度的误差。

通过对传感器测量电极截面管壁感应电压的规律进行分析表明，对测量截面管壁的感应电压进行积分运算可以得到与流速分布无关的测量结果。多电极传感器即根据这一原理，通过测量管壁上多个点的感应电动势从而获得在任意流型下平均流速的表达式，可用于非轴对称流动条件下的流量测量。

用电磁流量计实现非满管测量是当前该领域研究的主要课题之一，这在废水排放、排污测量等场合有重要作用。由于电磁流量计是基于流速测量的，因此在测得流速和截面积的条件下可以得到非满管情况下的流量，这需要对管道的流体液位进行测量。为了实现对非满管状态流量的测量，如明渠流动的测量，除了对传感器电极结构进行修改，还需要给传感器增加液位测量功能，目前进行液位测量的方法有以下 3 种。

① 液位计法，即专门添加一个液位测量传感器进行液位的测量。

② 信号相关法，应用权重函数与几何位置相关的原理，通过建立液位与感应电动势的测量关系，进行相应计算得到流体的液位。主要方法有多电极法（设置多组测量电极通过测量电极信号的关系来确定液位的方法）、多磁场激励相关法（采用两组励磁线圈产生不同方向及强度的磁场，通过分别测得的信号的关系得到液位）。

③ 应用电容法进行液位的测量，通过在测量管内设置金属极板，利用极板间电容与流体截面积的对应关系来测量液位。

在部分场合会遇到多相流的测量问题，一般是指液体内含有固体成分，如纸浆内含有纤维成分或泥浆内含沙石的情况，当流体内含有气泡时也会形成多相流。在测量多相流时存在"浆液噪声"干扰，这是由于固体物质或气泡摩擦冲击测量电极而产生的幅度远大于流速信号的干扰电压，其幅频特性与流体种类和流速相关，且与流量信号频率交叉重合，对流速信号形成的干扰不能通过通常滤波的方式来去除。对于这种流体的测量一般有两种方法：一是采用非接触式电极结构的电容式传感器进行测量，避免因摩擦电极产生的干扰；二是提高励磁频率，由于一般流速不可能很高（如一般电磁流量计的最高测量流速在 10 m/s 左右），因此因流体的不同成分摩擦电极产生的干扰的频率也有一定范围，提高励磁频率，使流速信号和这种干扰得以分离，从而解决干扰问题。

接下来以通常所用的圆形输送管道为对象来讨论电磁流量计的测量原理及方法。设管道处于磁场 $\vec{B}$ 中，电极与磁场、流体流动的关系如图 8-35 所示。流体以速度 $\vec{v}$ 在磁场 $\vec{B}$ 中运动会产生反映流量的感应电压 E。

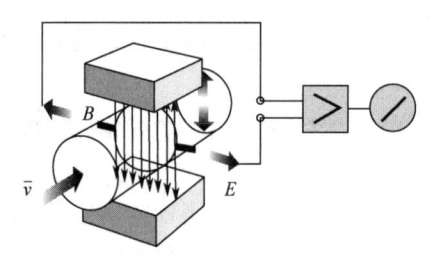

图 8-35　电极与磁场、流体流动的关系

要进行流量的测量必须对感应信号进行分析，确定信号与流量的基本关系式。流体在磁场内切割磁力线的运动有这样的特点：流体内部产生感应电流并改变着磁场，而电流在磁场中流动又会产生机械力而改变着流体的运动，因此这就涉及研究这种场和运动相互作用的电磁流体动力学问题。由于流体特性的复杂性，需针对电磁流量计测量的基本特点对工作的相关条件进行必要简化，以便进行理论分析，通常简化条件及过程如下。

① 流体的磁导率 μ 均匀，且同在真空中是一样的。
② 流体的电导率 σ 是均匀的、各向同性的，符合欧姆定律。
③ 被测介质仅限于非磁性的电解质，且不可压缩。
④ 转换器的输入阻抗相对于信号源内阻大得多，测量管道的管壁绝缘，可认为电极间没有电流流动，即忽略流经测量电极的电流，这样可忽略洛仑兹力的作用。

根据以上条件，在流体内部，欧姆定律的普遍公式可写作

$$\vec{J} = \sigma(\vec{E} + \vec{v} \times \vec{B})$$

式中：$\vec{J}$ 是电流密度矢量；$\vec{v}$ 是流体流动速度矢量。电场强度矢量 $\vec{E}$ 是基于流体内外存在着电荷而存在的量，$\vec{v} \times \vec{B}$ 是因磁场中流体运动产生洛仑兹力而引起的电磁感应。

对上式两边求散度得

$$\nabla \cdot \vec{E} + \nabla(\vec{v} \times \vec{B}) = 0$$

在实际的电磁流量计的应用中，对于上式中的 $\frac{\partial B}{\partial t}$ 形成了微分干扰，通常采用相位判别的方式来消除，对于恒定磁场，则有 $\frac{\partial B}{\partial t} = 0$，于是 $\nabla \times \vec{E} = 0$。根据电场与电位的关系有 $\vec{E} = -\nabla U$。

对上式两边求散度，由 $\nabla^2 U = \nabla \cdot \nabla U$ 可得

$$\nabla^2 U = \nabla \cdot (\vec{v} \times \vec{B}) = \vec{B} \nabla \times \vec{v} - \vec{v} \nabla \times \vec{B}$$

磁场不会因为流体中感应电流而受到影响，所以上式中第二项为 0，于是根据以上推导可得电磁流量计的基本测量方程的矢量形式如下：

$$\nabla^2 U = \vec{B} \nabla \times \vec{v}$$

在给定的边界条件下，根据给定的速度 $\vec{v}$ 和磁场 $\vec{B}$ 的空间分布，通过解这个方程，可得到电压 U 与流速及磁场的关系。

习 题

1. 比较库仑定律在静电学中的地位与安培定律在静磁学中的地位。

2. 若外磁场 B_0 相当均匀，同时在 B_0 方向加一个不均匀的 B' 磁场，$B' \gg B_0$。当样品受到一个 90° 射频脉冲的激励以后，由于 B' 场的不均匀，横向磁化强度很快消失了，在进动信号消失后不久，若在很短时间内将 B' 场反向，会出现什么情况？

3. 氢原子处在基态时，它的电子可看作在半径为 $a_0 = 0.53 \times 10^{-8}$ cm 的轨道（玻尔轨道）上做匀速圆周运动，速率为 $v = 2.2 \times 10^8$ cm/s。已知电子电荷 $e = 1.6 \times 10^{-19}$ C，求电子的这种运动在轨道中心处产生的磁感应强度 B 的值。

4. 磁参量计量中常用的磁量有哪些？

参考文献

[1] 《计量测试技术手册》编辑委员会. 计量测试技术手册：第 7 卷　电磁学[M]. 北京：中国计量出版社，1996.

[2] 周文生. 磁性测量原理[M]. 北京：电子工业出版社，1988.

[3] 王金山. 核磁共振波谱仪与实验技术[M]. 北京：机械工业出版社，1982.

反侵权盗版声明

电子工业出版社依法对本作品享有专有出版权。任何未经权利人书面许可，复制、销售或通过信息网络传播本作品的行为；歪曲、篡改、剽窃本作品的行为，均违反《中华人民共和国著作权法》，其行为人应承担相应的民事责任和行政责任，构成犯罪的，将被依法追究刑事责任。

为了维护市场秩序，保护权利人的合法权益，我社将依法查处和打击侵权盗版的单位和个人。欢迎社会各界人士积极举报侵权盗版行为，本社将奖励举报有功人员，并保证举报人的信息不被泄露。

举报电话：（010）88254396；（010）88258888

传　　真：（010）88254397

E-mail：　dbqq@phei.com.cn

通信地址：北京市万寿路 173 信箱
　　　　　电子工业出版社总编办公室

邮　　编：100036